包装设计

方法与解析专业教程

王雅雯——编著

METHOD OF PACKING DESIGN

人民邮电出版社
北京

图书在版编目（CIP）数据

包装设计方法与解析专业教程 / 王雅雯编著. -- 北京：人民邮电出版社，2023.6
ISBN 978-7-115-60746-1

Ⅰ. ①包… Ⅱ. ①王… Ⅲ. ①包装设计－教材 Ⅳ. ①TB482

中国国家版本馆CIP数据核字(2023)第012644号

内容提要

这是一本全方位解析包装设计的书，总结了包装设计的基础知识，并通过多元化的案例剖析，从不同角度讲解包装设计的思路和方法，旨在帮助读者从多角度理解包装设计的原则和方法，同时让读者学会在实践中探索包装设计。

全书共10章，从包装设计理念、包装设计与品牌建设、包装的色彩、包装的文字、包装的图像、包装的版式、包装的容器、品牌包装、包装设计基本规范及包装印刷工艺10个方面对产品包装设计进行了深入剖析。

本书适合院校设计专业的学生、初级包装设计师和包装设计爱好者阅读。

◆ 编　　著　王雅雯
责任编辑　王　惠
责任印制　马振武
◆ 人民邮电出版社出版发行　　北京市丰台区成寿寺路11号
邮编　100164　　电子邮件　315@ptpress.com.cn
网址　https://www.ptpress.com.cn
北京宝隆世纪印刷有限公司印刷
◆ 开本：787×1092　1/16
印张：15.75　　2023年6月第1版
字数：550千字　　2023年6月北京第1次印刷

定价：99.80元

读者服务热线：(010)81055410　印装质量热线：(010)81055316
反盗版热线：(010)81055315
广告经营许可证：京东市监广登字20170147号

- 前言 -

我是学包装设计专业出身的。在学包装设计之初，我对包装设计还没有一个很明确的认知，觉得一切都很新鲜，但又让人无从下手。刚踏入职场时，我遇到过很多大大小小的问题，走了很多弯路，吃了很多苦，通宵达旦无数次。那时候总觉得如果有一个人能够带领我、指导我就好了。

记得自己设计的包装第一次打样时，我特意坐了很久的车到达另一个城市的印刷厂，因为我想第一时间看到我设计的包装从机器上"热腾腾"地拿下来，想象着它们之后会被批量生产出来，会被很多人拿回家，大家都夸"这包装真好看"。

我还记得第一次犯的重大错误是画错了包装袋型，导致包装袋尺寸偏小，产品放不进去，整批的包装袋因此全部作废。当时那种心慌的感觉让我刻骨铭心。在那一次的教训之后，每当到包装生产环节时，我都会格外小心，之后再也没有犯过这种错误。

毕业之初我在一家企业的设计部参与企业产品的包装设计工作，在那段时间里，我了解到一个优秀产品的诞生离不开企业各部门的分工配合及共同努力。后来我成立了自己的设计公司，有了自己的设计团队，经手过不同类型的产品，了解了不同的企业文化，参与过不同的产品规划，这些经历又给了我不同的设计体验。同时，身份的转换让我可以从不同角度更全面地看待一款产品，也让我对自己的职业生涯有了新的规划。我想要把我多年的工作经验总结成册，希望为更多包装设计爱好者提供一些更加有效的方式、方法。

包装设计作为一门平面设计学科，本身就是一个行业。产品的包装设计是会不断更新的，作为包装设计师必须要深入了解产品，并构建不同的产品组合。一款优秀的包装设计必须要具备4点特质，即清晰简洁、与众不同、可扩展性和实用性。

特质1：清晰简洁。

设计规则：清楚产品，清楚品牌。

消费者在看到一款包装的时候，通常应在4秒之内识别出这款产品是什么、这是什么品牌等信息，这一规则适用于大多数的产品品类。如果不能根据包装识别出内部产品、产品用途或品牌，这是一件很可怕的事情。这样的包装通常在同类产品竞争中表现不佳。

特质2：与众不同。

设计规则：摆脱固化思维的束缚，不盲目从众。

创意、个性和记忆点是优秀品牌的核心，优秀的包装设计也是如此，原因很容易理解。市场上有成百上千种产品，如此多的产品都在争夺消费者的注意力。设计一款好的包装，让包装能获取消费者注意力的唯一方法是要与众不同，不要有从众心理。当市场上的某一类产品大多采用风格一致的包装时，包装设计师可以尝试运用逆向思维，从其他类别的产品中寻找灵感。某产品的包装形式和包装风格多年未变，有可能是因为市场已经适应了该包装，但这并不意味着该产品的包装只能局限于此，这时候逆向寻求突破也许会是一条"康庄大道"。

特质3：可扩展性。

设计规则：带着未来设计现在，不局限于当下。

产品包装设计概念应允许引入新的产品线（产品变体）或子品牌。在品牌建立初期，产品线往往比较单一。如果产品推向市场后的反响很好，品牌方可能会增加不同类型或者不同包装颜色的同类产品，以此达到横向发展的目的；或者针对受众群体细化产品的分类，以此达到纵向发展的目的。好的包装设计要允许在不失去视觉吸引力的情况下进行更新，即设计师在设计产品包装时应考虑未来扩展，这意味着设计师在创建视觉设计系统时，应允许该系统具有可变性，即产品视觉元素可用于系列包装设计的更新换代。

特质4：实用性。

设计规则：在可行性的基础上大胆创新。

产品包装的实用性涉及产品容器的实际形状、尺寸和功能，而不局限于标签或外包装。实用性是包装设计中最容易被忽视的一点，因为品牌方通常会保守地选择"久经考验"的设计路线，但这同时也失去了创新的机会。

如果品牌想要突破，比如设计新的瓶型、盒型等，这就走出了第一步，但任何突破都需要建立在实用性的基础上。在大多数情况下，突破点一般集中于如何使产品更易于使用、携带或存放。

在策划和安排本书内容时，我将这4点特质作为包装设计的核心要求，并基于这4点进行包装设计的构想与实施。本书对包装设计进行了系统化的归纳和整理，分成以下10章进行详解。

第1章 包装设计的理念

第2章 包装设计与品牌建设

第3章 色彩是包装设计的关键

第4章 文字是包装设计的直接表达

第5章 图像是包装设计的重要视觉符号

第6章 版式是包装设计的核心

第7章 包装容器的结构与造型

第8章 包装设计是品牌传承的载体

第9章 包装设计基本规范

第10章 包装形式及印刷工艺

相信通过这10章的详解，大家会对包装设计有一个更加全面的、系统化的认识。

对于一个设计师而言，你的设计被更多的人认可，人们也因为你的设计而更加喜欢某个品牌，这是一件很幸福的事情。每当你设计一款产品的包装时，你都会去了解这款产品、这个品牌、这个品类及这个行业，每一次的了解都会面对一个新的挑战。相信你会爱上每一次挑战！

王雅雯

2022年12月

资源与支持

本书由“数艺设”出品，“数艺设”社区平台（www.shuyishe.com）为您提供后续服务。

配套资源

常用产品包装立体效果样机图（共374个）

- 茶包（8个）
- 包装袋（46个）
- 洗手液瓶（13个）
- 圆形纸筒盒（35个）
- 餐盒（14个）
- 利乐盒（24个）
- 马口铁盒（31个）
- 啤酒瓶/易拉罐（52个）
- 纸袋（30个）
- 红酒包装（11个）
- 其他瓶子（11个）
- 纸盒（43个）
- 矿泉水瓶（25个）
- 护肤品包装（31个）

刀版图（共110个）

- 基础盒型刀版图（23个）
- 其他常见盒型刀版图（77个）
- 实战解析案例刀版图（10个）

教学PPT课件

教学大纲

课后习题

资源获取请扫码

（提示：微信扫描二维码关注公众号后，请输入51页左下角的5位数字，获得资源下载帮助）

“数艺设”社区平台，为艺术设计从业者提供专业的教育产品。

与我们联系

我们的联系邮箱是 szys@ptpress.com.cn。如果您对本书有任何疑问或建议，请您发邮件给我们，并请在邮件标题中注明本书书名及ISBN，以便我们更高效地做出反馈。

如果您有兴趣出版图书、录制教学课程，或者参与技术审校等工作，可以发邮件给我们。如果学校、培训机构或企业想批量购买本书或“数艺设”出版的其他图书，也可以发邮件联系我们。

关于“数艺设”

人民邮电出版社有限公司旗下品牌“数艺设”，专注于专业艺术设计类图书出版，为艺术设计从业者提供专业的图书、视频电子书、课程等教育产品。出版领域涉及平面、三维、影视、摄影与后期等数字艺术门类，字体设计、品牌设计、色彩设计等设计理论与应用门类，UI设计、电商设计、新媒体设计、游戏设计、交互设计、原型设计等互联网设计门类，环艺设计手绘、插画设计手绘、工业设计手绘等设计手绘门类。更多服务请访问“数艺设”社区平台www.shuyishe.com。我们将提供及时、准确、专业的学习服务。

目录

第1章 01

包装设计的理念 009

第2章 02

包装设计与品牌建设 041

第3章 03

色彩是包装设计的关键 055

第10章

包装形式及印刷工艺 197

01 第1章

包装设计的理念

包装是封装或保护产品以进行存储、分发、销售和使用的容器。包装还指包装的设计、评估、生产和使用的过程。包装可以保护产品，并有助于描述、识别和促销产品。可以说，自从有产品的那一天起就有了包装，包装经历了由原始到文明、由简易到繁复的发展过程。如今，包装已经融合在各类产品的开发设计和生产中，几乎所有的产品都需要经过包装才能进入市场。好的包装设计可以直接或间接吸引消费者的目光，进而成为厂商与消费者之间沟通的桥梁。

1.1 –

包装设计的诞生

自人类诞生之初，就一直有收纳、储存和运输材料的需求。随着时间的推移，包装已经从简单满足需求转变为品牌体验和消费体验不可或缺的一部分。

1.1.1 包装材料和技术的发展

尽管包装很重要，但它往往是消费品中的一个被忽视的部分。在基本功能层面，包装在运输、仓储和上架销售期间保护了产品的完整性，并为消费者提供了产品的重要信息。图1-1所示为包装的发展简史。

早期包装

早期食物是在当地生产和消费的，因此不需要包装。虽然没有关于何时使用第一种包装材料的记录，但历史学家认为，在游牧狩猎、采集时代，人们使用以树叶、竹子、荷叶、棕榈叶、葫芦、椰子壳、贝壳和动物皮等天然材料制成的器皿和容器来包装他们的必需品。

古代包装

随着人类生存环境的扩大，包装也随着生活方式的变化而改变。人们学会了制作陶罐，用植物编织篮子，用动物皮制作袋子。这些容器使他们能够储存食物、植物种子和其他贵重物品，以及在地域之间运输。

中世纪包装

随着农村向城市发展，贸易也变得更加重要，这使得包装技术得到了创新。玻璃、木桶等包装方式的出现使得人们能够储存和运输越来越多的货物。

工业革命时期的包装

蒸汽机的出现标志着工业革命的开始。作为工业革命的结果，在改进制造工艺和材料方面获得重大创新。但是由于材料昂贵，包装仅限于奢侈品。随着机器产品开始取代手工产品，包装的方法需要演变成可以应对大规模生产的产品。20世纪初出现了大量新型包装材料，如模压玻璃、纸板、金属罐和玻璃纸，使包装变得丰富起来。

如今的包装

近年来，随着可持续性发展成为人们日益关注的问题，包装研发者不断想出新的方法来减少包装行业对环境的影响。如今的环保创新，如可生物降解和可食用的包装，展示了包装行业适应消费者不断变化的需求和关注的能力。

图1-1

随着社会的发展，包装技术不断提高，各种包装材料和印刷技术也在不断地更新和创新，如图1-2所示。

大事记

商品玻璃的出现 12世纪

玻璃被压入模具制成杯子和碗。随着吹制玻璃的技术不断发展，17世纪分体成型技术研发成功，开始出现不规则的玻璃容器形状。

1795年 拿破仑的食品保存奖

拿破仑悬赏一笔奖金为部队寻找一种有效的保存食物的方法，法国厨师尼古拉·阿佩尔发现，食物经过煮沸消毒后密封在玻璃罐里，可以长时间保存。

光刻技术的发明 1798年

光刻技术用于在标签上打印黑白插图。此后，单色平版印刷或凸版印刷标签开始广泛用于玻璃瓶、金属盒和早期的纸板盒。

1809年 圆网造纸机

圆网造纸机用于制造纸板和其他形式的包装用纸，催生了“柔性包装”。机械化使纸张变得丰富多样，但成本高昂限制了它的使用范围。

锡的兴起 1810年

19世纪初期，尼古拉·阿佩尔发现将煮沸消毒后的食物密封在锡容器中可以保存很长时间。后来，锡成为最受欢迎的包装材料之一，常用于包装饼干和烟草等物品。这确立了金属作为食品级包装材料的地位。

1852年 纸袋制造机的发明

纸袋制造机的发明推动了纸张在包装中的应用。

单面瓦楞纸板的发明 1871年

单面瓦楞纸板用于包装玻璃灯罩和类似的易碎物品，之后美国开始用瓦楞纸板制作运输用包装箱。

1874年 双面瓦楞纸板的发明

双面瓦楞纸板的发明使瓦楞包装技术获得重大突破，避免了单面瓦楞容易变形的缺点，大大增强了瓦楞纸板的强度。

预切纸板箱、自动玻璃制造机的发明 1890年

罗伯特·盖尔（Robert Gair）于1890年发明了预切纸板箱，也就是批量生产扁平纸板后折叠成纸箱。利比玻璃制品公司的迈克尔·欧文斯（Michael J. Owens）发明了世界上第一台自动玻璃制造机。从20世纪初期到60年代后期，玻璃容器成为液体产品市场的宠儿。

1908年 玻璃纸的发明

瑞士化学家布兰德伯格（Jacques E. Brandenberger）发明了玻璃纸，对包装行业产生了重大影响。玻璃纸凭借透明特性成为20世纪50年代包装的首选材料。玻璃纸的发明为随后几年塑料包装的发展奠定了基础。

苯胺印刷技术的发明 20世纪20年代后期

采用该技术可以在任何材料上印刷，包括瓦楞纸板、纸袋、折叠纸盒和金属薄膜等。有了苯胺印刷技术，就可以在包装材料上印刷更准确、更逼真的图像。这种技术后来被称为柔版印刷技术，也是现在包装印刷的默认技术。

1933年 保鲜膜的发明

拉尔夫·威利（Ralph Wiley）于1933年意外发现了一种很难清洗的物质，经过进一步研发，这种物质被制成深绿色薄膜，也就是聚偏二氯乙烯（PVDC）。这种薄膜最初作为包覆膜推向市场。后来研究人员去除了它的绿色和难闻的气味，使其成为食品包装材料。

聚乙烯实现工业化生产 20世纪50年代

聚乙烯最初用作电缆屏蔽材料，之后被用于制造食品袋、垃圾袋、包装薄膜和牛奶容器等产品。之后，产品包装对聚乙烯的需求飞速增长。

1957年 气泡膜的发明

气泡膜是由美国人艾尔弗雷德·菲尔丁（Alfred Fielding）和瑞士人马克·沙瓦纳（Marc Chavanne）联合发明的。最初它是作为一款立体墙纸推出市场的，但没有得到认可。后来他们发现气泡膜非常适合精密电子产品的包装与运输，从此开始在包装行业发挥作用，并一直应用至今。

易拉罐的发明 1959年

这一发明使金属容器有了历史性的突破，也为制罐和饮料工业发展奠定了坚实的基础。

1973年 PET瓶的发明

PET（聚对苯二甲酸乙二酯）瓶由杜邦公司的工程师于1973年在美国发明。这是第一个能够承受碳酸液体压力的塑料瓶，并且很快成为制造商替代玻璃瓶的首选包装。

PETE的发明 1977年

作为饮料包装材料发明的PETE（聚对苯二甲酸乙二醇酯）是当今最常用的塑料材料之一。

20世纪80年代 数字印刷术的兴起

这个时代的特点是计算能力提高和打印技术高速发展。

图1-2

1.1.2 现代包装

现代包装用来封装或保护产品，以供分销、储存、销售和使用。随着包装设计水平的提高和包装技术的不断创新，产品包装有了更多的选择。现代包装通常有这几种形式：塑料包装、金属包装、玻璃包装、木制包装、纸质包装和复合包装。其中，纸和塑料类包装的发展最快，且成本较低，原材料来源广泛，不易碎、轻便，便于携带，因此在日常生活中广泛使用。

» 塑料包装

随着塑料逐渐成为主要的包装材料，包装有了很大的变化。聚乙烯问世后，很快便成为常用的包装材料。塑胶的原料是合成的或天然的高分子聚合物，可任意捏成各种形状且能在常温下保持形状不变。常见的塑料包装有塑料桶、塑料瓶、塑料软管、塑料薄膜袋等，广泛适用于食品、医药用品、纺织品、日用品等。塑料包装的主要特性如图1-3所示。

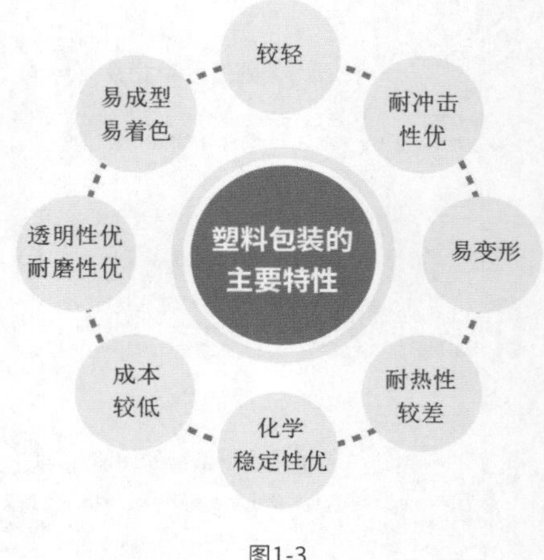

图1-3

塑料的种类有很多，我们需要根据不同塑料的特性来使用。表1-1所示为常见的塑料材料特性及用途的介绍。

表1-1 常见的塑料材料特性及用途的介绍

学名	简称	中文学名	回收标识	特性 / 用途
Polystyrene	PS	聚苯乙烯	6 PS	易加工成型，具有透明、不易变形、绝缘性好、印刷适用性好、价格低廉等优点。吸水性低，常用于一次性餐具，如碗 / 杯泡面盒、快餐盒等。不可放进微波炉中，以免因温度过高而释出化学物。盛装酸（如柳橙汁）、碱性物质后，会分解出致癌物质，因此切忌用一次性快餐盒打包滚烫的食物，或用微波炉加热碗装方便面
Polypropylene	PP	聚丙烯	5 PP	密度小，强度、硬度、耐热性均优于高密度聚乙烯，可在100℃左右使用。常用于水桶、垃圾桶、箩筐、篮子、饮料瓶等。它是唯一可以放进微波炉加热的塑料材料，可以在清洁后反复使用。需要注意的是，有些餐盒的盒体由 PP 制成，盒盖却由 PE 制成，而 PE 不耐受高温，因此盒盖不能与盒体一起放进微波炉加热
High Density Polyethylene	HDPE	高密度聚乙烯	2 HDPE	硬度高，拉伸强度高，耐磨性、电绝缘性、韧性及耐寒性较高，无毒、无味，化学稳定性好。在室温条件下不溶于任何有机溶剂，耐酸、碱和各种盐类的腐蚀。制成的薄膜对水蒸气和空气的渗透性小，吸水性低。多用于制成塑料瓶，作为清洁用品、农药等产品的包装容器，这种容器大多不透明，且手感似蜡
Low Density Polyethylene	LDPE	低密度聚乙烯	4 PE	适合热塑性成型加工的各种成型工艺，成型加工性好。其主要用途是作为薄膜产品和注塑产品，如医疗器具、药品和食品包装材料（保鲜膜、塑料膜等）。随处可见的塑料袋多以 LDPE 制成。在高温下会产生有害物质，随食物进入人体后，可能引起不良反应，故 LDPE 材质的保鲜膜和塑料袋不可放进微波炉加热
Polyvinyl Chloride	PVC	聚氯乙烯	3 PVC	可塑性优良且价格低廉，故使用较为普遍。PVC 本身无毒，但当温度超过 65℃时，PVC 会释放出氯原子从而变成有害物品，因此 PVC 不适宜包装可以加热的食品。为安全起见，PVC 一般不用于食品和药品包装。多用于制造雨衣、书包、建筑材料、塑料膜、塑料盒等器物
Polyethylene Terephthalate	PET	聚对苯二甲酸乙二醇酯	1 PET	加热至 70℃易变形，并释放对人体有害的物质。常用于制造矿泉水瓶、碳酸饮料瓶等。不可暴晒，不可盛装酒精、油等物质

（续表）

学名	简称	中文学名	回收标识	特性 / 用途
Polycarbonates	PC	聚碳酸树脂	7 OTHER	成型收缩率低，尺寸安定性良好，具有高度透明性、自由染色性，还具有耐疲劳性佳、耐气候性佳、电气特性优等优点。适用温度范围广，多用于制作水壶、水杯等。但PC在高温下易释放出对人体有害的有毒物质双酚A，因此在使用PC材质的容器时不要加热，不要在阳光下暴晒

» 金属包装

金属是传统的包装材料之一。金属包装是采用金属薄板，针对不同用途制作的各种不同形式的薄壁包装容器。金属品类丰富，包装的可靠性强，在包装材料中占有重要地位。图1-4所示为金属包装的主要特性。

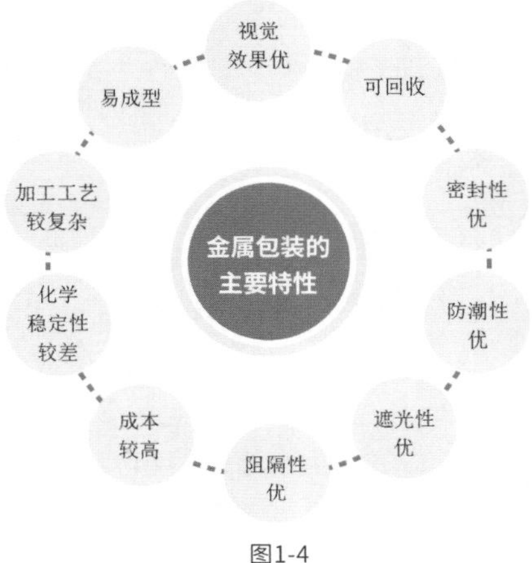

图1-4

金属包装的形式多样，也常用作玻璃瓶和复合罐等的封盖，广泛用于食品包装，如罐头食品、饮料等。除食品包装外，金属包装还用于油漆、化学材料、药品等包装，如气雾罐、油漆罐、膏状药品管等。根据商品特性不同，会使用不同的金属包装材料。表1-2所示为常用的金属包装材料特性及用途。

表1-2 常用的金属包装材料特性及用途

分类	学名	俗称	特性 / 用途
钢材	镀锡薄钢板	马口铁、镀锡板	是表面镀有一层锡的薄钢板。锡具有防腐蚀性，钢具有强度高、成型性好的优点。马口铁集两者的优点于一身，具有耐腐蚀、无毒、强度高、延展性好的特性，被广泛应用于商品的金属包装中，如食品罐、喷雾罐等
	镀铬薄钢板	镀铬板、无锡钢板、TFS	是为节约用锡而开发出来的镀锡薄钢板代用材料。但由于镀层薄且韧性差，不能锡焊，耐蚀性相比镀锡板较弱，常用作弱酸性食物的包装，如食品罐、啤酒瓶盖等
	低碳薄钢板	黑铁皮	机械强度高，加工性能良好，遮光性强，导热率高，耐热性、耐寒性优良，易于印刷装饰，具有优良的综合防护性能，但耐腐蚀性差，表面有涂层才可以使用。常用于运输包装，如金属桶、集装箱、托盘等
	镀锌薄钢板	白铁皮、镀锌板	是镀过锌的低碳薄钢板，锌能够保护钢板不受空气的腐蚀。由于锌易溶于酸、碱溶液，还容易与硫化物发生反应，因此不能用于酸性、碱性产品及硫化物产品。它具有良好的耐腐蚀性和密封性，常用于制造各种容量的桶和特殊用途的容器，用来包装粉状、浆状和液体类产品
铝材	铝板	—	包括纯铝板和铝合金薄板，质量轻，无毒无味，可塑性好，延展性和冲拔性能优良，在空气和水中化学性质稳定，不生锈，表面洁净有光泽，但不耐腐蚀，表面要有涂层或镀层。铝板的强度低于钢板，但成本比钢板高。制作包装容器的铝板多是铝合金薄板，如酒类容器、罐头容器、饮料容器、药品管和牙膏管等
	铝箔	锡箔纸 / 锡纸	将铝材轧制成板材，再经精轧工艺制成的薄片。铝箔分为纯铝箔和合金铝箔，多用于制作多层复合材料的阻隔层。铝箔质量轻，隔绝性、遮光性良好，耐热性好，在高温、低温时形状稳定，可作烘烤容器；印刷和复合性好，便于着色，易与塑料、纸贴合；无毒。铝箔复合薄膜常用于食品、生活用品包装，如糖果、药物、洗涤剂和化妆品等
	镀铝薄膜	镀铝膜	镀铝薄膜是一种新型复合软包装材料，它是以特殊工艺在塑料薄膜或纸张表面镀上一层极薄的铝。镀铝薄膜既有塑料薄膜的特性，又具有金属的特性。同铝箔相比，其耐刺扎性优良，但阻隔性稍差。镀铝薄膜主要用于食品的真空包装，以及药品、酒类、化妆品等的包装

» 玻璃包装

玻璃包装是将熔化的玻璃经吹制、模具成型制成的一种透明容器。玻璃包装使用范围非常广泛，通常使用盖子或者瓶塞进行密封，常用于饮料、酒类、化学制品、药品、化妆品等包装。图1-5所示为玻璃包装的主要特性。

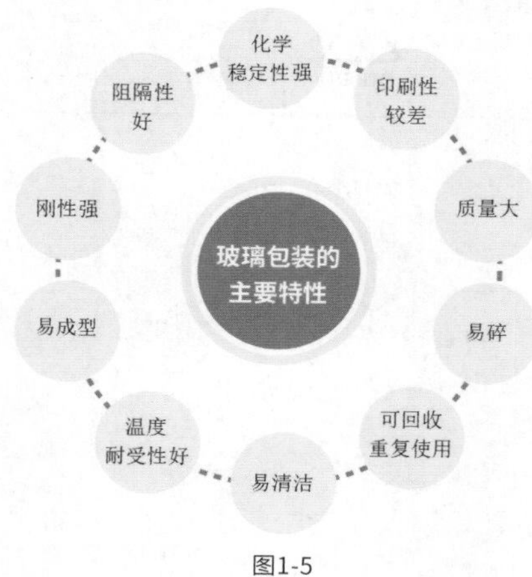

图1-5

市场上的玻璃包装绝大多数不是定制包装，而是通用包装。大多数企业根据不同的产品净含量选择合适的尺寸和样式的容器，然后通过瓶盖、产品标签等对其进行品牌化，有些信息还可以通过丝网印刷工艺直接印刷到玻璃瓶子或罐子上。选择玻璃包装时，主要从内容物的性质、需要的强度、成型工艺、方便实用性、美观性等方面考虑。例如，圆柱形容器成型工艺简单，用量也较大；异形容器易吸引消费者，更容易体现产品的独特性。表1-3所示为常见的玻璃包装分类、特性及用途。

表1-3 常见的玻璃包装分类、特性及用途

分类方式	类型 / 特性 / 用途
制造方法	分为管制瓶 / 罐、模制瓶 / 罐。管制瓶是先将玻璃液拉成玻璃管，然后加工成型；模制瓶是直接将玻璃液灌入模具中成型制得。管制瓶看起来光亮些，透明度比较好，模制瓶粗糙些。管制瓶通常使用低硼硅，也可使用高硼硅、中硼硅，而模制瓶为钠钙玻璃，故耐酸性劣于管制瓶。管制瓶冻干比较好，而模制瓶不能冻干。常见的口服液包装就属于管制玻璃瓶
颜色	分为无色透明玻璃瓶 / 罐、有色玻璃瓶 / 罐和不透明玻璃瓶 / 罐。玻璃瓶 / 罐大多数是无色的，消费者可以直接观察到内容物的状态；有色玻璃瓶 / 罐中绿色的和棕色的较为常见，通常用于药品、啤酒、葡萄酒的包装，因为它们可以吸收紫外线，有利于保护产品；不透明玻璃瓶 / 罐常见于护肤品、化妆品、白酒的包装
造型	分为圆形玻璃瓶 / 罐、方形玻璃瓶 / 罐和异形玻璃瓶 / 罐。圆形玻璃瓶 / 罐的截面为圆形，是最为常见的玻璃容器造型；方形玻璃瓶 / 罐的截面为方形，生产加工难度偏大，使用量少；异形玻璃瓶 / 罐的截面为非规则图形，使用量较少
瓶口大小	分为窄口玻璃瓶 / 罐、广口玻璃瓶 / 罐。瓶口内径大于 30mm，无肩或少肩的称为广口瓶 / 罐，常用于盛装半流体和粉状或块状固体物品，如奶制品、固态调味品、护肤霜等；内径小于 30mm 的称为窄口瓶 / 罐，常用于盛装各种流体物品，如酒、液体调味品、液体护肤品等
瓶口形式	有磨口玻璃瓶 / 罐、木塞玻璃瓶 / 罐、螺旋盖玻璃瓶 / 罐、凸耳玻璃瓶 / 罐、冠形盖玻璃瓶 / 罐、滚压盖玻璃瓶 / 罐等。瓶口的尺寸和公差均标准化，如醋、酱油等液体调味品通常使用螺旋盖玻璃瓶，葡萄酒通常使用木塞玻璃瓶

» 木制包装

木制包装是用天然生长的木材或人工制造的木材制品作为材料的包装容器，是最古老的包装类型之一。由于木材耐用性和硬度佳，被广泛用于重型和大型易碎物品的包装，如托盘、盒子、箱子、桶或其他容器。木制包装可以经常使用，可重复使用数年，一旦损坏也容易修复。木制包装较为环保，使用寿命终结时，可以降解堆肥。图1-6所示为木制包装的主要特性。

图1-6

木制包装是运输机电设备和工业产品，特别是重型货物的主要包装容器。需要特殊保护的易碎物品常常选择木制包装。木制包装相对于塑料和纸来说偏重一些，也因此被视为体现产品天然、名贵的包装首选材料，例如，红酒、石斛等常常会使用木盒包装。表1-4所示为木制包装特性及用途。

表1-4 木制包装特性及用途

分类	特性 / 用途
天然木材	采用天然木材加工而成的包装，保留了木头本身的纹理特征。木制包装盒坚固耐用，化学性质比较稳定。木制包装盒外观可塑性大，容易雕刻造型、喷绘上色及定制图案，使其更加美观、有质感。木材来源广泛且种类繁多，能够满足不同的市场需求及个性化定制，常被用于高档礼品礼盒包装
人造木材	人造木材是以木材或其他非木材植物为原料，经过机械加工，胶合而成的板材或模压制品。与天然木材相比，人造木材的优点是幅面大，结构性好，施工方便，膨胀收缩率低，尺寸稳定，材质均匀，不易变形开裂，常被用于大型运输包装

» 纸制包装

纸制包装材料可分为纸和纸板两大类。纸板的原材料是纸。两者通常以定量和厚度来区分，一般将定量超过200g/m^2、厚度大于0.5mm的称为纸板。纸和纸板包装是最经济的包装方式之一。图1-7所示为纸制包装的主要特性。

图1-7

纸制包装形式多种多样，通常分为纸盒、纸袋、纸筒、纸罐、纸箱等。随着产品的多样化发展，纸包装对于纸张的表现力和功能需求越来越高。常见的纸制包装材料特性及用途如表1-5所示。

表1-5 常见的纸制包装材料特性及用途

分类	学名	特性 / 用途
纸	牛皮纸	牛皮纸是一种环保、可回收的材料，具有质量轻、耐用性强的特点。牛皮纸按颜色不同分类，有原色牛皮纸、赤牛皮纸、白牛皮纸、单光牛皮纸、双色牛皮纸等。市面上使用最多的是原色牛皮纸。通常用于制造包装袋和包装盒
	羊皮纸	羊皮纸是一种半透明的包装纸，又称硫酸纸，具有防水、防潮、防油的特性，常被用作半透膜于书籍或包装中，也可包装机械零件、仪表、化工用品等
	鸡皮纸	鸡皮纸是一种单面光的平板薄型纸张，不如牛皮纸坚韧，耐磨、耐折、耐水，有光泽感。鸡皮纸的颜色较牛皮纸浅，也可以按要求生产各种颜色的鸡皮纸。常用于食品、日用品的包装
	防油纸	防油纸又称淋膜纸，就是通过流延机将塑料粒子涂覆在纸张表面而生产出的复合纸，具有一定耐油性。常用于食品包装，如饼干、汉堡、面包等食品和其他含油食品
	防锈纸	防锈纸是工业包装用纸，通常用于包装金属材料制品，如刮胡子用的刀片包装纸就是防锈纸。可防止包裹物被氧化，减少损失
	铜版纸	铜版纸又称印刷涂布纸。在原纸表面涂一层白色涂料，经超级压光加工而成，分单面铜版纸和双面铜版纸两种，纸面又分光面和布纹两种。优点是表面光滑、洁白度高、吸墨着墨性能好，缺点是遇潮后粉质容易粘搭、脱落，不能长期保存。主要用于胶印、凹印印刷品，如画册、书刊等
	无光铜版纸	在日光下观察，与铜版纸相比不太反光，用它印刷的图案虽没有采用铜版纸印刷出的色彩鲜艳，但图案更细腻、更显档次，印刷了颜色的地方也会与铜版纸一样有反光，常用于印刷品
	胶版纸	胶版纸也称胶版印刷纸，一般用于印制单色或多色的书籍和各种包装用纸
纸板	灰卡纸板	灰卡纸是一种正面呈白色且光滑，背面多为灰底的纸板，纸质硬挺、耐磨、平滑。常在单面彩色印刷后制成纸盒供包装使用。适用于印刷和产品的包装，常用于名片、请柬、证书、菜单、台历及明信片等产品
	蜂窝纸板	蜂窝纸板是根据自然界蜂巢结构原理制作的，是一种新型夹层结构的环保节能材料。它具有质轻、价廉、强度高、可回收的特性，高厚度的蜂窝纸板可替代聚苯乙烯泡沫作为缓冲垫使用
	瓦楞纸板	瓦楞纸是由挂面纸和通过瓦楞辊加工而形成的波形瓦楞纸黏合而成的板状物，一般分为单瓦楞纸板和双瓦楞纸板两类。瓦楞纸具有成本低、质量轻、加工易、强度大、印刷适应性优良、储存搬运方便等优点，常用于运输包装箱或者食品、数码产品的包装

» 复合包装

复合包装材料由两种或两种以上的材料复合而成。其目的是将不同材料的特性融合在一种包装材料中，以满足运输、储存、销售等对包装功能的要求及某些产品的特殊要求。

一般来说，复合包装材料的外层通常采用熔点较高、耐热性能好、耐磨、印刷性能好、光学性能好的材料，常采用的材料有铝箔、玻璃纸、聚碳酸酯、尼龙、聚酯、聚丙烯等；中层通常采用阻隔性能好且机械强度高的材料，如铝箔、聚偏二氯乙烯、玻璃纸、纸等；内层通常采用热封性好、黏性好、无味、无毒、耐油、耐水、耐化学品的材料，如聚丙烯、聚乙烯、聚偏二氯乙烯等耐热塑料材料。复合包装材料广泛应用于各个领域，如食品、药品、生活用品等。

复合包装材料的性质既有共通性又有特殊性，这与其结构组成有很密切的关系。从原则上讲，作为复合包装材料应具有的性能如图1-8所示。

图1-8

复合包装材料的品种可以分为：纸–塑、纸–铝箔–塑、塑–塑、塑–无机氧化物–塑等多种。常用复合包装材料有3种，如表1-6所示。

表1-6 常用复合包装材料

名称	特性 / 用途
铝塑复合包装材料	铝塑复合包装材料通常为铝塑复合膜，分为铝塑膜和镀铝复合膜两种。铝塑膜具有良好的柔韧性，防潮、隔氧、遮光，屏蔽性好，抗静电，可抽真空，可彩印。常用于食品、医药、农药、化工、机电等产品的包装；镀铝复合膜具有防静电、隔氧、隔水特性，常用于真空包装
纸塑复合包装材料	纸塑复合包装材料一般有两面，由纸和塑料复合而成，具有强度高、防水性好、美观等特点，是一种兼具流行与实用性的普通包装材料
纸塑铝复合包装材料	纸塑铝复合包装是由聚乙烯、纸、铝箔等复合而成的纸质包装，被广泛应用于液态乳制品、植物蛋白饮料、果汁饮料、酒类产品及饮用水等产品的包装。常见的无菌包装就属于纸塑铝复合包装，如利乐包装

1.1.3 可持续包装

可持续发展已成为社会的主旋律，可持续包装也将是包装行业的发展趋势。

可持续包装是指在包装的过程中，遵循能源和物质的可持续发展原则，开发和使用能够提高可持续性的包装，做到原材料可再生，生产过程能耗低，对环境污染程度低，便于回收再利用，从而减少对环境的影响。可持续包装必须满足当代人的功能和经济需求，同时不损害后代满足其自身需求的能力。包装的可持续性将随着时间的推移而不断改善，从而降低产品整体的环境影响力。

» 为什么要选择可持续的包装方式

可持续包装对于未来至关重要，对社会经济发展有潜在的巨大推动作用。目前，全球的产品包装以塑料包装为主，且大部分塑料包装为一次性使用，因此在自然环境中产生的塑料污染问题是长期性和持续性的。塑料的回收率较低，通常大部分塑料是作为垃圾被焚烧、填埋或直接丢弃在自然环境中的，而塑料的分解一般需要几十年甚至几百年，分解的塑料产生的碎片或微塑料仍然存在于大气、水和土壤中，这对我们赖以生存的环境造成了极大的污染。图1-9所示为日常生活中常见的包装物品在大自然中分解需要的大致时间。

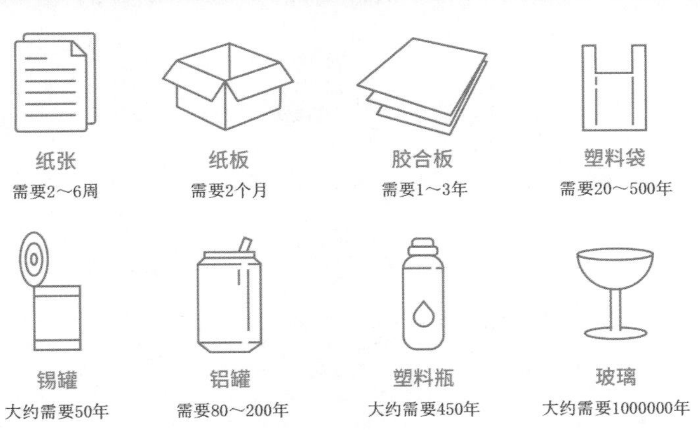

图1-9

当我们意识到这些包装会给环境带来严重的污染之后，采取了相应的措施。使用可持续包装的最终目标是最大限度地减少温室气体排放，尽可能减少废弃物产生，减少用水，减少对化学燃料的依赖，以及避免使用可能对人类、土地或水造成危害的化学品。

» 如何实现可持续的包装方式

如今越来越多的消费者开始关注产品包装的安全性及对环境的影响，倾向于更环保的购物体验。可持续包装不仅仅是包装成品，用于制造包装的材料本身也应该来自可持续资源。因此，设计师在设计包装时，要坚持可持续包装的设计原则，如图1-10所示。

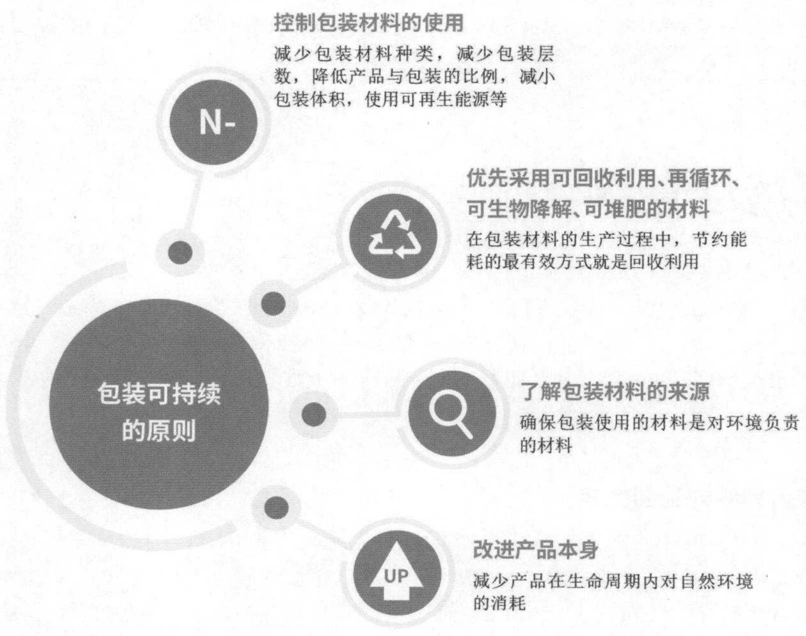

图1-10

» 可持续包装材料有哪些

可持续包装体现在用料省、废弃物少、废弃物不产生二次污染、节约能源且可回收再利用等方面。可持续包装材料的选择应符合可回收、可循环利用、可降解的基本原则，如表1-7所示。

表1-7 可持续包装材料的特性、用途

分类	特性 / 用途
可回收包装材料	常见的纸质包装材料包括纸板、模塑纸浆、瓦楞纸板、薄纸、牛皮纸等，被回收后会经过软化、切碎、清洁等工序，循环再利用。部分塑料是可回收的，具体可通过塑料容器上的回收标志来进行识别
可循环利用包装材料	常见的可循环利用包装材料如部分塑料、玻璃、金属、木材等，这些包装材料符合当前的环保理念，可有效降低资源消耗和环境负担，但也比较依赖消费者的自觉性和包装的使用寿命
可降解包装材料	常见的可降解包装材料有3种：可生物降解塑料；用棉花、水稻、小麦秸秆、椰壳等普通农业废弃物制成的包装材料；将再生纸、纸板和其他材料混合成纸浆进行模压制成的包装，竹子、甘蔗及其他快速生长的植物的纤维通常被用作制造此类包装的原材料。可降解包装材料的最大特点就是能更快、更容易地被自然降解，大大减轻了环境的负担

如图1-11所示，可口可乐推出的这一系列新标签将在可口可乐、芬达、雪碧等品牌中应用。该系列标签从标志色改变为白色，更清晰地传达“再次回收我，我是由100%再生塑料制成的”的文字信息。

图1-11

如图1-12所示，Brand Image的360纸瓶是解决塑料水瓶污染环境问题的环保方案。360纸瓶是由可再生资源制成的完全可回收的纸制容器，它带有一个特殊的封盖结构，可多次存储液体类产品。该容器可以盛装几乎所有类别的液体，具有多种用途。

图1-12

1.2 什么是包装设计

包装设计其实就是“包装”和“设计”，即设计用于包裹产品的包装及其外观。包装是为了保护产品使其不易受损，以及方便运输，这是包装在实用性与科学性上的基本功能。包装设计是对物品的修饰和点缀，用各不相同的手法美化包裹好的产品，使包装更有魅力，这是包装在艺术美学上的基本特征。

包装设计一直以来都被认为是产品营销中的次要元素，但是随着品牌竞争越发激烈，包装设计已经成为产品本身不可或缺的一部分。包装设计是打造产品特色的主要手段，是一个强大的营销工具。

1.2.1 包装的分类

产品适用的包装类型取决于产品的价值、物理属性和耐用性，以及储运通道的长度、容器的承受能力，还包括制造和销售地点之间的气候条件变化等。例如，饮料的包装通常会有不同净含量以供选择，这是根据不同的应用场景来进行分类的，个人饮用通常选择500ml装，家庭聚餐等通常选择1.5L、2L装。

根据包装的不同性质和功能，可以将包装大致分为6类，如表1-8所示。

表1-8 包装的分类

类型	说明
多重包装	将多个单品放在一个容器中的包装称为多重包装，多重包装有助于引入新产品，搭配不同的组合方式还能增加销量
运输包装	商业产品必须包装得足够好，以防止运输和存储过程中丢失或损坏。纤维板、木板箱、瓦楞纸箱等都属于运输包装
消费者包装	消费者包装主要服务于消费者，容纳消费者所需的产品。该包装与产品营销的关联性较高
家庭包装	家庭包装是指足够满足家庭消费需求的包装尺寸。与单品相比，家庭包装通常采用较为一致的形状、颜色及包装材料，一般以大容量包装为主
工业包装	工业包装可以为制造过程中的零件、半成品或成品的运输和储存提供保护
再使用包装	再使用包装是指在原包装容器内的产品用完后，包装容器可转作他用或再次作为包装容器，如布袋、塑料袋、塑料瓶等

按包装适用的广泛性分类如下。

专用包装：根据被包装物特点进行专门设计、专门制造、只适用于某种专门产品的包装。

通用包装：不进行专门设计制造，而根据标准系列尺寸制造的包装，用以包装各种标准尺寸的产品。

按包装容器分类如下。

按包装容器的抗变形能力分为硬包装和软包装两类。

按包装容器形状分类为包装袋、包装箱、包装盒、包装瓶、包装罐等。

按包装容器结构形式分固定式包装和拆卸折叠式包装两类。

按包装容器使用次数分为一次性包装和多次周转包装两类。

按包装技术分类如下。

按包装层次及防护要求分为个装、内装、外装3类。

按包装的保护技术分为防潮包装、防锈包装、防虫蚀包装、防腐包装、防震包装、危险品包装等。

1.2.2 包装的功能

包装的基本功能是保护产品，然而随着经济的发展，包装在保护产品之余还起着信息传播、产品营销、便于流通、提升品牌形象等作用。接下来介绍包装的7个常见功能。

» 物理保护功能

包装内的物品需要保护，以防止因机械冲击、震动、静电、压缩、温度异常等而受到不良影响。图1-13所示为鸡蛋包装。鸡蛋是易碎食品，在运输的过程中需要一一隔开，以防冲撞受损。而台球是一项需要通过冲撞来完成的运动项目，这款包装将台球的这一特点和鸡蛋包装相结合，在做到防冲撞的同时，还增添了趣味性。

图1-14所示为一款白葡萄酒的包装设计。常见的白葡萄酒包装多为木制包装，这类包装从观赏性的角度来说具有原生态的质感。此外，白葡萄酒通常需要长途运输，木制酒盒具有较强的承载能力，且抗变形、抗磨损，对葡萄酒有一定的保护作用。

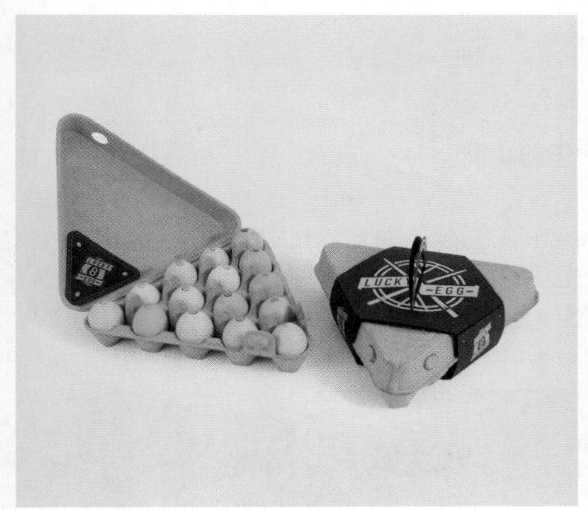

图1-13

图1-14

» 信息传播功能

包装和标签可以传达产品的使用方法、生产厂商、运输和回收注意事项等信息。如图1-15所示，这是两款减肥塑形产品，包装的醒目位置采用了箭头来引导消费者注意产品的食用方法。这样的表达方式简单直接，方便消费者通过包装快速了解产品的食用方法。

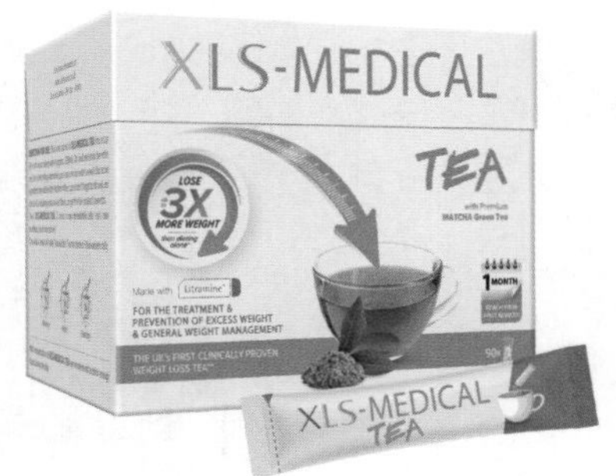

图1-15

如图1-16所示，这款肥料的包装使用了由水果和农作物元素构成的图案，以此来传达丰收的信息。这些图案形成了既灵活又统一的视觉形象，有利于新产品的扩展与制作。为了吸引消费者的注意力并打造视觉印象，矿物肥料、复合肥料和生物有机肥料的包装分别使用黄色、绿色和蓝色作为主色，并配上简单、整洁且带有圆角设计的文字。

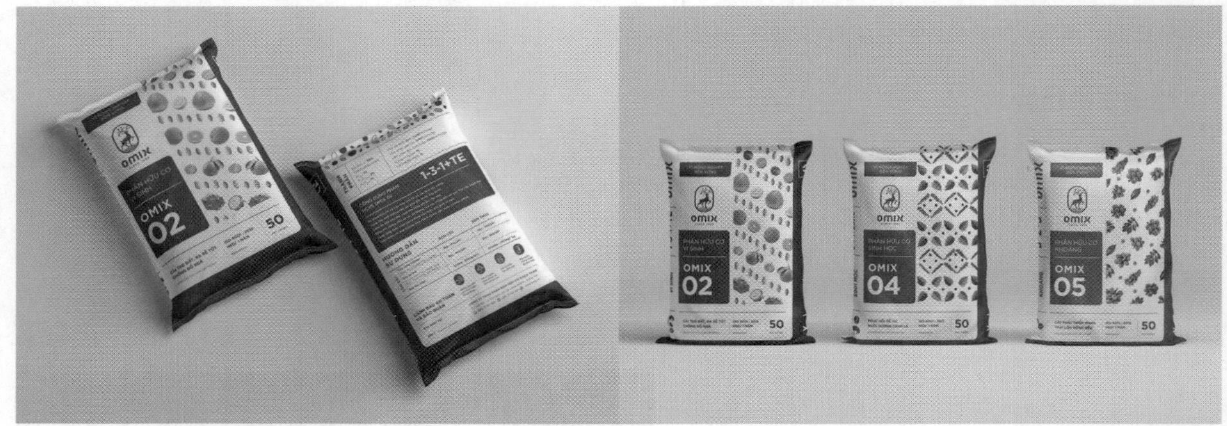

图1-16

» 营销功能

产品包装充当着无声的推销员，将产品卖点通过视觉艺术特有的语言传达给目标消费者群体。如图1-17所示，设计师设计了一款拳头状的透明塑料瓶，拳头的形状象征着坚毅与决心，透明的瓶子可透出瓶内鲜红色的胶囊，投射出“健康健身”的主题，具有强烈的视觉冲击力。

图1-17

» 便利功能

包装对产品的分发、搬运、堆叠、展示、销售、使用、回收利用和处置方面增加了便利性。图1-18所示为一款以“每天23颗杏仁”为均衡补充营养理念的坚果产品。小包装的设计在方便消费者食用和携带的同时，合理规划了每天的坚果摄入量。

图1-18

如图1-19所示，这是一款熏制鲱鱼酱产品，这种以独立袋装形式对鱼酱进行分装的包装方式不仅方便食用，还便于销售。

图1-19

» 屏障保护功能

一些包装内含有干燥剂或氧气吸收剂，还有一些包装进行了抽真空处理，这是为了保持产品干燥、清洁、新鲜，防霉变、防锈蚀等，帮助延长产品的寿命。图1-20所示的大米就采用了真空的包装方式。

图1-20

真空包装有三大优点。一是延长产品的保质期。真空袋内没有可以供虫类、细菌或真菌生存的氧气，因此可避免产品生虫、变质；二是保护产品不受损坏，真空袋在运输过程中不会因受到挤压而漏气，损坏的可能性较小；三是减少存储空间，通过去除空气将袋子压平，可以在同样的空间里存放更多的产品。

» 安全功能

包装还能被制成具备防篡改功能的形式以减少产品被盗的风险，这类包装广泛应用于制药、美容、食品加工等行业。比较明显的防篡改包装包括以下7类。

（1）泡罩包装。一些药品会以铝箔泡罩包装的形式进行出售，如果包装被篡改，铝箔上会留下很明显的破损痕迹，如图1-21所示。

（2）收缩带。收缩带具有密封作用，常见于带有密封盖设计的容器，如调味料瓶，如图1-22所示。

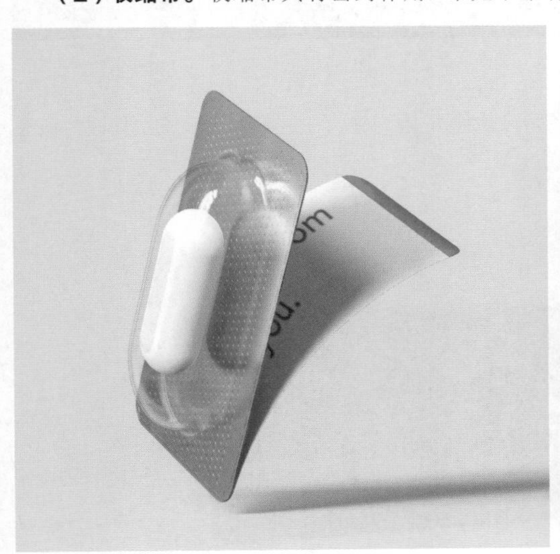

图1-21

图1-22

（3）热感应密封件。这类气密性密封设计多用于塑料或玻璃容器，安装在罐盖和类似部件上，以防止污染产品，如图1-23所示。

（4）易碎环。易碎环一般由塑料制成，通常用在瓶盖上，扭断易碎环与瓶盖的连接口便可开启瓶子，如图1-24所示。

图1-23

图1-24

（5）独立包装。独立包装既方便消费者选购，又能在外包装受损的情况下确保产品的安全，如图1-25所示。

（6）密封金属罐。许多碳酸和酒精饮品是采用罐装形式进行出售的，这种包装必须用拉环才能将其打开。拉环是一次性使用的密封装置，保证了产品的安全性，如图1-26所示。

图1-25

图1-26

（7）防篡改包装。带有内置撕条的包装盒非常适合判断是否有人打开过货物，因为它们在被撕开之后无法复原。还有一个好处是打开包装非常方便，不需要使用剪刀或其他工具，如图1-27所示。

图1-27

» **提升品牌形象功能**

长期以统一的视觉识别系统进行包装设计，有助于树立品牌形象。如图1-28所示，该品牌的咖啡、茶、香料、干果等多种产品统一以棕色作为包装的基础色，并在包装上印刷该种植者协会成员的人脸照片，使得品牌形象更加接地气。消费者在购买和使用产品的时候，便能联想到这些产品的种植者，从而建立对产品的信心。

图1-28

1.2.3 包装的决策因素

当品牌方和设计师想要就产品的包装设计做出决策时，需要考虑包装形式、包装成本、包装尺寸及包装测试这4点，具体内容如下。

包装形式是设计师对产品包装做出的第一个决策，即明确包装设计所要考虑到的内容，如产品的性质、包装的材料、包装设计的方向、包装的色彩、包装的印刷等。

包装成本对包装设计的决策起着重要作用，品牌方和设计师必须要在考虑包装材料、所需器械、技术等成本及其对产品价格的影响之后，才能决定包装的整体形式。

包装尺寸是由产品自身、产品生产者及产品保质期这3个重要因素来决定的。除此之外，单一生产者还以不同的包装大小向消费者提供单一产品，此类产品的包装大小取决于产品的性质和消费者的购买数量。由于不同的消费者对于同一产品的大小有不同的需求，因此品牌方通常会将同一款产品制定成不同的包装尺寸来满足消费者的需求。

包装测试即在确定产品的包装形式后对其进行测试，以确保满足消费者的需求。产品包装测试有以下4种类型。

（1）技术测试，即测试包装是否能确保产品的安全。

（2）中间商测试，即从中间商的角度来测试包装的适用性。

（3）消费者测试，即测试消费者对这款包装的喜好程度。

（4）吸引力测试，即测试该款包装是否美观，是否足够吸引消费者眼球。

1.3 包装设计的六大原则

优秀的包装设计不仅可以保护产品，还可以有效地提升产品的价值，因此越来越多的品牌方开始注重产品的包装设计。设计师在设计产品的包装时要遵循一定的原则。

1.3.1 科学性原则

包装的科学性原则就是根据市场形势、产品功能、消费者特点等因素所采取的取材原则。具体来讲，包装设计应考虑消费者需求、消费者心理、加工要求、加工设备条件、市场需求、市场动态、环保要求、价格、与产品功能的匹配程度、新技术等方面。

在为一款产品设计包装时，虽然某种材料从价格、实用性、美学等多方面来看都是一种可以优先选择的包装材料，但是当地市场缺乏该类材料资源，在产品急于使用的情况下，就应该考虑可以替代的包装材料。

图1-29所示为一款有机大米的包装设计。品牌方希望包装设计能够反映出这些有机大米的种植过程，故采用谷壳形象作为包装设计的主题。包装采用模压成型工艺，盒盖上有稻谷形压花，周围有线条图形和Logo烙印。盒子里装着印有生产批号等信息的米袋。更有新意的是，这款包装还可用作纸巾盒，在突破普通大米包装设计的同时又呼应了“环保包装从自身做起”的价值追求。

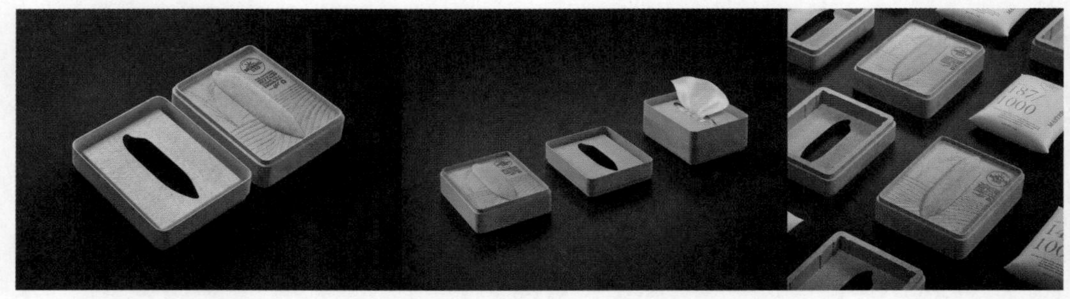

图1-29

1.3.2 美感原则

美感是关于美的感受和体验，虽然是主观的、感性的，但也是有规律可循的。影响人们选择产品的因素除了功能特点外，还有产品外观的美感。

富有美感的包装设计能够大大提升产品在消费者心中的认同度。美的包装能够突出产品形象，提升产品的辨识度，全面、有效地传达该产品的特色、功能等价值信息。

包装设计的美感要求有以下3点。

» 造型美

产品的包装设计应该采用体现产品功用意义的结构形态。传统包装设计往往会陷入一个误区，即它们的造型只简单服从于功能，包装上的装饰通常是点到为止。现代包装设计绝不可漠视造型装饰，并且要着力加强造型与装饰之间的联系，让消费者在感知产品基本功能的同时，还能够通过包装的造型美获得一种享受，从而增加消费欲望，增强产品的黏性。必须要强调的是，产品包装设计的造型美不是极致地、夸张地追求外观，脱离产品的功能及现实条件。包装的造型要体现出产品的价值，迎合使用者的心理需求，这样才能更好地提升其造型美感。

图1-30所示为一款开心果产品的包装设计。包装从外观上看像一个立体造型的开心果，打开包装的感觉就像在剥开心果一样，给消费者增加了乐趣。

图1-30

图1-31所示为一款水果茶的包装设计。包装采用无胶水黏合的方式，以呼应水果的绿色、健康感。产品信息和徽标直接印在未经涂层的纤维纸板上，同时对徽标进行了仿真设计，使其形态像是微小的水果贴纸。整套包装给人一种环保、天然的感觉。

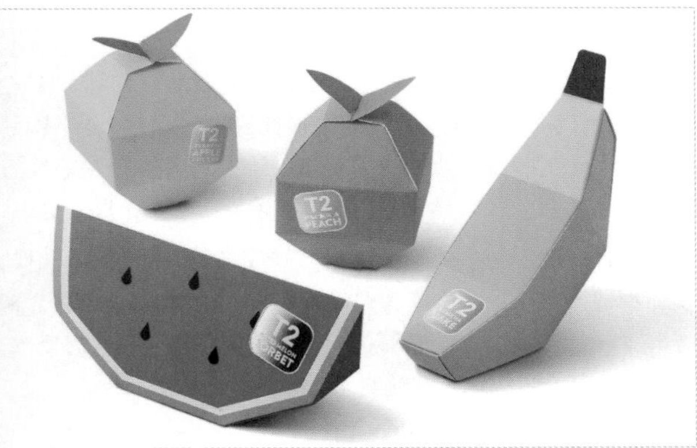

图1-31

» 色彩美

在产品包装设计中，色彩的重要性不可忽视。作为引人注目的重要元素之一，色彩带给人的冲击是相当有力的。在产品包装设计中，应该充分把握并运用不同色彩带给人们不同美感体验的普遍规律，灵活地制定产品包装设计的色彩搭配方案。

产品包装设计应注重色彩的认知度和协调性，通过强烈的视觉效果，带给消费者美感，从而提升消费者对产品的好感。在颜色选择上，要注意结合各地的风土人情，遵守一些文化上的禁忌。

图1-32所示的黄油包装运用色彩搭配设计了引人注目的品牌标识。主色系黄色采用了黄油本身的颜色，增强品牌的色彩识别度，让包装的色彩成为品牌的标志之一。

图1-32

» 图文美

在产品包装设计中，图文并茂是对信息展示的基本要求，而图文美也是包装设计的基本规则之一。图文美原则要求图文不是点线面的简单罗列，在做到美观、优雅的同时，还要求赋予文字美感，文字与产品相互搭配，提升气质。图文在包装设计中的运用相当广泛，在传达产品功能的基础上还可以诠释产品的内涵。

图1-33所示为一款清酒的包装设计。包装以喜马拉雅棕熊作为主要形象，代表着力量，红色色块与熊的插画形成对比，可以快速抓住消费者的眼球，让人产生一探究竟的欲望。该设计为产品赋予了一丝神秘的气息。

图1-33

1.3.3 市场性原则

产品包装设计是品牌的营销手段，它必须在表现产品自然属性的基础上，将产品的信息传达给消费者，同时让产品在同类产品竞争中脱颖而出。

准确的市场信息、低廉的生产成本是产品包装具有持久生命力的关键因素。市场信息来自对产品在市场上的竞争地位、推销目标、社会功能等因素的调研积累。如果设计师掌握的信息全面、合乎逻辑且切实可行，那么设计出的产品包装就能在一定程度上促进产品销售，给品牌带来预期的经济效益。反之，即使产品的包装设计在美学上是成功的，但不适合产品的性质或市场需求，创造不了经济效益，那么这种包装设计就是徒劳无功的。

图1-34所示为一款不含酒精的健康开胃酒的包装。不同于传统酒瓶的瓶型设计，这款酒的瓶型是经过创意性地开发设计而成型的，看上去就像是胃和蝴蝶的翅膀的结合体。蝴蝶的设计构思来自品牌的名称“Papil”，在法语中表示“蝴蝶”，而蝴蝶常常与浪漫联系到一起。胃的形状则是想要突出产品本身的特性。值得一提的是，该酒瓶采用的是回收的玻璃，顺应了环保包装的趋势。

图1-34

图1-35所示为一款意大利面的包装。包装袋的中间采用了透明开窗以展示不同形态的意大利面，便于消费者选购。包装袋顶部和底部的色块则挡住了产品在运输过程中可能产生的碎屑。该设计非常适合这类面食产品包装。

图1-35

产品市场是一个充满竞争的市场，产品包装必须要满足竞争的需要，因为它承担着推销产品、传递产品信息的使命。消费者对产品的选择十分挑剔，在同类产品的货架上，各产品通过包装传递各自的信息（即产品的成分、规格、功能等），包装设计越能突出地反映产品个性，就越能吸引消费者。

图1-36所示的发酵乳饮料的主要消费对象是儿童，品牌为该产品创建了一个卡通角色，角色的定位是一个喜欢美味的食物，且性格乐观、开朗、积极的冒险家。品牌将饮料瓶身作为卡通角色的身体，不同瓶身颜色和面部表情的卡通角色对应不同口味。该系列包装颜色明亮，容易吸引儿童的目光。

图1-36

不少设计师在设计产品包装时，往往忽视产品包装的心理暗示功能，把较多的功夫用在探索包装的形式美上，只从美学的角度出发来设计产品的包装，并把评价产品包装的标准片面地集中在形式美上。包装的美学功能不可否认，产品包装如果不美观，产品在市场上就无人问津，但美观绝不是包装设计的最终目的，形式美只是表达产品个性的一种手段。基于这个原因，要决定一件产品的包装设计定位（材料、造型、色彩、图案、文字等），光凭设计师的主观想象是行不通的，还需要根据市场调研信息进行后续设计。

1.3.4 顺应时代原则

我们所熟知的品牌都有自己代表性的包装设计，且随着时代的变迁，受流行文化和审美观念变化的影响，这些品牌的包装设计也在不断更新，以顺应时代的需求和发展。

图1-37所示为KFC的一套新包装设计。新包装上的产品摄影图片更为清晰地表现了产品的差异化特征，顺应快节奏的生活方式，消费者能通过图片快速找到自己想要的产品。

图1-37

任何一个品牌的决策者都需要在品牌建立之初端正思想，并且伴随着市场的变化，接受并做出相应的改变，顺应时代的发展。包装作为产品的载体，与产品生产、流通的环境条件及人们的生活方式、消费观念、审美要求等密不可分。因此，设计师必须具有敏锐的时代变化洞察力，要善于捕捉市场与前沿科技信息，学会分析并把握包装与市场的发展趋势，进而及时地应用新理念、新材料、新技术及新形式，更新、改造及开发适合当代消费者需求和引导市场潮流的新包装。

图1-38所示为某品牌犬粮、猫粮包装，该品牌主要研究生产天然犬粮、天然猫粮等宠物食品。设计师把包装的视觉核心回归到品牌的标识，并加入了风格独特的插画，以吸引客户并增强代入感。

图1-38

1.3.5 摒弃自我主观意识

通常品牌方及设计师都会有各自的主观喜好，他们会对某一种或某一类设计风格情有独钟，这些主观喜好会不自觉地影响设计的定调和走向。如果只想做出一款自己心仪的产品包装设计，不考虑市场，那么一切都可以随着自己的喜好来决定。但是包装设计是为销量服务的，而销量取决于市场，那么品牌方在进行包装设计时就应摒弃主观偏好，要围绕着市场需求进行客观的定调。这时设计师也需要排除个人偏好，按照市场经济的理念，实事求是地研究消费者的习惯和消费市场，这是进行包装设计的前提。

图1-39所示为一系列室内植物虫害补救剂。这组包装设计的主要视觉理念是“试图寻找和破坏”“与害虫之间的捉迷藏游戏”。为了实现这些想法，包装图案使用了欧普艺术图形样式，将昆虫隐藏在包装上的线条中。传统的包装设计会认为这类高亮的颜色对比非常夸张，不适合与植物相关的产品包装设计。但该产品的目标受众是对植物种植有着浓厚兴趣的年轻人，他们在花卉栽培方面的经验不是很丰富，该产品包装采用了与现有同类竞争产品不同的风格，在包装上尽可能做到简单、直接、明亮和有吸引力。

图1-39

1.3.6 市场调查

市场调查是产品开发的基础性、先导性工作，是优秀的产品包装设计必须做好的前期准备工作之一。对于品牌方而言，了解市场现状与需求是进行品牌活动的第一步，也是决定产品加入市场的关键一步。我们需要知道消费者的需求、喜好、习惯等，而这些都需要经过市场调查才能得出结论。

产品的包装设计是每个品牌与消费者接触的第一道关卡。市场是否接受这款包装，这款包装是否可以带动产品销售、刺激消费等，都是品牌方和设计师需要考虑的问题。市场调查可以让品牌方有目的、有针对性地开发新产品，尽可能避免因盲目投入而浪费人力、物力、财力。因此，任何设计在实施之前，都需要进行充分的市场调查。市场调查的具体原则如图1-40所示。

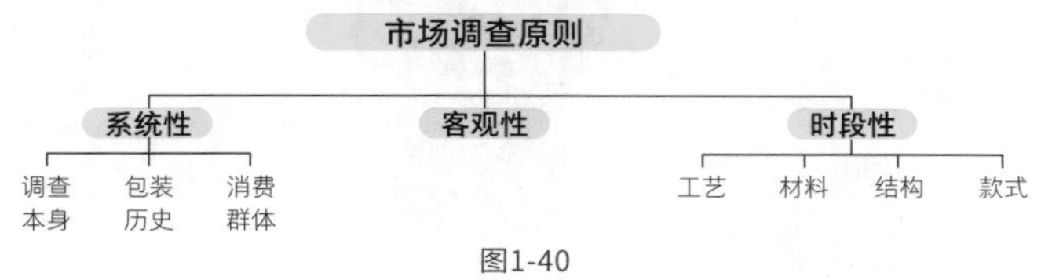

图1-40

市场是一个大且无形的场所，影响市场的因素非常多。在为产品包装设计做市场调查时，应当从两方面来着手，一是产品本身，二是消费者，具体内容如图1-41所示。

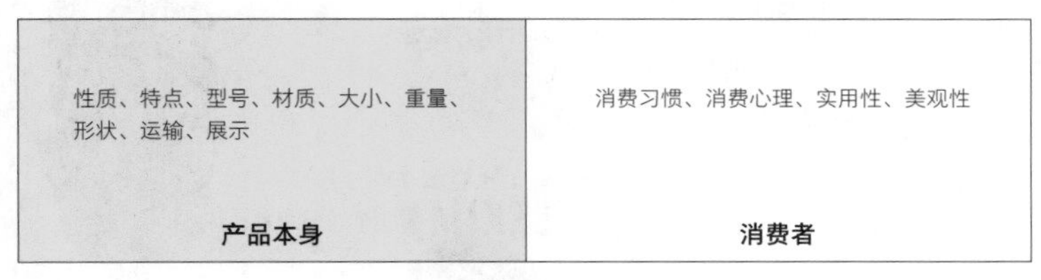

图1-41

1.4 热销产品包装的四个特征

消费者的很多消费都属于冲动型消费，人们经常会购买一些不需要的东西。原因有可能是消费者要购买的产品没有了，也有可能是被另一个产品吸引了，或者是想尝试一些新鲜事物。不管是哪一种情况，产品包装对消费者的购买行为都有很大的影响。

1.4.1 高辨识度

包装要起到促销的作用，首先要通过高辨识度引起消费者的注意，只有能引起消费者注意的产品才有被购买的可能。在包装上使用新颖且别致的造型、鲜艳夺目的色彩、精巧且美观的图案或质感各异的材料，都能在一定程度上呈现出醒目的包装效果，让消费者产生强烈的兴趣。

图1-42所示为一组黄油冰激凌的系列包装设计，模仿了文化、科学、摄影、商业等领域中的重要人物形象，以其面部特征作为冰激凌的基础形状并表现在包装上，消费者可以根据自己的喜好挑选喜欢的人物形象。

图1-42

色彩是消费者可以直接感受到的包装设计元素。红、蓝、白、黑是四大销售常用色，这4种颜色作为销售用色时能够引起消费者的好感与兴趣。比如红色，这种颜色的形象数量很多，且大多是与太阳、火、血液等象征生命力的元素有关的形象，容易令人激动。

图1-43所示为一款咖啡的夏季限量版包装。整个包装的颜色非常丰富、明亮、艳丽，就如同夏季给人的感觉一样，既火辣又热情。

图1-43

包装上的图案通常是与色彩相结合来发挥作用的。一般来说，包装的图案要以衬托品牌的商标为主要目的，即要充分突显出品牌商标的特征。

图1-44所示为名为“娘惹”的蜡染纱笼裙的包装。该包装设计以传统工艺为基础，包装上的凤凰图案和牡丹花图案都象征着女性的美丽和优雅。

图1-44

包装的材质变化同样会引起消费者的注意。包装的材质要与产品的特性相契合，在选择材质时要从保护产品的基本要求来考虑，在成本可控的情况下，尽可能选择更适合产品设计主题思想的包装材质。

图1-45所示为一系列清凉茶包装设计。设计师受到夏季冷饮的启发，设计了一系列带给人清凉感的包装，包装上的双清漆模仿冷冻效果，压印工艺可增强包装的光影效果，强调产品的清凉特性。

图1-45

1.4.2 高传播性

“包装就是行走的广告。”好的包装可以引导消费者的情绪，激发消费者的购买欲望，是消费者购买行为的重要诱因。

由于包装设计的独特性，包装和产品之间有着微妙的关系。包装不仅具有保护产品的基本功能，还对广告信息传播起着重要的作用。要使产品包装具有高传播性，首先要了解包装中的广告和包装设计的广告传播形式。包装设计传递的主要信息包括产品名称、品牌、商标、制造商、原材料等。当然，广告语、代言人、广告影片等信息元素往往可以在包装设计中得到体现，其中好的广告语可以创造口碑，加强产品在消费者脑海中的印象。图1-46所示为热销产品包装高传播性特征的简要总结。

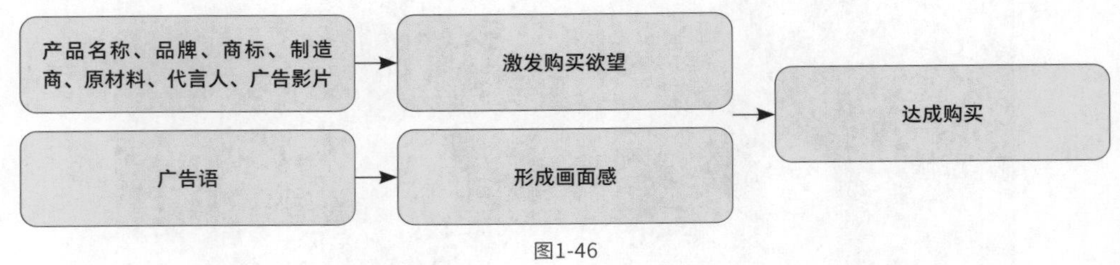

图1-46

如图1-47所示，这款意大利面包装的上半部分是一家人在一起用餐的和乐画面，主体部分则是色泽鲜美的意大利面成品图像，这些图像不仅能勾起消费者的食欲，还能将不同意大利面的传统做法直接通过包装进行宣传。

图1-47

1.4.3 唤醒情绪

带有情感的包装设计更令人难忘，因此某些品牌会通过调动消费者的怀旧、喜悦或渴望等情绪来设计产品包装。

图1-48所示为某品牌卫生巾的包装设计，不同于市场上大多数的卫生巾包装设计，该设计将水彩绘制的植物花朵与产品图相结合，让消费者感受到产品的柔软、干净，这也是该系列卫生巾更受女性青睐的原因之一。

图1-48

图1-49所示为一款香水的包装设计。瓶身上印有“YOU SMELL NICE”，对于香水使用者来说是一句很美好的称赞，瓶子的特殊形状和粉色的香水为产品增添了浪漫气息，让人不禁对使用该香水的人和环境产生联想。

图1-49

1.4.4 会“说话”

好包装会“说话”，它会直接或间接地向消费者传达有关产品的功能、质量等信息。

图1-50所示为一款丙烯酸涂料的包装设计。包装上没有多余的信息，只有产品名称和品牌Logo。涂料的外壳直接采用透明管，既可以直观地看到涂料膏体的颜色以进行区分，又可以直接看到膏体的质地以判断涂料的质量。这样的包装设计是品牌方对产品品质自信的表现，能让使用者感受到品牌方的用心。

图1-50

实战解析："美的"破壁机包装

项目名称 "美的"破壁机包装设计

设计需求 以新年为主题进行包装设计，将年味和破壁机的功能相结合来设计包装的展示画面

目标受众 热爱生活的中高端消费群体

设计规格 设计形式：彩色纸箱；分辨率：300dpi；颜色模式：CMYK；印刷工艺：四色印刷；销售方式：线上/线下销售

图1-51所示为一款"美的"破壁机的新年贺岁新包装，这款包装设计的目标人群是热爱生活、喜爱分享的中高端消费人群。包装主体画面采用了手绘插画的表现形式，将破壁机和五谷杂粮、水果等原材料融入画面，既展示了破壁机主体，同时说明了可以用破壁机制作的食材，又与"年味"这一主题相契合。在包装的细节上，用书法体在醒目的位置写上"买破壁，选美的"的广告语，既强调产品的功能性，又进一步加深消费者对"美的"破壁机的专业性印象，同时与新年呼应。在包装细节点缀上，绘制了有5个正在玩耍的卡通人物，表现出春节期间小孩们在一起嬉戏、玩耍、放鞭炮的场景，更进一步烘托新年气氛。同时，人物与破壁机的大小对比能够快速吸引消费者的眼球，将消费者的情绪带回到孩童时代。

图1-51

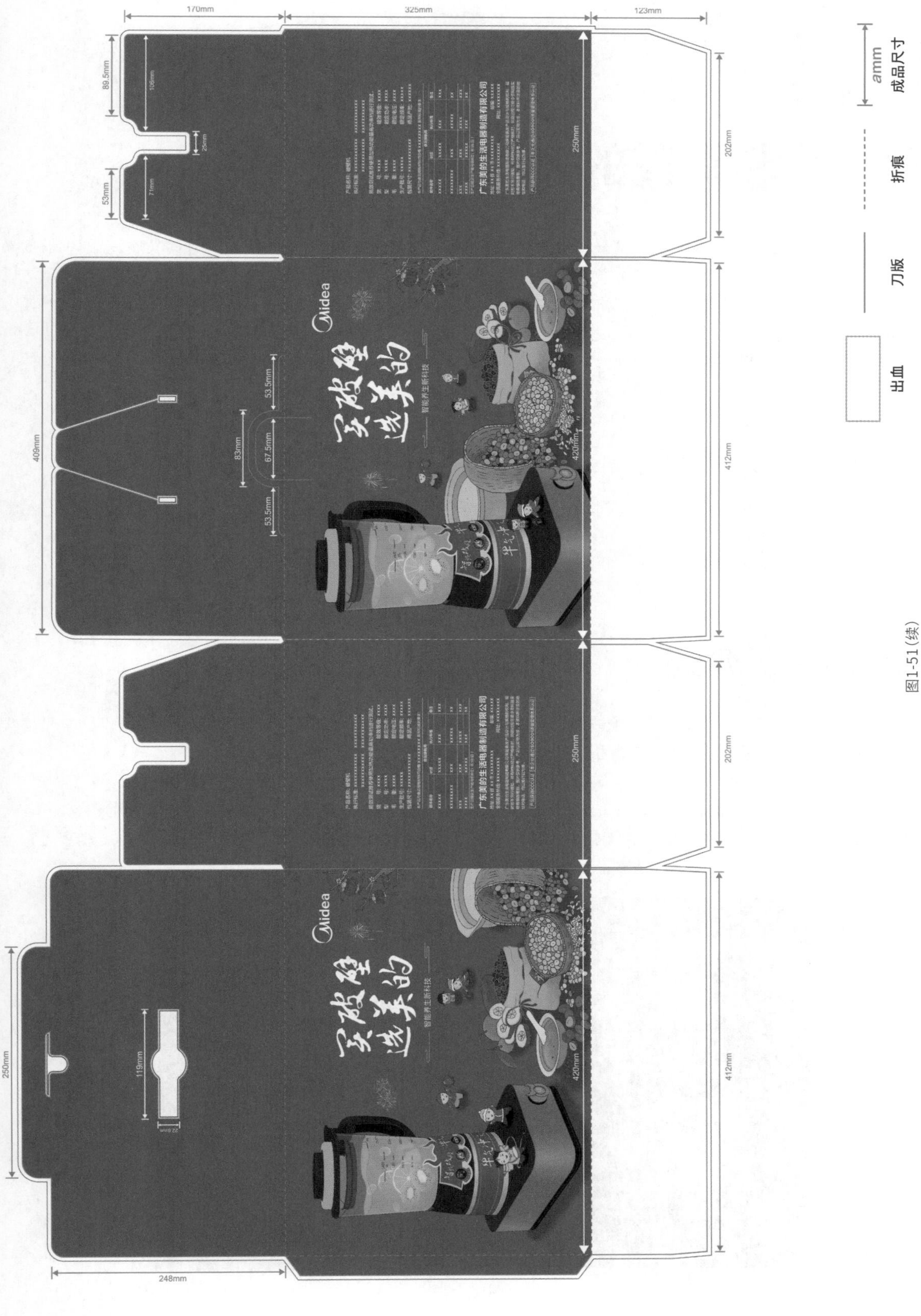
170mm
325mm
123mm
89.5mm
106mm
25mm
53mm
71mm
250mm
202mm
409mm
53.5mm
83mm
67.5mm
412mm
420mm
119mm
248mm
Midea
智能养生新科技
广东美的生活电器制造有限公司
出血
刀版
折痕
amm
成品尺寸

图1-51(续)

1.5 不同销售渠道的不同包装策略

传统的营销模式已经发生改变，消费者转向互联网搜寻产品信息并进行购买。随着社交媒体的发展，信息的获取渠道越来越多样化，品牌方开始慢慢削减营销支出，在营销上采用"吸引力法则"，而不是直接做广告，并转战数字渠道以提高整体的投资回报率。但这并不意味着线下销售已经过时。为了更大程度地扩大和提升品牌影响力与回头率，将线上渠道和线下渠道结合起来的模式便成了不二之选。如何协调与集成线上、线下两条渠道并获得适当的平衡是关键点。考虑综合因素，整合线上和线下渠道以覆盖更广泛的消费者，建立品牌凝聚力，提高品牌回头率，培养忠实的消费群体变得重要起来。

1.5.1 线下渠道

进行有效的包装设计是产品在同类竞争对手中脱颖而出的方法之一。就一款在实体店销售的产品而言，包装是消费者首先接触到该品牌的重要途径，潜在消费者可能会根据产品的外包装对该品牌产生第一印象。尽管产品的价值并不取决于包装的外观，但这是赢得消费者的机会，因此包装上必须要有可以成功引起消费者注意的设计元素。

图1-52所示为一组素食食品的包装设计。整套包装采用赭石绿作为主色调，能给消费者留下较深刻的印象。干净、美观的食物摄影图片和有趣的描述性文字为产品增添了与众不同的趣味性。包装采用了开窗的形式，可以让消费者直观地看到包装内部的食品，能让消费者感受到品牌方对于产品的自信与用心。

图1-52

1.5.2 线上渠道

线上营销是一种新的营销渠道，伴随着它的扩展，线下销售逐渐处于次要地位。线上销售已成为很多企业为吸引广大消费者所采取的主要手段。

与线下渠道相比，线上渠道的推广成本较低，并且有可能在短时间内吸引大量消费者。线上渠道所面向的目标群体相比线下渠道有较大的转变，它覆盖了更广泛的消费者群体，这也使得线上产品的包装设计需要适应更多消费者的审美需求。

线上渠道的包装设计需要注意以下3点设计要求。

第1点：需要上镜设计。

线上的产品包装是通过视频和图片的形式展示出来的，其作用是让包装具有镜头感，从而尽可能直接地将消费者带入产品的使用场景中，增强消费者的线上体验。

第2点：需要有特色。

独特性和名气总是齐头并进，想要在线上渠道超越竞争对手，需要更多与众不同的创意。“胆大心细”通常是设计师在设计线上包装时必备的特质之一。

第3点：需要有开放性。

包装设计可以具有灵活性、延展性、可分解及重新组装的能力，包装设计可以重新混合、拼接、拆分及想象，即让消费者首先在外包装上充满好奇。

拥有上镜品质、独特性、开放性的包装设计可以为品牌创造更多的记忆点。图1-53所示为一款运动饮料的包装设计。该罐装饮料包装采用了丰富且鲜艳的对比色和竖线条交错的表现形式，给人活力满满的感觉。这种独特且抽象的艺术化外包装能留给消费者深刻的印象。

图1-53

1.5.3 全渠道

全渠道正在改变品牌与消费者之间的联系方式。在目前的全渠道零售环境中，消费者是中心。无论消费者想要购买什么，品牌方都应该充当引导和迎合的角色，并提供简单的、易操作的消费体验。品牌无论是选择线上还是线下渠道，或者选择两者兼具的全渠道，包装设计都必须跟上发展的步伐。

如今许多品牌方已经认识到，在每个零售渠道中提供一致的消费体验是与消费者建立联系和了解消费者的关键。考虑目前所处的新零售环境，每个品牌方必须问自己3个问题。

问题1：是否需要区分线下销售和线上销售？

问题2：是为每个渠道设计特定的包装形式，还是统一包装形式？

问题3：如果统一包装形式，包装如何在不同的渠道中传达相同的信息？

如今，消费者受到来自不同媒介的"信息轰炸"，如果品牌方通过多种渠道与消费者接触，那么品牌方的相关信息将会产生更大的影响力。线上渠道和线下渠道必须要相互协调，一致性和凝聚力对于改善跨渠道营销来说至关重要。

你问我答 1

问：线上、线下包装设计会越来越同质化吗？

答：会有所相似，但是不会完全同质化。在产品质量相同的情况下，由于每个品牌不同系列产品的销售渠道不同，营销成本也会有所不同。在不同成本的约束下，同品牌不同销售渠道的产品包装会做出一些差异化设计，这也是有些产品不能在线上和线下同时买到的原因之一。一款产品日趋成熟后，会相应地进行产品包装的淘汰，留下市场反响好的一款或者几款包装作为经典款，并让其同时出现在全销售渠道中。

你问我答 2

问：可以举个简单的例子说一下线上和线下产品包装的区别吗？

答：比如在线下经常会看到一些食品类的包装袋有开窗设计，而线上的就比较少。那是因为在线上可以通过图片和视频的形式来展示产品本身，而在线下由于预包装产品的密封性，只能通过在包装上设计开窗的形式让消费者直观地看到包装内的产品。

第2章 02

包装设计与品牌建设

市场瞬息万变，品牌之间的竞争也日趋激烈。除了产品本身，产品的包装也能够彰显品牌实力，是达到品牌效应的重要因素之一。产品包装设计通常融入品牌的文化理念，品牌方可以通过包装设计向客户传递有效的产品信息，同时使企业的独特文化深入人心，让产品从竞争中脱颖而出，从而加快品牌建设的进程。

2.1 包装与品牌的关系

产品包装最原始的功能是保护包装内部的产品，使其不因外力冲撞而损坏。随着人们生活水平的提高，包装已经从最初的包裹物逐渐演变成一种品牌信念，是企业品牌文化的承载体，也是品牌形象的直接视觉体现。

消费者使用产品之后，必然会对产品及其包装产生相关联的记忆。包装俨然成为品牌形象更直观的代言人，它能使品牌具体化、标识化。为了成功塑造良好的品牌形象，开拓有效的市场营销途径，众多企业纷纷开始关注产品包装设计，包装的重要性已不容小觑。好的包装设计能带来良好的用户体验，并维系消费者对品牌的忠诚度。

2.1.1 包装与品牌的关联

品牌塑造是一种策略，用于在消费者心目中形成品牌的独特形象，以吸引消费者对品牌的关注，建立品牌与消费者之间的信任并长期维系这种信任关系。品牌用于为产品分配唯一标识，以便消费者可以轻松地将其与市场上的其他产品区分开。包装则用于保护产品，并清晰地展示品牌信息以吸引消费者的注意力，引导消费者购买。

品牌与包装的关联如表2-1所示。

表2-1 品牌与包装的关联

项目	品牌	包装
含义	创建与竞争对手不同的独特产品或服务，吸引消费者并建立信任	设计与制作用于包装产品的容器、盖子或包装纸的过程
目的	与竞争对手的产品进行区分	保护产品和推广产品
元素	名称、颜色、标志（图形标志、文字标志）、卡通吉祥物等	颜色、字体、说明文字、图标等
帮助	有助于留住已有消费者，建立消费者与品牌间的信任，并长期维系信任关系	有助于吸引消费者的注意力，并将目光聚焦到产品上

品牌和包装对于企业来说非常重要，因为它们可以带动消费者的购买行为。企业如果要维持消费者对品牌的忠诚度并与消费者建立长期关系，就要着眼于品牌和包装这两方面。

2.1.2 包装要以品牌理念为导向

包装是品牌理念的体现，其色彩、风格都是由品牌理念决定的。产品包装要以品牌理念为导向进行系列化设计。包装的系列化设计是指对同一品牌的不同产品采用统一而又有差异的包装设计。系列化包装中的个体都是“家族中的一员”，个体与个体之间既有共性又有个性。

系列化包装往往在色彩上具有统一性，并根据不同产品的特性，对包装特定位置的色彩进行色相、纯度和明度上的变化，达到统一中有差异、协调中有变化的效果。消费者在购买产品时，不仅会注意到整套包装的形状和颜色，还会注意到每件产品在包装上的差异，并依据这些差异进行选购。

图2-1所示为一款冰激凌的包装。该包装设计将典雅的传统装饰性纹样与现代图形相结合，既唯美又新潮，下方的大面积冰激凌产品图和风味原料小元素体现了产品的不同口味，这样的包装设计使得该系列产品非常抢眼。

图2-1

2.1.3 包装的意义在于促进销售

在无销售人员介绍或示范的情况下，消费者只需凭借包装画面上的图文介绍就可以了解产品信息，从而决定是否购买。消费者的购买行为可以分为3个步骤，即看到产品包装、被产品打动、决定购买。这3个步骤决定了包装设计要从以下3个方面着手。

（1）从产品的陈列环境着手。在色彩、图案、款式等方面增强包装的视觉冲击力，与同类产品区分开。

（2）从品牌定位和品牌个性化着手。设计具有附加值、品质感和美感的包装。

（3）从渠道和价格差异着手。明确目标群体并选择合适的销售渠道，明确包装的设计风格，突出消费者重点关注的信息，如品牌、产品卖点、产品价格及优惠信息等。

图2-2所示为一组抗菌湿巾的包装设计。每一片湿巾都采用了独立包装袋，包装外盒设计的“十”字形开窗强调了“清洁”的重要性。之所以选择蓝色和白色作为主色，是因为这两种颜色更能表现出“干净”的感觉，与“清洁”呼应。该包装设计的点睛之处是运用小面积的橙色与大面积的蓝色形成鲜明对比，加上醒目的品牌Logo，能让产品在货架上脱颖而出。

图2-2

图2-3所示为一款藏红花的包装。该包装设计采用创新的表现手法，将现代和传统两种设计方式相结合，从而达到品质与美感并存的包装效果，能有效地吸引消费者。

图2-3

2.1.4 包装是行走的广告

对于品牌而言，产品包装是营销和沟通的重要工具，是品牌成功的关键因素之一。产品的包装就是品牌广告的载体，美观的外观、产品的优惠信息、明星照片等都可以加深消费者对产品的印象，吸引更多的消费者。

如图2-4所示，这是一组适合日常控制饮食人士的系列化产品包装设计，大胆、直接地将具体的热量数字和产品图像印刷在包装上，既作为产品的卖点，又方便了消费者快速选购适合自己的产品。这样也可以加深消费者对品牌的印象，起到品牌宣传的作用。

图2-4

2.1.5 品牌包装是一场选择心理战

消费者直接接触品牌的途径之一是该品牌产品的包装。优秀的包装设计会吸引消费者购买产品，如果产品质量过关，那么消费者就有再次购买的可能性。品牌的个性是在日积月累中形成的，而品牌包装的个性更多地来自消费者的感性判断，而非纯理性的、功能性的思考。

简单来说，消费者心中有一把衡量品牌的尺子，品牌做得越贴心，关注度自然就越高，其产品被购买的可能性也就越大。紧跟消费者的脚步，跨越消费者心中的感觉门槛，是品牌成功的关键。

如图2-5所示，该品牌基于一个关于运动的故事，为儿童谷物食品的包装设计了一系列可爱的卡通动物形象，并结合与运动有关的游戏和谜题，让儿童在享用食物的同时还能参与游戏。卡通形象能够吸引儿童的注意力，而故事和场景图则适合父母与孩子进行互动。这种兼具趣味性与互动性的包装设计有助于提升消费者与品牌的黏性。

图2-6所示为一种小容量的粉红色香槟酒瓶。设计师将独特的编织篮融合到包装设计中，为香槟增添了一丝野餐的气息，粉红色的设计更吸引女性消费者，在心理上拉近了与女性消费者的距离。

图2-5

图2-6

图2-7所示为一款药物包装设计。该包装的主要图形是基于基础形状设计的简约风格符号，可以轻松地组合为可识别的符号系统，较为统一的版式布局则为该符号系统的可识别性起到了辅助作用。为了对药物进行分类，包装采用了多个色系，色系与药物类别相关联。例如，气雾剂、胶囊药物使用蓝色，软膏和凝胶类药物使用绿色，糖浆类药物使用橙黄色，输液剂药物使用银灰色。

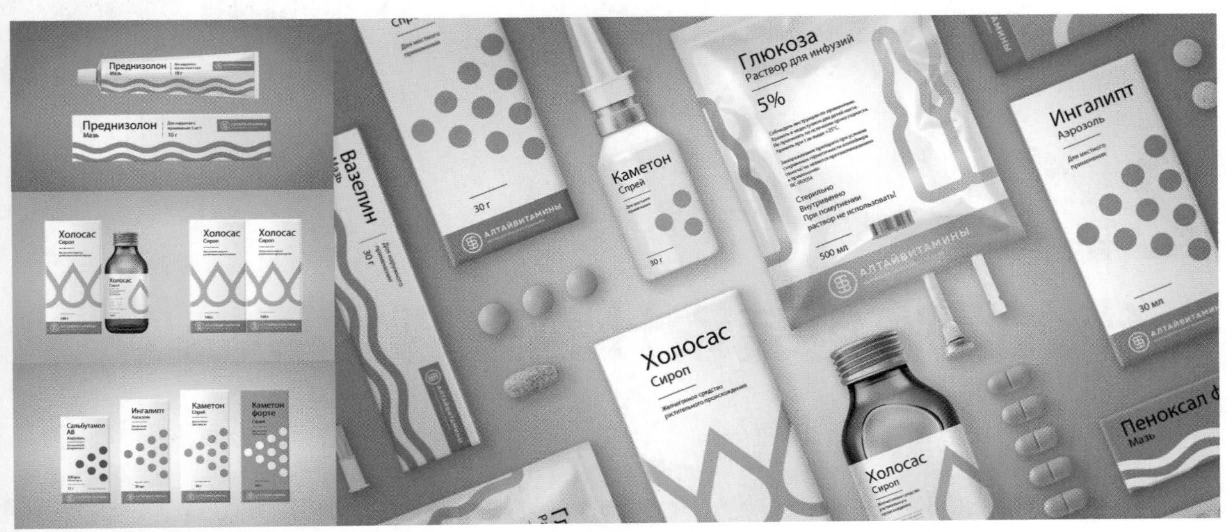

图2-7

2.1.6 包装设计是品牌理念的载体

产品包装可以是一个简单的盒子，也可以是品牌文化等信息的载体。将品牌理念融入产品包装设计，可使消费者感受到、在心理上认同品牌经营理念，从而成为品牌的忠实粉丝。

图2-8所示为饺子的系列包装设计，保持了品牌的整体风格，突出产品的独特优势。该产品包装袋的上方设计了一个透明的开窗，既方便消费者看到产品本身，又体现出该品牌对于自身产品的自信。而包装袋的下方则将饺子馅的食材以图片的形式呈现出来，消费者可以直接通过图片来选择自己想要的口味。

图2-8

如图2-9所示，该糖类品牌包括3个系列，即装饰用糖、烘烤用糖和防腐用糖。3种糖之间的区别在于研磨程度的不同，装饰用糖颗粒较小，烘烤用糖颗粒平均，防腐用糖颗粒较大。包装上的栅格设计元素所要展现的就是糖的研磨程度，栅格越大则表示糖的颗粒越大。与市场上其他同类产品的包装相比，该包装的呈现效果更具现代感和科技感。

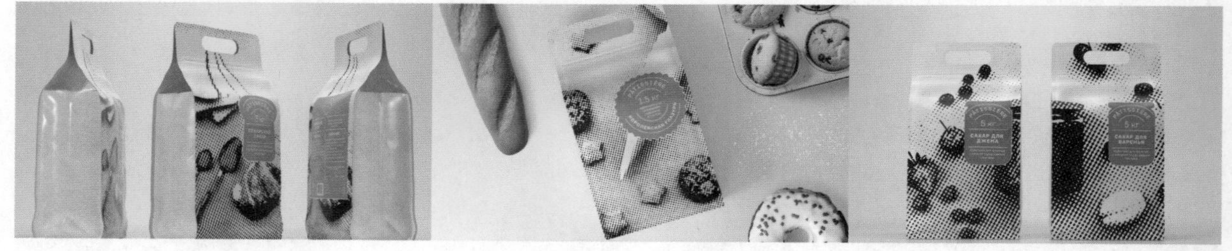

图2-9

2.2 为什么品牌包装设计越来越重要

在品牌的建立和发展历程中，包装设计是一种宣传方式，更是消费者与企业的沟通桥梁。包装设计是将企业的文化和产品的特色等优势通过图案、文字等进行融合的设计。在包装设计的过程中，设计师首先要了解品牌的文化内涵和产品的特色，并有自己独到的见解，然后要了解消费者的需求和喜好，再确定以何种表现形式进行包装设计，从而吸引更多的消费者，让消费者在购买产品的同时了解品牌的理念和文化。

2.2.1 品牌的传播性

品牌传播既是传播品牌信息的过程，也是塑造品牌形象的过程，更是积累品牌资产的过程。具体来讲，企业通过各种直接或间接的方式告知消费者品牌信息，从而引导消费者购买该品牌产品并维持对该品牌的记忆。品牌传播的最终目的是通过创意的力量让品牌成为市场中的佼佼者，从而提升话语权和扩大影响力。

品牌影响力离不开企业的优质产品和良好的品牌形象，品牌形象的打造离不开系统的、精细的品牌建设和营销策略。品牌在营销过程中提升文化内涵的重要因素之一是品牌精神，品牌精神是一种可以满足消费者情感和心理层面的需求的精神。品牌精神可以理解为品牌情怀和品牌形象，其提升策略分为品牌感情提升和品牌形象提升。

图2-10所示为一款饼干包装。该包装设计直接将饼干的摄影图片呈现在包装上，并用夸张的手法设计了一个急于得到饼干的卡通动物形象。包装还特别突出了饼干上的坚果，把饼干的配料和美味优势展现了出来。

图2-11所示的这款椰子水的包装形状看上去就像一个绿色的椰子，暗示着椰子水的天然品质，给消费者一种吸椰子汁的感觉。

图2-10

图2-11

2.2.2 品牌的多样性

随着经济的发展，企业规模不断扩大，产品种类也日渐增多，单一产品的经营和发展策略已经满足不了市场的需求。想要进一步发展品牌，就必须在品牌已有的产品基础上开发出不同品类、不同口味或者不同包装规格的产品，以丰富品牌的产品系列，尽可能满足消费者多样化的需求。

图2-12所示为某品牌部分饼干产品的包装设计。该品牌的产品品类非常丰富，如圆形饼干、薄饼干、威化饼干、巧克力派等，其中圆形饼干是该品牌的基础产品，也是粉丝较多的产品。为了品牌产品的多样性，满足更多消费者的需求，该品牌不断更新产品系列，产品种类越来越多，忠实消费群体越来越庞大。

图2-12

图2-13所示为某清洁类产品的包装设计。清洁类产品属于日常生活中的消耗品，该品牌根据消费者的生活习惯、便捷性需求、家庭成员数量等因素，开发了多种类型、规格的清洁产品，可以满足消费者的多种需求，给消费者传达了这样一个信息——只要认准该品牌，总能在众多产品中找到合适的一款。

图2-13

2.2.3 品牌的市场性

对于品牌来说，包装设计是其品质的体现。在对产品包装进行设计之前，要对产品定位、市场定位、消费者群体定位等多方面进行分析。品牌要想长期在市场上屹立，就不能忽视包装在体现产品的特色和质量上的作用。很多企业或许会认为，只要自己的产品具有“硬实力”，就能靠口碑营销在市场取得一席之地。产品质量好当然是基本功，不好的产品拥有再强大的营销方案也只能获取初期的关注度。同时，很多时候的市场竞争不只是“硬实力”的对决。

在这个信息爆炸的时代，消费者每天要接收来自四面八方的广告信息，很难维持原有的忠诚度。如果品牌仅依靠已有的知名度，将不会一直存活在消费者的心中。若某个品牌失去了消费者的关注，就代表着它失去了未来，品牌若不及时更新，将丧失被优先选择的机会。

图2-14所示为某清洁产品的新包装。为了更大程度地统一系列产品的包装视觉效果以吸引消费者的目光，设计师在重新评估品牌的主要视觉元素后，更新了品牌Logo设计，让Logo在包装上更加突出，将产品的差异化原材料图像放大呈现在包装上，便于消费者选购，并将整个视觉元素背景调整得更加柔和，更加贴合产品特性。

图2-14

2.2.4 消费群体的变化

随着时间的流逝，包装需要根据消费群体的变化而及时更新。例如，产品包装设计应适应消费群体的年龄变化。随着年龄的变化，消费者的文化品位和审美水平也会发生变化，那么产品包装设计也应当根据当下的消费群体有所更新。

“miller”啤酒在20世纪90年代的美国啤酒品牌中具有一定的影响力，而在之后的20多年中由于知名度下降和缺乏独特性，逐渐被人们遗忘，直到新包装出现。图2-15所示为“miller”啤酒的新旧包装的对比。新包装设计将黑、金、红三色作为品牌的色彩基调，将大胆、有力的插画表现形式与现代的设计风格相结合，保留红日和鹰的元素，加强与过去的消费者的联系，同时向更广泛的消费群体进行拓展。

图2-15

2.2.5 互联网信息的传播

在传统媒体时代，品牌传播主要依靠邮件广告、传单、电视广告、广播广告等方式，这些传播方式渠道单一，效率较低，往往无法达到预期的宣传效果。而在如今这个快速发展的新媒体时代，信息的传播方式和传播环境都发生了很大的变化，大量的信息可以直接由移动终端向信息接收者传播。信息传播的群体性和针对性变得更加明显，信息接收者在获取信息时有了更多主动权，即由信息的被动接收者成为主动选择者。

在这种背景下，品牌的传播不能再以传统方式让消费者被动接收，而是要给消费者和品牌对话的机会，让消费者了解并参与到品牌的建设过程中，从而达到更好的品牌宣传效果。

图2-16所示为某品牌的运动系列纯净水包装。该系列包装设计以摄影图像的形式将冠军运动员在比赛中的经典动作展现在标签上，并运用强烈的光影表现手法为图像中的人物动态增添特殊的艺术效果。该纯净水包装具有较为良好的宣传效果，首先它向消费者传递了追求胜利的热情和坚持不懈的体育精神，其次它充分利用了粉丝效应，运动员粉丝这一消费群体更愿意购买和分享这类产品。

图2-16

实战解析：“茵硕”清洁品牌包装

项目名称 “茵硕”彩漂粉包装设计

设计需求 与目前市场上大多数的衣物清洁类产品的包装区分开，体现出“茵硕”彩漂粉的品质感

目标受众 “小资”白领

设计规格 设计形式：标签贴；分辨率：300dpi；颜色模式：CMYK；印刷工艺：四色印刷；销售方式：线上销售

“茵硕”是一个清洁类品牌，品牌的主要服务人群是“小资”白领人士。这是一个追求生活品质的人群，他们对生活类产品的要求大多着重于高效率。如何在产品包装上营造出高效率和品质感便成了“茵硕”彩漂粉包装设计需要攻克的主要难题。

目前市面上的清洁类产品的包装设计大多采用蓝色、红色、橘黄色等高明度的色彩来突出产品对衣服颜色的保护和对污垢的清洁力。如图2-17所示，不同于其他清洁类产品的包装，“茵硕”采用了马尔斯绿作为品牌的主色调，给人一种高雅而平静的气质和舒适感。清洗过后的柔软衣物容易让人感到放松和安静，与繁忙的生活节奏形成对比，就像是“茵硕”想要传达的品牌精神一样——家是让人放松的地方。包装上的人像摄影采用黑白色的表现形式，不仅是为了突出品牌色，还是为了向消费者传递一种生活理念——多彩的生活是由自己创造的。

图2-17

如图2-18所示，包装背面的标签提炼出了产品的功能特点，消费者可以方便快捷地通过简单的词汇和直观的图标快速了解产品信息，符合消费人群对高效率的追求。

图2-18

IONSSIRE
茵硕
BLEACHING POWDER
彩漂粉
NET:300g
高效清洁用茵硕
去渍
增白
增艳
Y 用途特点
能快速高效清除常见污渍
Z 主要成分
活性氧彩漂因子，表面活性剂，螯合剂。
Z 注意事项
W 温馨提示
S 使用方法
218mm
61mm
amm
出血
刀版
折痕
成品尺寸

图2-18(续)

2.3 如何挖掘包装中的商业价值

在产品营销上，颜值高或个性独特的产品包装往往更容易赢得消费者的信赖。在新零售发展得如火如荼的势头下，产品包装设计在追求美观的同时，还要更大程度地展现产品价值。

2.3.1 以市场为导向

视觉冲击力强的产品包装往往能够左右消费者的购买意识，因此企业往往会加大产品的包装设计力度，力求赏心悦目，以达到吸引更多消费者的目的，从而在同类产品的竞争中占得先机。一切优秀的包装，都应建立在包装与产品相匹配的基础上。优秀的包装设计往往要考虑不同地点、不同年龄层次和不同消费水平的人群，从而设计出具有销售针对性的包装。

图2-19所示为一款蜂蜜的包装，它有小包装袋和广口瓶这两种包装形式。小包装袋不仅方便消费者携带，其下宽上窄的袋子形状还有助于消费者轻松倒出蜂蜜。广口瓶包装适用于家庭，其盖子上设有一个二维码，用手机扫描后会进入该品牌的网站，消费者可以重复订购蜂蜜或了解其他有关该蜂蜜的信息。

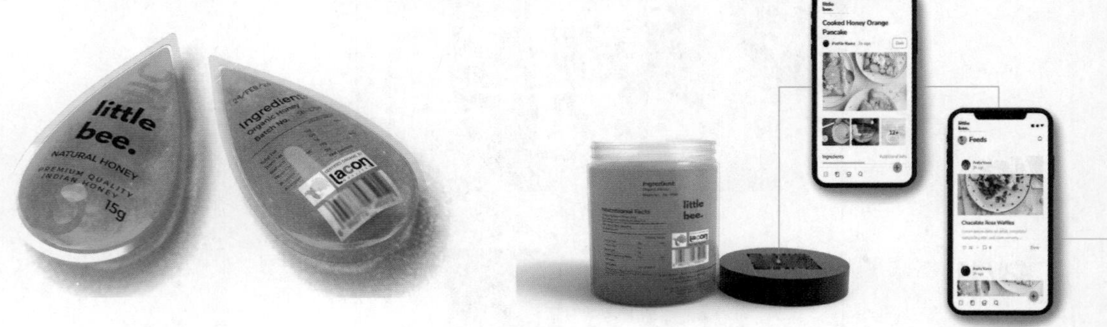

图2-19

图2-20所示为一款饼干的包装设计。该品牌有两条产品线，因此设计了红色和绿色两种颜色的包装。标签上简单的手绘插图体现了产品成分的简单性。该包装设计采用了透明包装袋，这是为了让消费者直观地看到饼干，有助于提升消费者对品牌的信任感。

图2-20

2.3.2 体现差异性价值

产品的使用价值在生产环节产生，以满足消费者的生活需求为目标；产品的差异性价值在销售过程中实现，以满足消费者的心理和精神需求为目标。差异性价值一方面是指品牌与品牌之间的差异，另一方面是指同一品牌的不同款产品之间的差异。

图2-21所示为适合婴儿食用的有机酱系列包装。该有机酱的包装设计保持了品牌标识的可识别性和设计风格的一致性，并将重点放在了婴儿食品的基本信息上，即产品的成分和营养价值信息，体现出该品牌对产品品质的追求。

图2-21

图2-22所示为一款益生菌的系列包装。该包装将品牌标志作为主图案并进行连续与重复设计，以增强产品的货架影响力，同时采用了丰富多变的颜色，为整个包装系列营造出一种节奏感，充分表现出产品的活力。

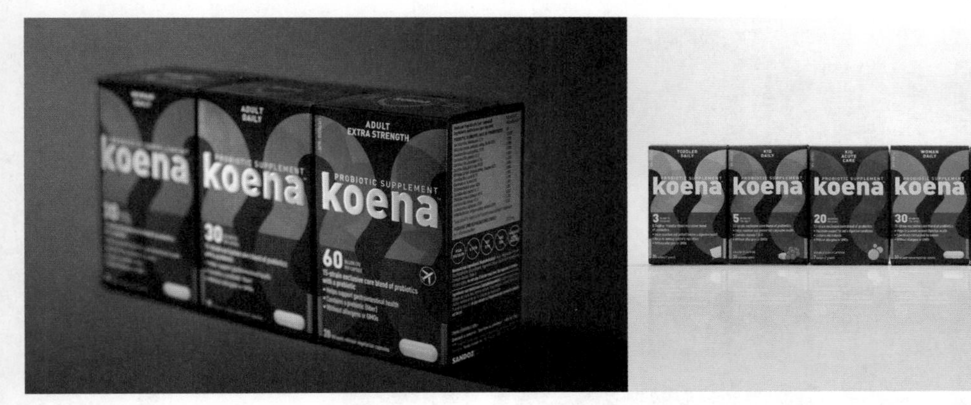

图2-22

图2-23所示为一系列糖果包装。该系列糖果的口味较多，为了给每种糖果都设计一款既能展现产品个性又能说明口味信息的包装，品牌方选择了创意十足的表情作为整套包装设计的核心要素。将有趣的表情和醒目的色彩作为整个包装系列的视觉链接，既能激发消费者的不同情绪反应，又能增强产品包装的识别性。

图2-23

2.3.3 通过包装设计实现互动

单向的、传统的宣传方式在移动互联网时代已然落伍，当下更流行挖掘人内心的认同感并建立基于社群的情感联系，其目的在于触及消费者的内心并让他们主动分享和参与互动。在这个“人人都是麦克风”的时代，让消费者充当传播者的门槛并不高，任何一个小细节或小创意，只要打动了消费者，很容易就会被他们分享至朋友圈。

图2-24所示为某品牌的万圣节限量版饮料包装。这3款包装设计将品牌标志与木乃伊元素进行了结合。例如，木乃伊的绷带上印有“ORANGINA”字样的标志，绷带缠绕在瓶身上。该包装设计生动有趣，容易激发消费者的购买欲望，并和朋友分享。

图2-24

图2-25所示为某品牌的夏季限量版饮料包装。瓶身的图案被设计成比基尼的样式，为了使其效果逼真，比基尼上的褶皱和纽扣等细节都经过了精心设计。当消费者面对这样一瓶饮料时，容易产生一种仿佛正在沙滩上惬意地享受阳光的幸福感。

图2-25

你问我答

问：怎样才能开始上手做包装设计？

答：在开始为产品设计包装之前，设计师必须弄清楚以下3个问题。

第1个问题：产品是什么？

这是一个最简单又最基本的问题。你将要设计包装的产品是什么？它的尺寸是多大的？它是由什么材料制成的？是否有任何物流需求？例如，精致的产品需要更安全的包装，大的或非常规尺寸的产品可能需要特殊定制的包装解决方案。

第2个问题：谁会购买产品？

在开始设计之前，了解消费者是谁很重要。产品的目标受众人群是男性还是女性？产品是给小孩还是成人使用？它是针对有环保意识的人吗？产品的目标受众甚至可以更加精细到某一类人群。例如，面向老年人的产品可能需要更大的文字，面向消费水平高的消费者的产品需要考虑采用能够营造奢华感的材料。

第3个问题：如何购买产品？

消费者的购买渠道是什么？通过网络购买还是线下商超购买？网络渠道涉及在线销售和运输，针对线下商超渠道的产品除了需要考虑运输，还需要考虑如何在货架上脱颖而出，设计师需要以不同的方式考虑不同购买渠道下的包装设计。例如，对于网上销售的产品来说，在考虑包装美观度的同时，还需要考虑运输过程中的损耗和安全性问题。

03 第3章

色彩是包装设计的关键

色彩是包装吸引消费者的重要因素之一。相比其他因素，色彩通常是消费者购买产品时注意到的第一因素。了解色彩心理对包装设计来说至关重要，错误的颜色会对产品产生负面的影响，使得产品包装容易被忽略。而在包装设计中运用好色彩不仅能让产品在货架上更醒目，还能方便消费者识别和记忆。

3.1 色彩的基本功能

在这个色彩缤纷的世界，人在看到某种颜色时会不由得联想到自己看到过或接触过的有相似色彩特征的事物。这种联想因个人的生活阅历、情感经验、知识结构及思维方式的不同而有一定的个体差异，也正是这种联想使色彩具有了多元化的影响力。从根本上讲，色彩能左右人的心理和情绪，影响消费者看待品牌的个性，因此，正确选择品牌的颜色非常重要。品牌包装色彩的基本功能主要体现在识别性和销售性这两方面。

3.1.1 增强品牌的识别性

人们对事物的感觉首先来源于色彩。不同的颜色因色相、明度及纯度的差异形成了各自的特点，将这些特点运用在包装上有助于消费者从琳琅满目的商品中辨别出不同的品牌。

在包装色彩应用过程中，应用企业标准色是增强品牌识别性、塑造品牌形象的直接而有效的手段。色彩是真正赋予品牌包装形象生命力的因素，拥有一种视觉冲击力强的品牌颜色有利于提高品牌的认知度。

图3-1所示是人们比较熟悉的两个可乐品牌，Coca-Cola的包装以红色为主色调，pepsi的包装以蓝色为主色调，两者均采用了鲜艳的颜色彰显品牌个性，增强包装的视觉感染效果。

图3-1

3.1.2 促进品牌的销售

品牌的视觉识别系统包括多个视觉元素，如形状、符号、数字、文字等。对于品牌而言，色彩既具有情感性，又具有实用性。从情感性上讲，色彩会影响消费者看到品牌时的感受；从实用性上讲，好的包装色彩会格外引人注目，有助于品牌从竞争品牌中脱颖而出。

在同类产品中能瞬间留给消费者视觉印象的必然是色彩鲜明个性的包装。好的包装色彩设计不仅能美化产品，抓住消费者的视线，还能赋予产品情感诉求。因此，任何品牌在进行产品的包装设计时，都应当意识到色彩的重要性。品牌方要尽量选用符合产品属性且能快速吸引消费者目光的颜色，以增强品牌产品的竞争力。

图3-2所示为某品牌碳酸饮料的包装设计。该系列饮料一共有12种口味，不同口味对应不同的颜色，将这12种颜色的产品包装陈列在一起时能产生非常震撼的视觉效果。消费者可以在这一个品牌中品尝到12种不同口味的饮料，每一种口味都能带来不同的感受。通常情况下，很少有品牌同时开发这么多颜色的包装，该品牌在一定程度上做到了拥有属于自己的个性。这样的系列包装设计有助于培养消费者对品牌的忠诚度。

图3-2

图3-3所示为某品牌系列花茶的包装设计。产品统一采用清晰的色块元素和色彩明艳的外包装盒，整体、风格较简洁，使得整个品牌给人的感觉比较爽朗，更加个性化。这一系列花茶产品可以随意进行搭配销售，隐性鼓励消费者从单品到礼盒套装进行购买。

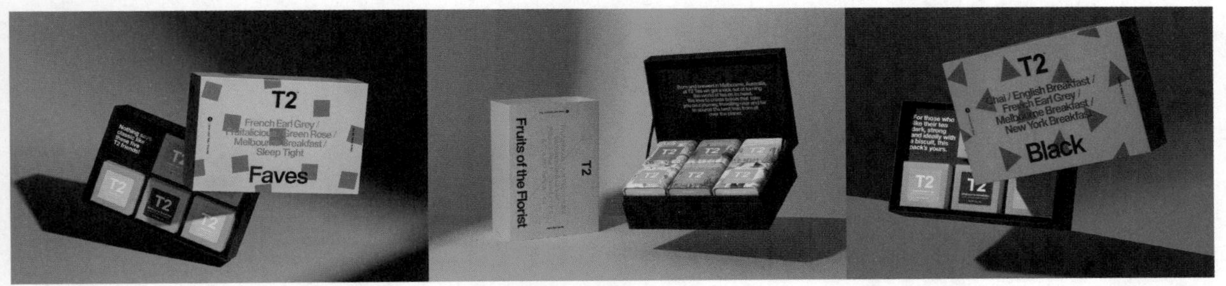

图3-3

3.2 色彩的视觉心理

人们对于客观世界物体的色彩印象，通常是受到许多主观和客观条件制约的。色彩本身并没有什么情感含义，是人们在长期的社会活动中，受到自身性别、年龄、职业、民族、性格、审美等多种因素影响后的结果，包装设计师要对此有所了解，才能更为准确地把握包装的色彩设计。

3.2.1 色彩的情感

色彩的情感虽因人而异，但也具备一些共性，应用色彩时必须考虑这些引起观者情感变化的共性因素。基于色彩的情感因素，通常将颜色按照暖色、冷色和中性色进行划分。

暖色：如红色、黄色、橙色、粉红色等，这类颜色通常表达乐观、热情和激情，其饱和度和明度较高。

冷色：如绿色、蓝色、紫色等，这类颜色通常表达平静、放松和柔和，其饱和度和明度较低。

中性色：如棕色、黑色、白色、灰色等，这些颜色通常与暖色或冷色进行搭配，其本身很难引起情绪反应。

某品牌的一款护肤产品号称是“一款提供适合皮肤微生物组、不含致敏成分和香料的护肤产品”。为了体现出产品的安全性，其包装在构图设计上使用了单色进行处理，如图3-4所示。白色的产品瓶身上印刷有灰绿色的说明文字，既简洁明了，又能呈现出醒目的视觉效果，给人一种安静、舒适的感觉。

图3-4

如图3-5所示，某酱料品牌创建了一个让人印象深刻的彩色标签系统，其大胆的色彩组合搭配显眼的品牌文字，既为这款酱料产品注入了活力，又使得其从传统货架上引人注目，让人印象深刻。

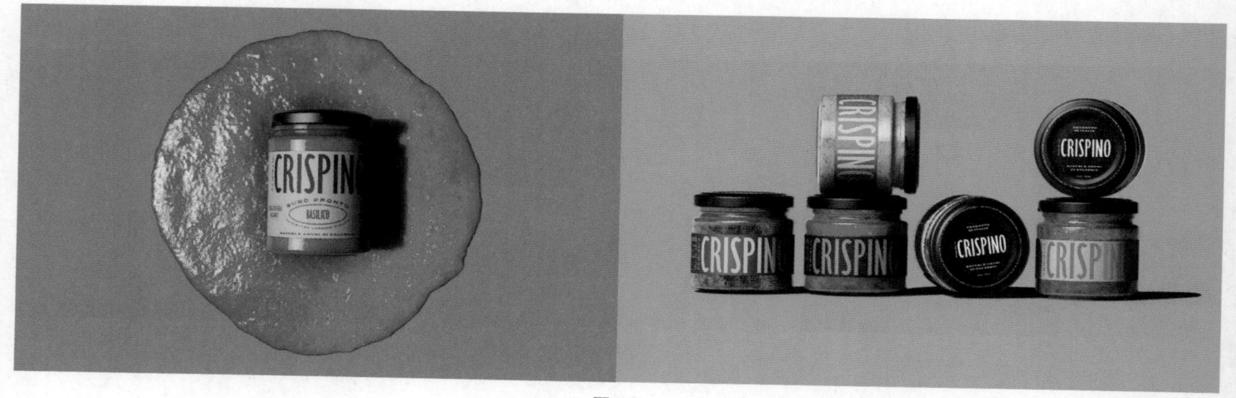

图3-5

3.2.2 色彩的象征

长期以来，人们的惯性思维使得一些色彩在人们脑海中形成了固定的色彩联想，色彩的象征就是由此种联想经过概念化的转换后形成的思维方式。

下面将列举8种颜色来分析不同色彩的象征情况。

» 红色

红色具有较高的可见度，这也是交通信号灯和消防设备大多采用红色的原因。红色也是一种极富情感色彩的颜色，象征勇气、温和、愤怒、残忍、兴奋、危险、积极等。

如图3-6所示，这款番茄酱包装设计将红色作为标签的主色调，以此来突出产品主体和品牌名称，格外引人注目。

图3-6

» 绿色

绿色由黄色和蓝色调和而成，整体给人清凉的感觉，通常表现大自然的颜色。绿色可以缓解紧张的气氛并带来宁静，象征着稳定和耐心；绿色还象征希望和增长；在设计医疗产品的包装时时，绿色还可以表示安全。

通常我们在超市里看到的冷冻鸡肉大多数采用透明包装袋，这样的产品本身是没有任何吸引力，因为冷冻生鲜产品看上去不会令人产生食欲。某品牌冷冻鸡肉的包装采用了大面积的绿色，暗示消费者该鸡肉产品是新鲜的，足以吸引消费者的注意力，如图3-7所示。

图3-7

» 黄色

黄色是一种较为显眼和明艳的颜色，常表示活泼、丰收、希望、忠诚等情感，可以有效地吸引消费者的注意力，在包装中常用于凸显重要元素。但如果在包装中过度使用明度较高的黄色，可能会对设计造成干扰。

图3-8所示的包装使用灿烂的黄色传达出一种愉悦和活力的感觉，带有积极和幸福的气息。明亮的水果和谷物图像能让人注意到产品的风味，消费者可根据自己的口味喜好做出选择。

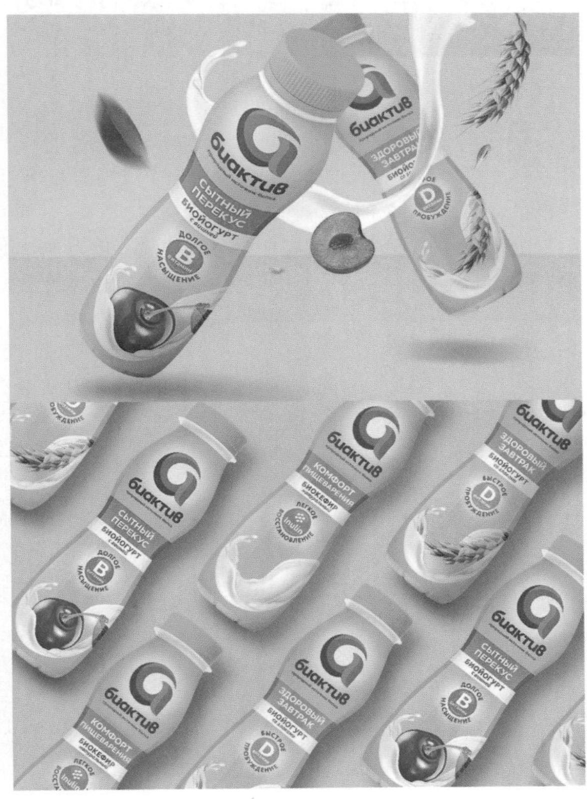

图3-8

» 蓝色

蓝色通常与知识、天空、海洋及冰相关，表示宁静、冷静、形式、忠诚、纯洁、诚意等。蓝色被认为会减慢人体的新陈代谢，并产生稳定作用。蓝色可以用来宣传与清洁相关的产品，如水净化过滤器、清洁液等。蓝色还可用于宣传与空气或天空有关的产品，如航空用品、空调等。

蓝色与白色搭配使用时，给人一种清爽、平静的感觉；蓝色与黄色或红色等暖色搭配使用时，则可以产生较强的视觉冲击力，让色彩充满活力。

图3-9所示的包装设计以插图的形式描绘了店主的爱情故事，两个人在一起喝酒，彼此享受在一起的时间。包装采用蓝色为主色，给人稳定的感觉，暗示着店主稳定、牢固的爱情。

图3-9

» 黑色

黑色象征力量和权威，它被认为是一种正式的、优雅的颜色，常用于一些高端产品的包装设计。黑色会给人透视感和深度感，但黑色背景会降低画面的可读性。黑色与红色、橙色或其他鲜明的颜色结合使用，属于非常激进的配色方案。

图3-10所示为某品牌限量版葡萄酒的包装。该包装设计将酿酒厂的历史照片作为背景图像，黑白色的老照片包裹住酒瓶瓶身，更加突出了品牌Logo，传递着怀念过去、展望未来的信息。

图3-10

» 白色

白色通常具有积极的含义，代表着一个成功的开始。白色常用于与凉爽和清洁相关的产品包装设计，以及需要展现纯粹品质、成分简单的产品包装设计。

图3-11所示为某品牌蜂蜜的包装。该品牌致力于寻找纯净的蜂蜜，因此将白色作为产品包装的主色调，体现出“天然、无污染”的品牌理念，并运用烫金、凹凸压印等印刷工艺及不同的纸质包装材料，提升了包装的质感。

图3-11

» 橙色

橙色是一种非常热情的颜色，不像红色那么激烈，它象征着光和热，代表着幸福、创造力、决心、吸引力、鼓励、刺激等。橙色具有较强的可见性，在包装设计中常用来突出重要信息元素，有助于吸引消费者目光。

图3-12所示为一款孕妇产前检查套装的包装设计。包装盒的整体色调是鲜艳的橙色，橙色不仅代表着热爱生活与活力，还代表着新生命的诞生。整套包装给人一种阳光、积极向上的感觉，有益于孕妇在孕期保持健康、积极的心态，获得更好的孕期体验。

图3-12

» 紫色

作为自然界中比较稀有的颜色，紫色给人一种神秘感。它结合了蓝色的稳定性和红色的能量感，象征着力量、优雅、华丽和野心。浅紫色会给人浪漫和怀旧的感觉，深紫色则给人忧郁和悲伤的感觉。浅紫色可用于设计女性产品的包装，鲜艳的紫色则可以在宣传儿童产品时使用。

图3-13所示为某豆类巧克力的包装。无论是品牌名称还是包装视觉效果都围绕着“蝴蝶”展开，体现出品牌对创新的追求。该包装采用了大量的紫色，紫色蕴涵的神秘感和浪漫气息与巧克力的特质相贴合。

图3-13

3.3 色彩的应用方法

色彩是事物外在表现中不可忽视的存在，它能够帮助人们更加深刻地认识事物。市场中的某个产品能在琳琅满目的商品中突出重围，很大程度上得益于所选用的包装色彩及其外在表现形式。包装设计中的色彩是一门独特的设计语言，视觉冲击力强的配色方案能够带给消费者别样的情感体验。由于色彩具有心理暗示作用，消费者常常会因为产品包装使用了某些颜色而产生情感连锁反应。

本节介绍包装设计在应用色彩时应该考虑哪些因素。

3.3.1 注目性：传递产品基本信息

色彩是真正赋予品牌包装生命力的因素之一，确定包装设计主色调的便捷方法之一是选择能象征产品的颜色，即产品的属性色。产品属性色能更直接地传达产品的特征，从而快速有效地进行货架宣传。这一点在很多品牌的产品包装设计中都有体现，例如很多辣椒酱品牌会选择红色的包装，茶叶品牌会选择绿色的包装。

图3-14所示为某品牌蜂蜜啤酒的包装。标签采用了浓郁的黄色作为主色，并将蜂窝状图形与标签相结合。消费者可以直接通过颜色、图形信息确定这是一款蜂蜜味的啤酒。

图3-14

3.3.2 冲击性：足够吸引消费者的眼球

在当前的商品市场上，琳琅满目的商品包装让人目不暇接，如何快速获取消费者的关注与提升产品或品牌的识别性是产品营销的关键。众多调查与实验表明，色彩被普遍认为是能抓住消费者眼球的重要元素，它能为包装赋予情感，还能激发消费者对产品的购买和探索热情。

图3-15所示为某品牌的有机面粉包装。为了区别于市场上同类产品常选用的白色和牛皮纸色的包装，该品牌选择了温暖且充满活力的多种颜色，并结合简单的手绘插图对谷物品类进行区分。与同类产品相比，将这一系列产品包装摆放在货架上时，更容易吸引消费者的眼球。

图3-15

3.3.3 从属性：对不同属性的产品“对症下药”

产品的色彩属性是指各类产品都有各自的倾向色彩，即属性色调。当同一类产品有不同口味或性质之分时，往往要借助色彩予以区分与识别。

人们通过从自然生活中获取的知识和记忆，形成不同产品的形象色，形象色会直接影响消费者对产品内容的判断。在反映产品的内在品质时，采用了产品形象色的包装能留给消费者较深刻的印象，更容易被选择和忆起。运用形象色让消费者对产品的基本内容和特征做出判断，这是当前包装设计中色彩应用的常用手段。

图3-16所示为一组酱汁的包装设计。消费者可以直接根据瓶子颜色来判断出酱料的口味。

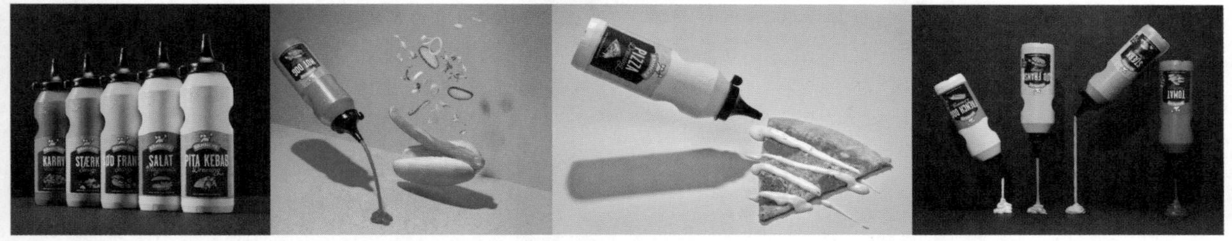

图3-16

产品的固有形象色可以从一些色彩的名称中得以体现。例如，以植物命名的咖啡色、草绿色、茶色、玫瑰红等，以动物命名的鹅黄色、孔雀蓝色、鼠灰色等，以水果命名的橙黄色、橘红色、桃红色、柠檬黄等。将产品的固有形象色直接应用在包装上会使产品信息清晰明了，例如车厘子包装选用车厘子红色，橄榄油包装选用橄榄绿色等。这些将产品本身的色彩再现于包装上的手法能让人产生“物类同源”的联想，进而提升产品包装的表现力。

图3-17所示某品牌果汁饮料的包装。这款果汁饮料有非常多的口味，包装标签颜色与口味对应，消费者通常不会直接去看包装上的标签文字，而是先看到果汁本身，再通过包装的颜色来判断口味并进行选购。

图3-17

3.3.4 科学性：把握色彩对人的影响

人们在观察色彩时会有各种各样的感受，这些感受有的属于感觉方面，有的属于功能方面。不同的人因为生活实践经验的不同，对色彩的感受也会有不同程度的差别，但人的生理构造对客观事物的反应仍然存在许多共同点。人们对色彩的认识受到环境、教育、联想等方面的影响，往往会形成一种较为固化的色彩思维模式。当需要为一些没有确切属性色彩的产品设计包装时，就可以依据这种较为固定的、统一的思维模式来选择包装的色彩。

绿色是很多追求天然的护肤品品牌会选择的品牌色。图3-18所示为某护肤品品牌的包装设计，该品牌将绿色作为品牌色并呈现在外包装上，包装盒内壁和产品瓶身同样采用绿色。在消费者心中，绿色通常与“无污染”“环保”“天然”相联系，这与品牌主打的品牌精神相契合。

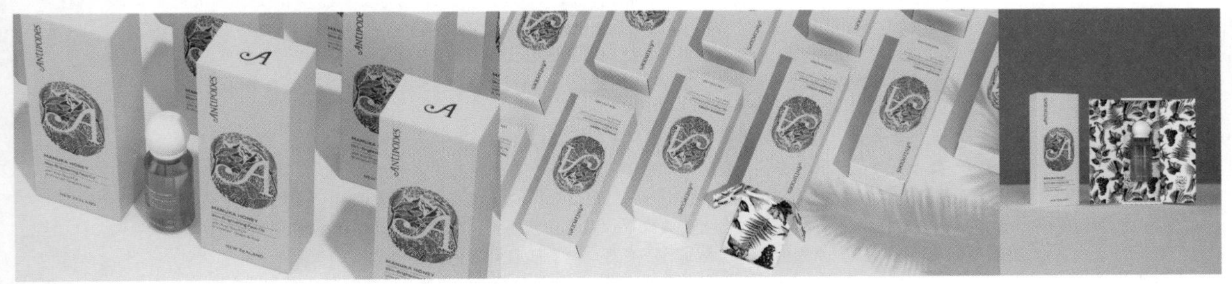

图3-18

药品是受人们固化思维模式影响较深远的产品。例如，人们普遍认为肠胃药通常应该表现出快速解决消化不良这一特点，因此肠胃药包装适合使用白色、蓝色等；综合性营养补充剂通常要表现出动感与活力，因此其包装通常会采用饱和度较高的红色、黄色等。这些色彩搭配通常不是品牌方自己要求的，而是在时间的积累下，市场默认通用的配色方案。

图3-19所示为某品牌维生素C+Zn的包装。该包装设计将醒目的黄色和中性灰色运用在白色的底色上，黄色表示维生素C，给人一种健康、有活力的感觉，中性灰色则表示微量元素Zn。

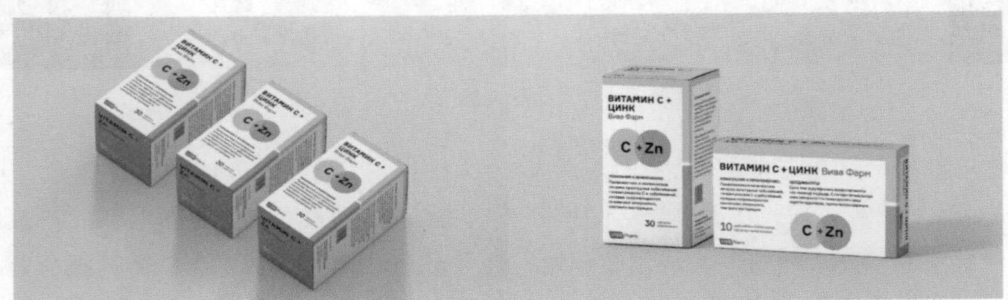

图3-19

3.3.5 个性：打破传统的思维理念

为了体现与其他产品的差异性，包装色彩尽量不要选择和同类竞争产品太过相似的颜色，可以选择与竞争产品相反的颜色以加深品牌特有的印象。

图3-20所示为某品牌冰激凌的包装。通常情况下我们会认为蓝色是一种抑制食欲的颜色，设计师在设计食物的外包装时通常也会避开蓝色。该品牌则反其道而行，它将蓝色作为品牌色，巧妙地运用在整个系列包装上。蓝色用于表示天空，冰激凌的本色用于表现城市的剪影，既区别于其他品牌的冰激凌，又提升品牌色的价值。

图3-20

你问我答

问： 如何选择正确的包装颜色？

答： 消费者的购买行为会受到包装颜色的影响。作为设计师，我们在为产品包装选择合适的颜色时需要牢记以下8点。

第1点：贴近消费者。设计师选择的颜色应该与消费者联系起来。聚焦目标市场，了解目标人群的年龄、性别、经济状况、受教育程度，分析消费者的需求与动机。例如，麦当劳的红色和黄色代表了与目标受众相关联的活力和青春。

第2点：代表产品。设计师可以通过包装的颜色告诉消费者产品的内容。例如，蜂蜜的包装颜色可以选择与蜂蜜产品特性相关的黄色。

第3点：从竞争对手中脱颖而出。品牌方通常不希望自己的产品只是在货架上与其他产品进行混搭，而是要脱颖而出。通过选择独特的或与竞争对手相反的包装颜色，产品更有可能被注意到和被记住。

第4点：传达产品信息。颜色应该传达消费者需要的信息。

第5点：牢记品牌塑造。不要错失传达品牌声音的机会。品牌故事应该通过包装颜色与设计无缝衔接。

第6点：考虑文化偏好。颜色具有附加的文化含义，要学会根据消费群体的文化和传统选择包装的颜色。例如，红色在中国有好运的意思。

第7点：保持字体设计的一致性。字体设计也会向消费者传达信息，因此包装的颜色应该与字体设计相融合并产生共鸣。

第8点：坚持核心品牌颜色。包装应该保持颜色和品牌标识的一致性，这意味着无论包装如何变化，消费者都能够认出该品牌。

虽然设计一款包装还需要考虑包装材料、印刷工艺等其他更多的因素，但包装的颜色是一个需要设计师谨慎做出选择的重要因素。

实战解析："美的"多功能旋转电磁炉包装

项目名称 "美的"多功能旋转电磁炉包装设计

设计需求 体现出产品的质感，表现出这款电磁炉可360° 旋转控温的特点

目标受众 年轻群体、中高端人群

设计规格 设计形式：包装箱；分辨率：300dpi；颜色模式：CMYK；印刷工艺：四色印刷；销售方式：线下销售

这是"美的"的一款专为聚会烹饪场景而设计的电磁炉的包装设计。这款电磁炉的主要目标消费人群为中高端人群。在产品功能上，用户可以从任何角度控制电磁炉的火力大小，将旋钮旋转到不同的灯光时会切换到对应挡位的火力大小，这一设计能增强消费者使用产品的参与感，提升聚会的乐趣。

如图3-21所示，整个包装之所以选用黑色为主色调，首先是因为产品的目标受众和产品的功能属性，以及产品主体本身为白色，在黑色的背景下更容易衬托出产品的质感。其次是因为这款产品的特点是可以360° 旋转控温，在不同的温度下，电磁炉侧面的灯带所发出的光也会有所变化，灯带的色彩渐变效果在黑色背景的衬托下更为明显，从而展现出产品的品质和高端调性。

图3-21

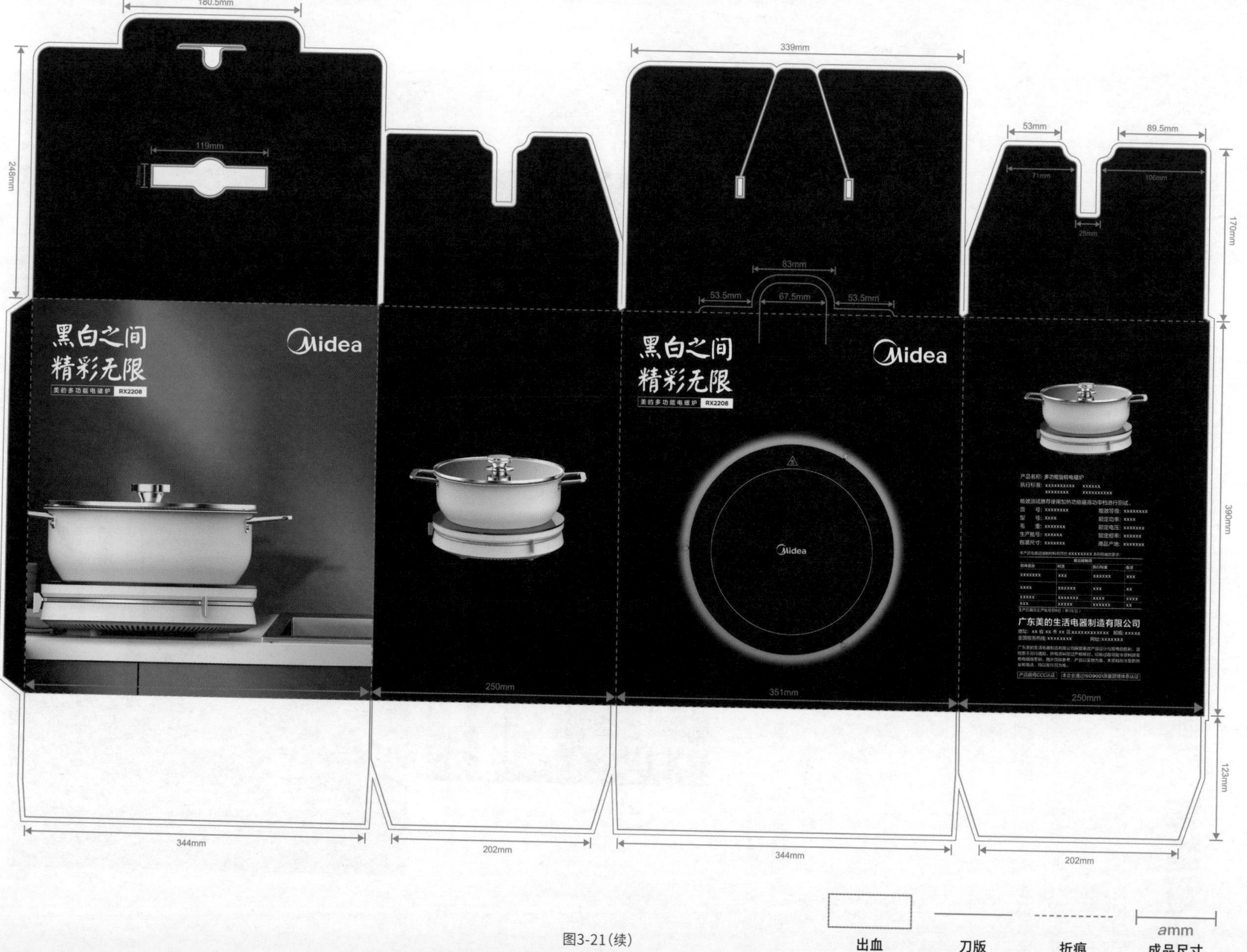

180.5mm
119mm
248mm
339mm
53mm
89.5mm
170mm
83mm
53.5mm
67.5mm
53.5mm
黑白之间
精彩无限
美的多功能电磁炉 RX2208
Midea
广东美的生活电器制造有限公司
250mm
351mm
250mm
390mm
123mm
344mm
202mm
344mm
202mm
出血
刀版
折痕
amm
成品尺寸

图3-21(续)

第4章 04

文字是包装设计的直接表达

在包装设计中，文字是商品信息的直接表达。成功的包装往往善用文字来传达商品信息、引导购买，有些包装设计甚至不用图形，而是完全使用文字的变化来构成包装画面。

4.1 文字在包装设计中的作用

构成包装设计的要素有很多，其中文字、图形和色彩是主要的三大要素。而文字设计是包装的窗口，是生产商、经销商和消费者之间沟通的纽带。文字在包装设计中的作用主要体现在传达信息、增强独特性和提升品牌价值这3方面。

4.1.1 有效地传递产品信息

包装设计中的文字是非常重要的，文字一定要清晰、直接才能更为准确地向消费者传递相关信息。

图4-1所示为某品牌果汁包装。不同于传统的果汁包装设计通常会选择将水果原材料等元素展示在包装上，该果汁的系列包装设计选择将不同口味的果汁名称用作图形并放大至整个包装正面，再搭配鲜艳的字体颜色，使得果汁名称在深蓝色背景的衬托下显得格外突出。整个包装的视觉效果良好，容易吸引消费的眼球。

图4-1

4.1.2 增强包装的独特性

包装文字的设计原则之一便是独特，可以从文字的造型、构图、文字笔画等方面来突破，只有这样才能让消费者眼前一亮。图4-2所示为一款怀旧风格的啤酒包装。该包装的视觉中心是中间的白色字体，该字体的风格类似于20世纪70年代常用的复古字体风格，再搭配上樱桃红背景色，既体现出怀旧感，又与啤酒这一产品的特性相契合，使得整个包装设计风格独特。

图4-3所示为一款酒包装。从视觉角度来看，该包装设计采用极简手法设计了两个主要的视觉元素。一个是书法主题文字，刚劲有力的笔触与产品的刚烈性特征相契合，容易引起消费者的情感冲动；另一个是该酒瓶的标签上签署有3个独立生产商的名字，整个设计就像是一张名片，让标签与产品、产品与消费者之间产生了亲密的互动。

图4-2

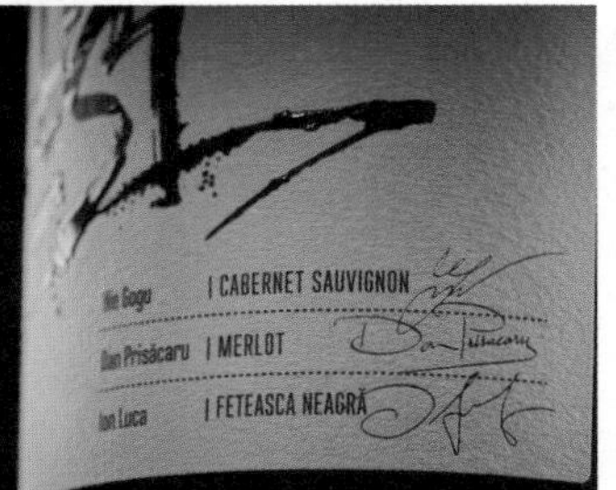

图4-3

4.1.3 提升品牌价值

包装上的文字不仅要具有宣传的功能，还要具有一定的感染力，即让消费者产生联想，带动消费者的情绪，从而让产品的价值得以提升。

图4-4所示为一款饮料包装，其设计核心是标志性的“X”。该包装设计的层次结构较为清晰且直观，以“X”为基础设计的图形系统有助于增强消费者对品牌的记忆。

图4-5所示为一款零食包装。该包装设计将代表热量的大字符设置在包装最显眼的位置，并统一搭配了鲜亮的颜色。消费者在选购该系列产品时，只需要对照热量值就可以找到适合自己食用的美味零食。

图4-4

图4-5

4.2 包装文字的类型

包装上的文字通常包括品牌名称、产品名称、商标、单位重量及容量、广告用语、质量说明、使用说明、成分说明、注意事项、生产厂家及地址等内容，其中品牌名称和产品名称是包装上的重要文字。

4.2.1 品牌及产品名称

品牌和产品名称是包装上的重要文字，通常被安排在包装的主要展示面。一般来说，品牌名称的字体设计源于品牌的视觉识别系统，而产品名称的字体设计则要符合产品的商业特点，越新颖、越有个性，就越有感染力。

在包装设计中，文字也被看作一种图形符号，可用于提升品牌形象。文字具有特殊性，切忌一味追求独特而随意设计或修改文字，要在保证易识别的基础上，根据产品的属性，并结合文字的笔画结构特点和包装的整体效果来综合分析。中文、英文两种字体在我国的包装设计中应用较为广泛，由于两者属于不同的语系，因此它们之间存在许多差别。汉字是象形文字，特点是点状节奏、独立成形，每个字占用的空间均匀。英文是表音文字，特点是线状节奏、错落有致、块面感强。同种语系不同字体间也有差别，比如在中文语系里，宋体给人一种纤巧、俊逸的感觉，黑体则给人粗壮、简洁、严谨的感觉。

设计中以文字为创意的主要突破口是借助字形的相似性，在设计字体时利用人的心理特点让字体产生一形多义的效果，从而引起消费者多方面的联想。文字创意化设计的另一个突破口是营造空间上的错觉以表现出乎意料的视觉效果，这种字体设计手法能在一定程度上丰富观察者的想象力。

图4-6所示为一个冷冻酸奶品牌的产品包装。包装正面创意性的黑色大号文字设计结合了酸奶特殊的形态特点，将其作为包装的主要视觉元素，与纯色的背景形成强烈的对比，在体现产品品牌的同时，赋予了产品个性化特点。

图4-6

图4-7所示为“ja！”品牌的食品包装设计。品牌名称“ja！”被放置在白色的标签上，表示这是一个现代的、简单的日常品牌。这样的设计为包装多样性和创意性提供了展示舞台，适用于该品牌下多个系列产品的包装。

图4-7

4.2.2 说明文字

产品的资料和说明文字属于法令规定性文字，是由相关组织或机构对包装的规定，具有强制性。这些文字可以帮助消费者进一步了解产品，提升对产品的信赖感和产品使用过程中的便利性。

资料和说明文字的内容包括生产厂家及地址、产品成分、容量、型号、规格、用法、用途、生产日期、保质期、注意事项等。这类文字的编排位置较为灵活，主要根据包装的形式和设计排版来定，可以安排在包装正面的次要部位，也可以安排在包装的侧面、背面等非主要展示面。有些说明文字如用法、用途、注意事项等甚至可以印刷在专门的纸张上并附于包装内部。说明文字的设计提倡简洁明了，识别度高，可采用规范的基本印刷字体，同时注意排版上的整体协调性即可。

如图4-8所示，该啤酒的包装上印有产品的基本信息，包括产品名、配料、储存条件、酒精度、原料浓度、生产日期、保质期、质量等级、标准号、食品生产许可证编号、委托方、地址、受委托方、产地、联系电话等信息。由于文字较多，因此这些信息被安排在了包装的非主要展示面，同时保持文字排版的简洁、整齐。

图4-8

4.2.3 广告语

为加强促销力度，有些包装上会出现一些用于宣传产品特点的广告性文字。这类文字的内容及字体设计相对来说更为灵活、多样，一般是根据不同产品的性质和包装设计需求来搭配合适的文字设计。广告语通常放在主要展示面上，便于消费者更直观地看到。

如图4-9所示，品牌方围绕“以人为本，以地球为先”这一理念撰写了品牌的广告语，即“You，Melior & The Planet”，并通过不同角度的文字设计形成的视错觉效果展示出这个广告语，既增加了包装的趣味性，又能让消费者感受到品牌的用心和诚意。

图4-10所示为某品牌卫生棉条的包装。为了给女性提供一个更好的生理期体验，该品牌设计了多款不同尺寸的卫生棉条，并将女性对于该类产品的看法作为广告语印刷在包装上，更容易引起消费者的共鸣。

图4-9

图4-10

4.3 包装文字的设计原则

为了使产品包装形象更有个性、更醒目、更吸引消费者，包装设计要协调好产品属性和文字可读性这两个方面。从设计需求来说，文字设计应以展示品牌形象为主要设计方向，一般在基础印刷字体的结构上进行装饰、变化，并根据表现对象的内容加强文字的内涵和表现力，从而使字体的风格更多样、更生动活泼。

4.3.1 用文字突出产品的特征

设计师在设计产品包装上的文字时，应从产品本身出发，在确保文字易识别的基础上，力求将产品的特性从字体造型变化上体现出来，从而树立产品形象，增强品牌宣传效果。设计师通常可以依据产品的基本属性，选择某种与产品属性相似的字体作为设计蓝本，并结合产品的特性来改变字体造型。

图4-11所示为一组啤酒包装。该包装设计融入了爵士乐的特色，将前卫风格与传统风格相结合，设计了一个由高音谱号与字母“S”和“J”组成的品牌标识。包装上的字体设计在视觉上给人一种音符的感觉，这为各种字符的组合与变化提供了设计想象空间。

图4-11

图4-12所示为某品牌的酒包装。标签上的金色浮雕字样组成的复古且精美的图案，深靛蓝色和砖红色的背景，以及每个酒瓶的专属编号都给人一种精致感，体现出这款酒复杂而精湛的制作工艺。

图4-12

图4-13所示为某品牌的饼干包装。该系列包装设计将饼干的口味原料插图与产品名称相结合，并为产品名称设计了纤细的手绘字体，这与饼干这类休闲食品的个性相契合，给人轻松、随意的感觉。

图4-13

4.3.2 文字和画面的搭配与协调

在设计包装时，为了丰富包装的画面效果，有时会使用多种字体，因此字体和画面的搭配与协调就显得尤为重要。包装中的字体运用不宜过多，否则会给人凌乱的感觉，一般使用3种左右的字体即可，每种字体的使用频率也要加以区分以突出重点。在汉字与拉丁字母配合使用时，字体的大小、位置都要协调统一。

图4-14所示为某品牌的啤酒包装，其视觉中心是经过特别设计的字母“C”。该包装设计将纹理质感应用于字母“C”，并通过鲜艳且多样的颜色与固定的银色来表现字母“C”的矛盾空间感，包装的下半部分采用色彩单一且平面的横排文字，与上半部的空间感形成鲜明对比，为产品包装增加了个性与趣味性。

图4-14

4.3.3 文字的识别度

产品包装上的文字的基本功能是向消费者传达品牌的意图和产品信息，其最终目的是便于阅读。在设计包装的字体时，要在不破坏文字可识别性的基础上，结合产品特性，对文字进行个性化设计。秉持文字设计的根本目的是更好、更有效地传达信息、贴合产品本身的原则，将易识别、易记忆作为文字设计的基本准则。

图4-15所示为某品牌的能量棒包装。为保证文字的可识别性，该包装设计没有采用过于童趣或变形过度的字体，而是采用了较为规整的字体。品牌名和产品名的字重从包装的顶部到下部逐渐变细，底部的净含量文字信息采用了和品牌名称字体一致的字重，保证了版面的视觉平衡。

图4-15

图4-16所示为某品牌的果汁包装。该品牌是一个提倡新鲜的果汁品牌，其包装采用了黑色的、字形略圆的字体设计，看上去活泼又不会过于幼稚。包装的背景是简单的原料图案，与果汁本身的颜色形成鲜明对比，表现出果汁的新鲜感。

图4-16

实战解析：“沣桥”礼盒包装

项目名称 “沣桥”礼盒包装设计

设计需求 将“传承”注入沣桥的品牌包装中，力求在包装上体现出品牌文化和“手艺人”理念

目标受众 有送礼需求的人、喜爱传承文化的食客

设计规格 设计形式：天地盖礼盒、背封内包装袋；分辨率：300dpi；颜色模式：CMYK；印刷工艺：四色印刷；销售方式：线上销售

手工空心挂面“茎直中通，料珍味馐，每献以补”，所谓“茎直中通”是指每条挂面的横切面都有一个针尖般大小的孔，空心挂面亦由此得名。

如图4-17所示，整套包装以汉字作为主要设计元素，采用大面积、大体量的汉字将“坚持不二”“一脉心传”等理念直接展现在包装上。之所以不选用笔触潇洒的书法字体，是考虑到书法字体的可识别性问题。为了让消费者在看到包装的同时，还可以直接“读”到品牌的精神，该包装设计了笔触感较为锋利且可识别性更高的字体，以体现品牌几十年如一日的持之以恒与坚韧的精神。内包袋的设计与外盒的设计元素相呼应，做到了统一。

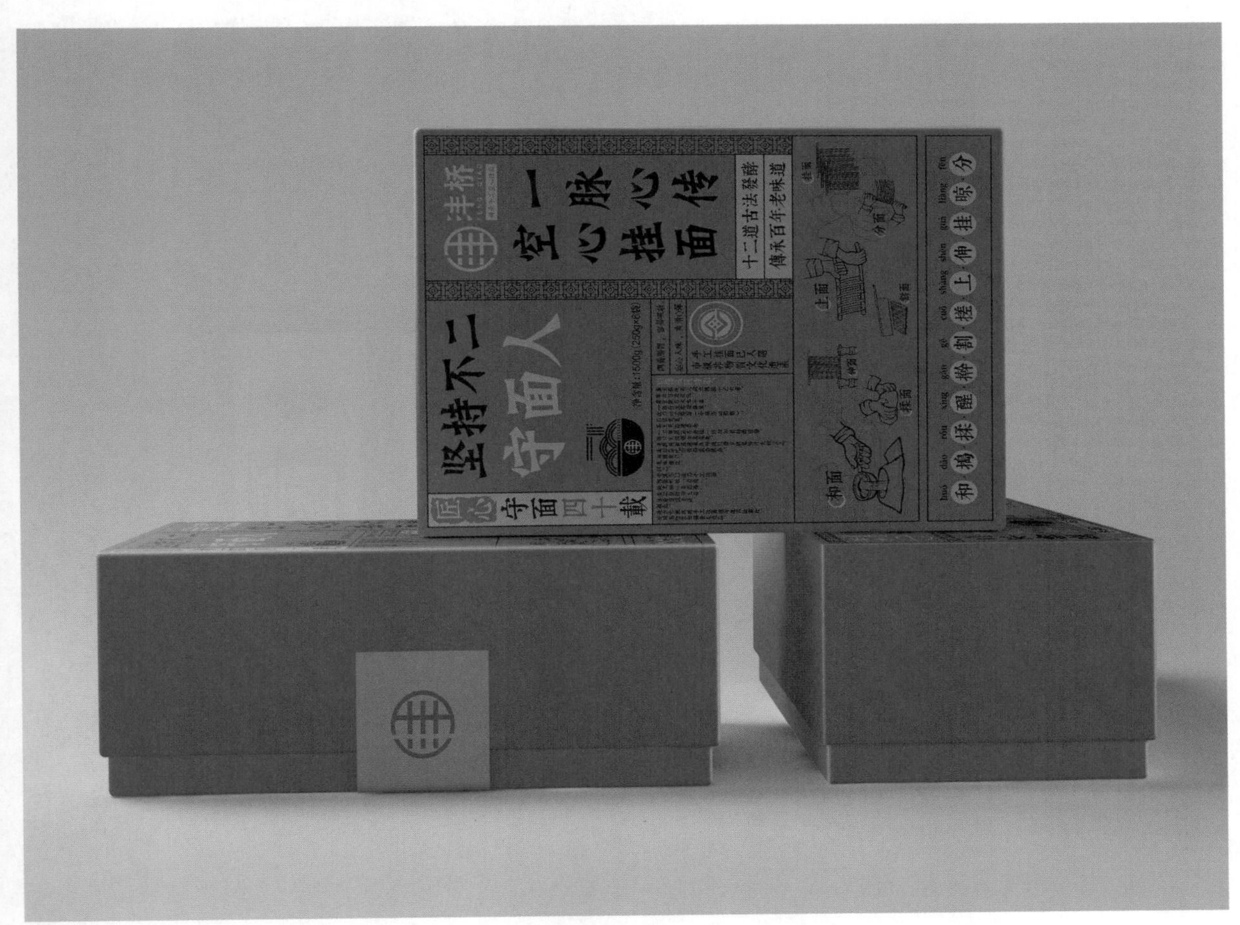

图4-17

匠心
守面四十載
坚持不二
守面人
沣桥
空心挂面

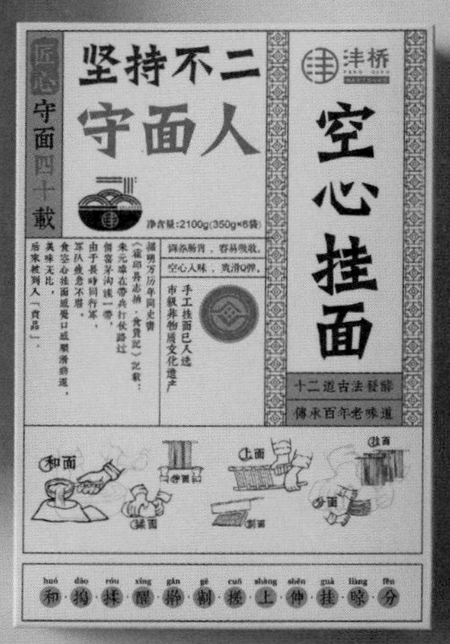

匠心
守面四十載
坚持不二
守面人
沣桥
空心挂面
十二道古法發酵
傳承百年老味道
和面
和 搗 揉 醒 擀 割 搓 上 伸 挂 晾 分

匠心
守面四十載
坚持不二
守面人
沣桥
空心挂面
十二道古法發酵
傳承百年老味道
和面
和 搗 揉 醒 擀 割 搓 上 伸 挂 晾 分

匠心
守面四十載
坚持不二
守面人
沣桥
FENG QIAO
空心挂面
一脉心传
净含量:1500g (250g×6袋)
十二道古法發酵
傳承百年老味道
和面
上面
揉面
割面
分面
huó dǎo róu xǐng gǎn gē cuō shàng shēn guà liàng fēn
和·搗·揉·醒·擀·割·搓·上·伸·挂·晾·分

沣桥
匠心守面四十載
一脉心传·空心挂面
傳承古法手制，百年老面發酵
沣桥
匠心守面四十載
一脉心传·空心挂面
傳承古法手制，百年老面發酵

图4-17(续)

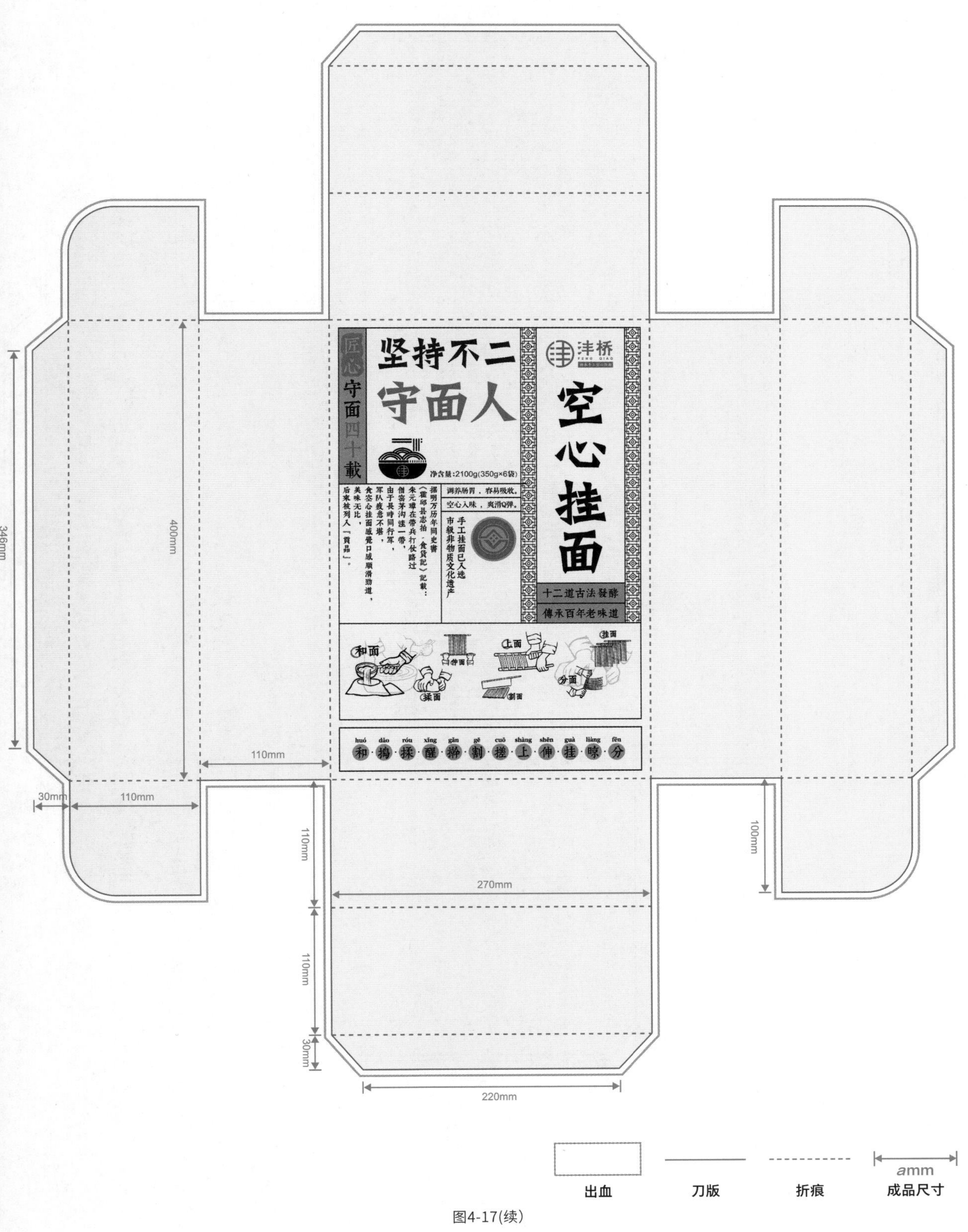
匠心
守面四十載
坚持不二
守面人
净含量:2100g(350g×6袋)
沣桥
FENG QIAO
空心挂面
十二道古法發酵
傳承百年老味道
调养肠胃，容易吸收。
空心入味，爽滑Q弹。
手工挂面已入选
市級非物质文化遗产
据明万历年间史書
《霍邱县志拍·食貨記》記載：
朱元璋在带兵打仗路过
僧寄茅沟洼一带，
由于長時间行军，
军队疲惫不堪，
食空心挂面感覺口感順滑勁道，
美味无比，
后来被列入「貢品」。
和面
揉面
伸面
割面
上面
挂面
分面
huó dǎo róu xǐng gǎn gē cuō shàng shēn guà liàng fēn
和·捣·揉·醒·擀·割·搓·上·伸·挂·晾·分
346mm
400mm
110mm
30mm
110mm
110mm
270mm
110mm
30mm
220mm
100mm
amm
出血
刀版
折痕
成品尺寸

图4-17(续)

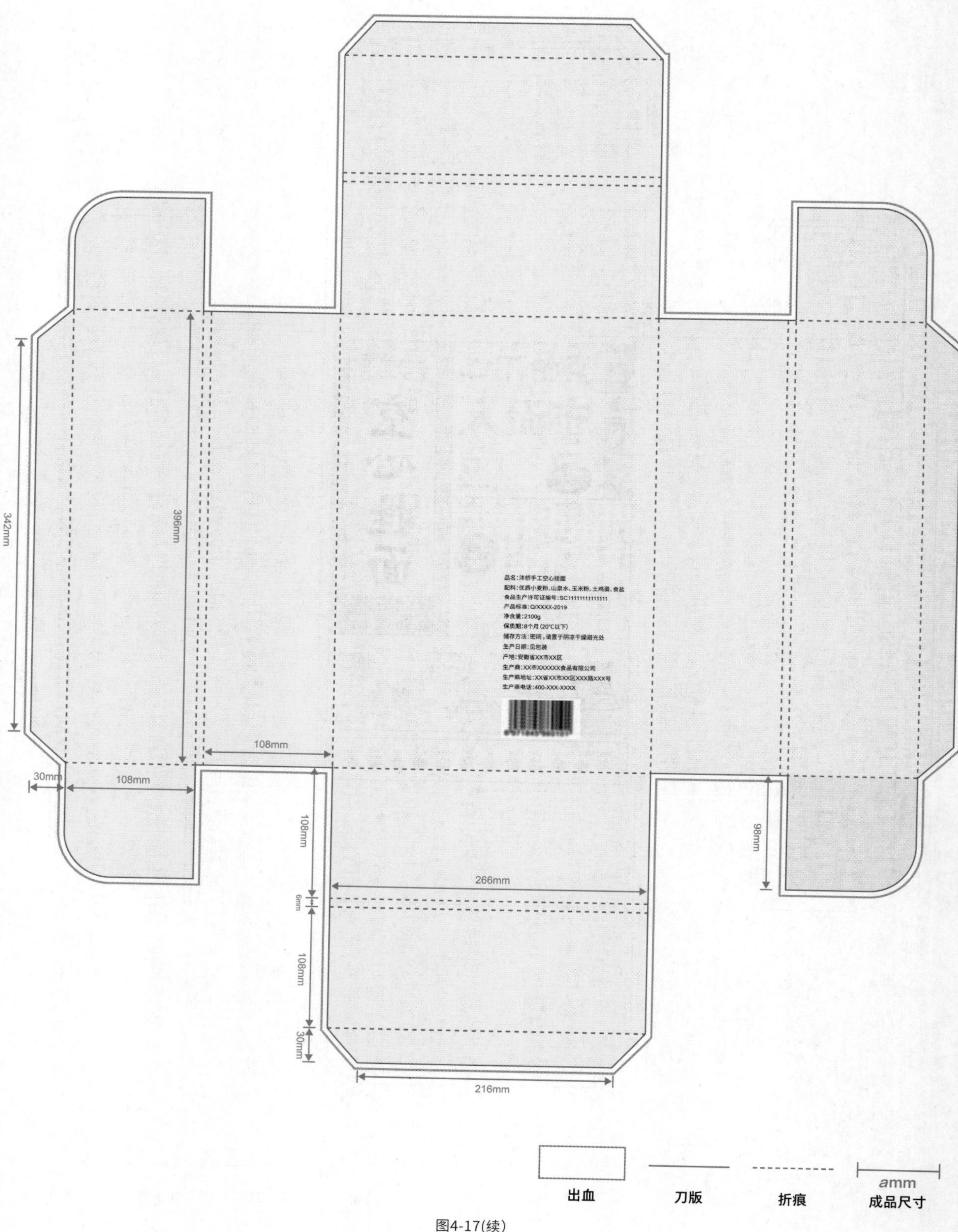
342mm
396mm
108mm
30mm
108mm
108mm
266mm
6mm
108mm
30mm
216mm
98mm
品名：沣桥手工空心挂面
配料：优质小麦粉、山泉水、玉米粉、土鸡蛋、食盐
食品生产许可证编号：SC11111111111111
产品标准：Q/XXXX-2019
净含量：2100g
保质期：8个月（20°C以下）
储存方法：密闭，请置于阴凉干燥避光处
生产日期：见包装
产地：安徽省XX市XX区
生产商：XX市XXXXXX食品有限公司
生产商地址：XX省XX市XX区XXX路XXX号
生产商电话：400-XXX-XXXX
出血
刀版
折痕
amm
成品尺寸

图4-17(续)

4.4

包装文字的使用技巧

文字在包装设计中的使用技巧主要有3方面。

（1）给产品起一个吸引人的名字。一个优秀的产品名需要自带认知优势。促进并实现销售至少要做到3点，即强化认知、降低教育成本、展现差异化价值，与竞品有区别、自带购买理由的产品才可能拥有销售转化力。

（2）产品口号要足够显眼。产品的口号通常是字数不多的一句话，其作用是以简短的文字把产品的特性及优点表达出来，也可以说是浓缩的广告信息，即一种能在较长时间内反复使用的、特定的商业用语。产品口号应具有创造性，并且能展示产品的重要性与价值感。好的口号能够在恰当的时间暗示消费者进行消费。

（3）口号要言简意赅，直戳重点。人对于短时间内捕捉到的关键词的记忆力是有限的，广告语要想让人一眼就记住，必须要简洁明了、不拖沓，通常8~12个字的广告语更容易记忆。产品口号无须过多的华丽辞藻，因为让消费者易懂的口号更容易被传播。

图4-18所示为一系列啤酒包装设计。首先，品牌将热情的微笑符号与品牌名称做了创意性的结合；其次，每种口味的啤酒包装都采用了明亮而温暖的色调和醒目的图形，并搭配专属的口号。整个系列包装都传达了积极乐观的态度，展现了品牌的趣味性和亲和力。

图4-18

图4-19所示为几款口号言简意赅又较为独特、显眼的产品包装。

图4-19

你问我答

问： 如何为包装选择合适的字体?

答： 关于包装的字体，在设计之前需要弄清楚以下两点要求。

第1点：不要标准。

设计包装上的字体，主要目标是让产品从同类竞争产品中脱颖而出，因此在设计包装的字体时应避开一些基础字体（说明性文字除外）。在理想情况下，设计师可以自己设计能够展现出产品特性的字体，让消费者在看到这些特别的字体时便会联想到相关品牌。因为只有足够独特的东西才会给消费者留下深刻印象。

第2点：让字体“说话”。

选择合适字体的关键之一是选择能够为产品“说话”的字体，一般是通过改变基本字体的字形结构来设计。例如，在为某款糖果包装设计字体时，考虑到目标受众和产品的特性，可以设计一些有趣味感的字体。

字体设计是包装设计过程中不容忽视的一个环节，为包装选择合适的字体既具有创意性又具有挑战性。切勿为了追求另类而选择一些过于夸张以至于脱离实际的字体。独特性固然重要，但是合适更重要。

05

第 5 章

图像是包装设计的重要视觉符号

图像是各种图形和影像的总称，是对客观对象的一种相似性、生动性的描述或写真，是人类社会活动中常用的信息载体。图像是平面设计中的重要元素，当它作为一种视觉符号时，其形式和文字的视觉符号形式有一定的区别。

如今，人们对包装的个性化需求日渐明显，比起文字，图像更容易勾起人们的兴趣。无论是在货架上还是互联网页面上，拥有醒目的图像符号的包装更能吸引和打动消费者。

5.1 图像的表现作用

图像符号是指以图像为主要形式来传递某种信息的视觉符号。图像符号具有直观、简明、易懂和易记的特征，更便于信息的传递。

在现代包装设计中，图像不仅要具有相对清晰的视觉语言和思想内涵，还必须结合构成、图案、绘画、摄影等相关手法，通过美化处理使图像符号化，赋予其可视性、易识别、易于记忆等特点。图像以丰富的想象性、独特的创意性和强烈的感染力在现代包装设计中展现着独特的视觉魅力，影响着当代包装设计的发展。

设计师要善于根据不同消费者的需求和产品的内容运用以下6种表现形式来进行包装的图像设计，进而准确地表达出产品信息。运用这些表现形式来设计包装时要注意图像与文字、图像与图像、图像与色彩之间的对比和统一，这样才能设计出适合产品的包装。

5.1.1 表现产品的具体内容

产品实物的直接呈现就是在包装上展示产品的形象，通常采用摄影或写实插画的表现形式，让消费者能够直接从包装上的图像了解产品的外形与品质。这类设计更容易形成视觉冲击，从而达到引导消费者消费的目的。例如，食品类产品包装为了展现食品的美味感，往往会将食品的照片直接印刷在产品包装上，以加深消费者心中的印象。

图5-1所示为某冰激凌品牌新推出的系列包装。新包装将不同口味的冰激凌的摄影图片融入勺子设计中，将消费者的视线集中在冰凉柔软的冰激凌上，让消费者更为直观地感受到冰激凌的美味。

图5-1

5.1.2 表现与产品相关的联想

产品内容的联想呈现是指消费者通过产品的包装，由产品本身联想到另一事物。一般情况下主要从产品的外形特征、构成、历史来源和产地的特色、风俗等方面来着手设计包装的图像，以表现出产品的内涵。

图5-2所示为一款猪肉香肠的包装。该产品采用了常见的香肠包装形式，搭配小猪厨师形象的封套设计，让消费者看到包装就能联想到产品的原材料，拟人化的设计也增加了消费者对于香肠味道的想象空间。

图5-2

图5-3所示为某品牌画笔的包装。包装采用黑白线稿插图的形式突出了画笔刷头的颜色，配上表情生动的手绘脸谱，刷头仿佛变成了胡须，使得整个包装看上去就像一个拥有无穷智慧的老者。将这一系列包装摆放在一起，形成一幅留有不同颜色胡子的老人的群像，显得诙谐幽默。

图5-3

图5-4所示为一套木制餐具的包装。这类包装设计通常会采用在展示面印刷品牌Logo或以纯色色块为底板的设计形式，而这款设计显得与众不同，餐具保持了木头原生态的纹路和颜色，搭配展示面的图像设计，看上去就像是一个个从地里长出来的树木。整个包装并未通过任何文字描述产品材料的环保性，却体现出了满满的品牌环保理念。

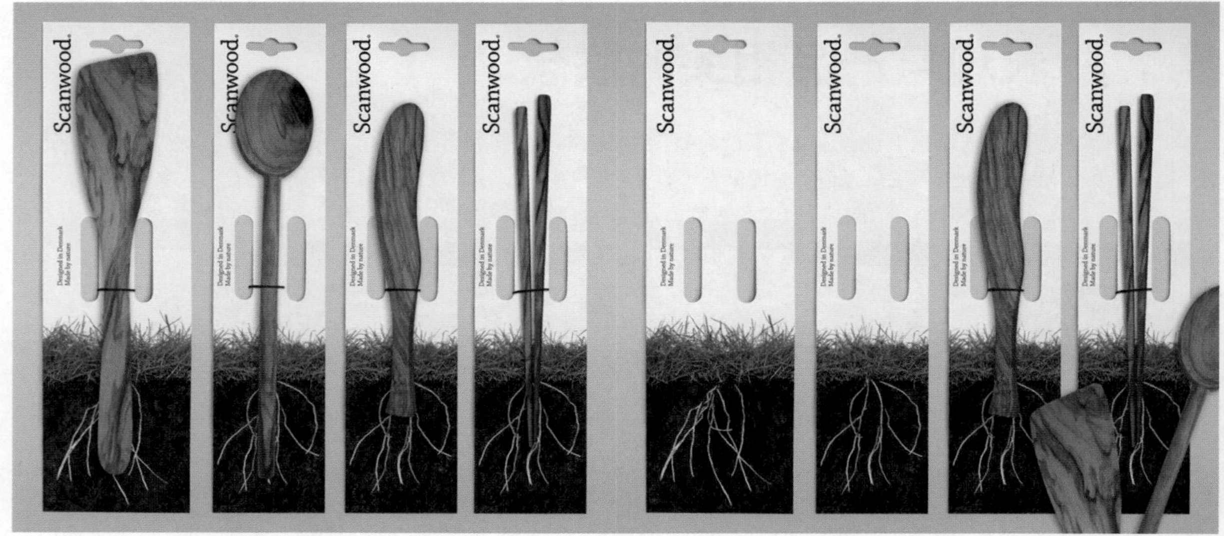

图5-4

如图5-5所示，该包装设计源于爱迪生从萤火虫身上得来灵感并发明第一个灯泡的故事的启发。该包装设计将不同昆虫的身形特点与不同灯泡的形状相匹配，例如，将长而细的灯泡存放在“蜻蜓盒”中，将螺旋状的节能灯泡放在“大黄蜂盒”中，让整个包装新鲜有趣、与众不同。

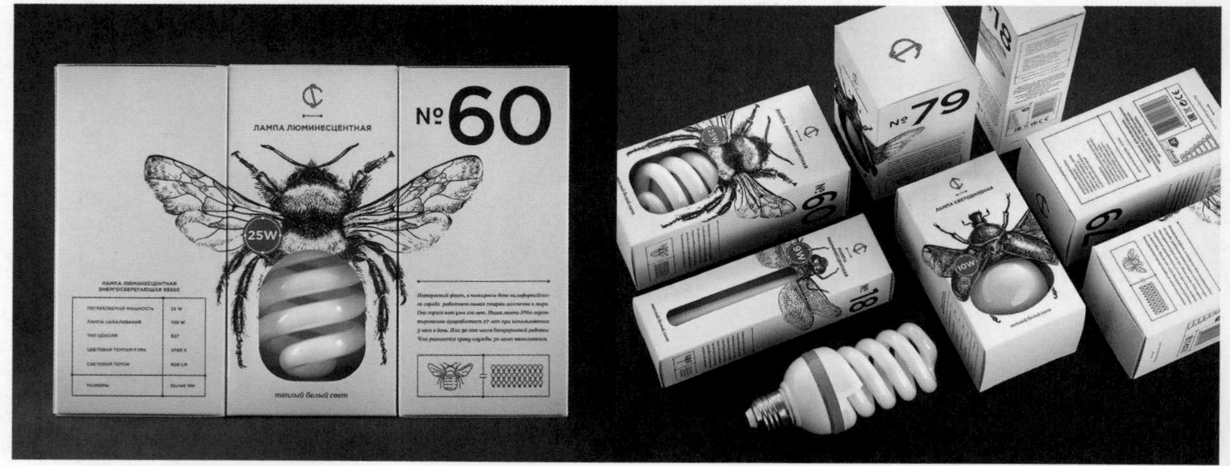

图5-5

5.1.3 表现产品的原材料

有些加工后的产品（如饮料等）单从外观是看不出其原材料的，因此为了突出产品的原材料，帮助消费者了解产品信息和种类，会直接在包装上展现产品原材料的图像。例如，橙汁饮料的画面形象是橙子，苹果汁饮料的画面形象是苹果。

图5-6所示为一系列果汁包装。为了突出产品的“天然”理念，设计师想要呈现一种把真正的水果放在杯子上，最终组合成一个完整的瓶子的包装效果。该包装设计的上半部分直接展示水果的摄影图片，下半部分则采用和果汁颜色相同的背景色。整个包装既向消费者说明了果汁的原材料信息，又传达了产品的“天然”理念。

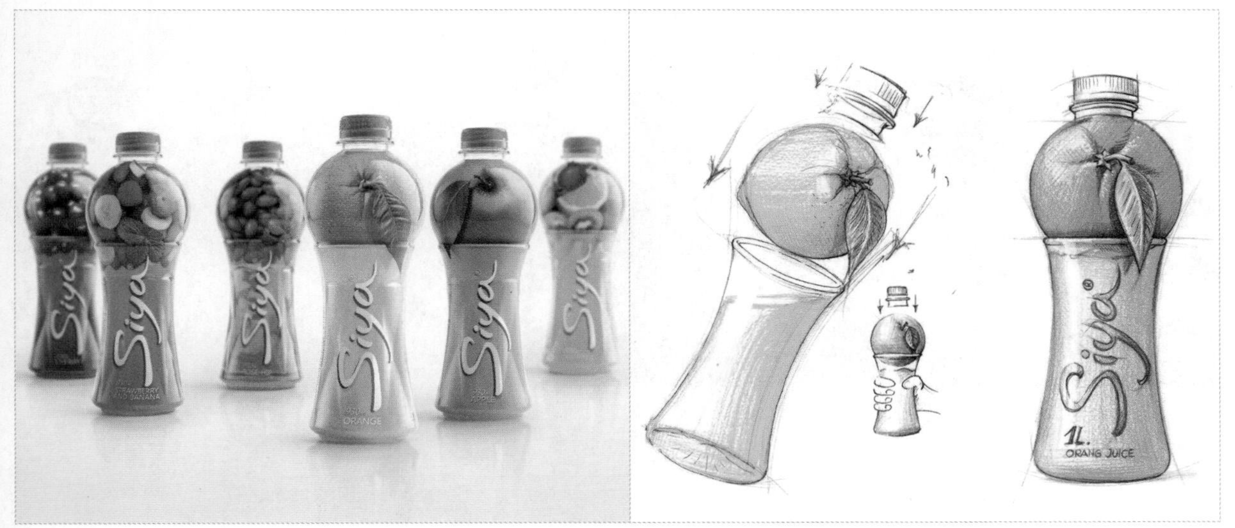

图5-6

5.1.4 表现产品的象征意义

优秀的包装设计令人称赞，让人忍不住想购买，甚至可以让人通过包装去传递某种情感，这就是产品通过包装表现出的象征意义。象征的作用在于暗示，而不是直接地传达，有时暗示的力量会超过具象的表达。

图5-7所示的包装设计结合了电影中男、女主角吃意大利面时亲吻在一起的场景。当盒子被拉向两边时，面食和标志“A Kiss for Pasta”就会出现，当盒子被慢慢推回原位时，包装上的女孩和男孩亲吻在一起。这样一款设置了“小机关”的包装既为产品增添了趣味性，又将浪漫元素与产品密切结合，给消费者一个充分的想象空间。

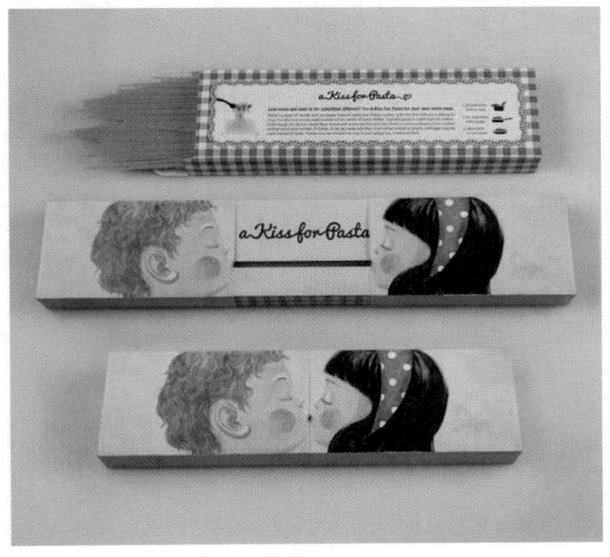

图5-7

图5-8所示的口香糖包装采用抽取式设计，口香糖被整齐地封装成两排，外包装上是一个充满趣味性的嘴巴，嘴巴张开的地方设计成透明的开窗形式，整齐摆放的口香糖看上去就像是雪白的牙齿。该包装既说明了这是一款能帮助清洁牙齿的口香糖，又传达出“笑口常开”的生活理念。为了满足消费者的不同需求，设计师还设计了6种不同款式的包装，包装上不同的嘴巴图像代表着不同的口味。

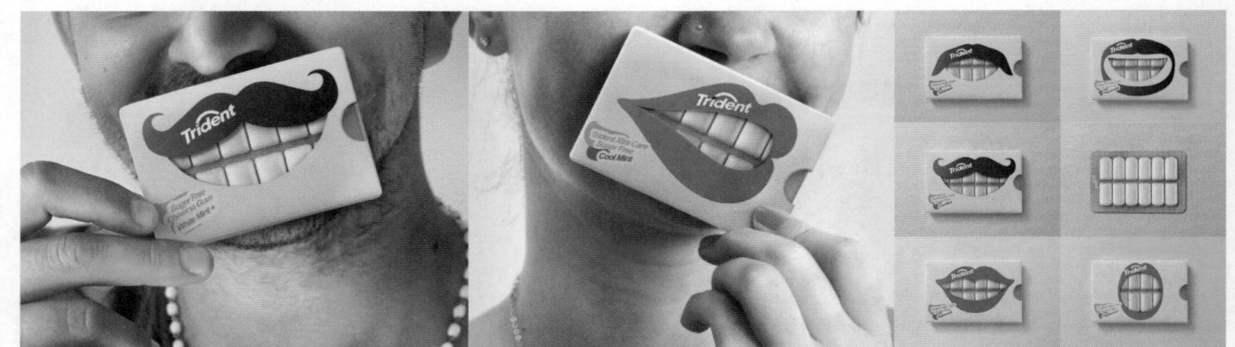

图5-8

5.1.5 表现品牌的标志

产品包装上的标志可以强调品牌和产品质量的可信度。标志在很大程度上代表着品牌的信誉，在以品牌定位的包装设计中，标志通常更为醒目、直观。护肤品和服装的包装大多采用这种表现形式。

如图5-9所示，该化妆品包装采用明亮的黄色作为基础色，品牌的名称以粗体字和动态切割的视觉效果进行展现，既强调了品牌名，又将包装的视觉核心集中在了文字上。消费者通常是根据品牌来选择护肤类产品的，因此这类产品的包装多采用“将品牌名称当作图形”的设计手法。通常情况下，产品种类繁多的品牌采用这样的包装设计手法会增强产品在视觉上的统一感，从而提升品牌的宣传效果。

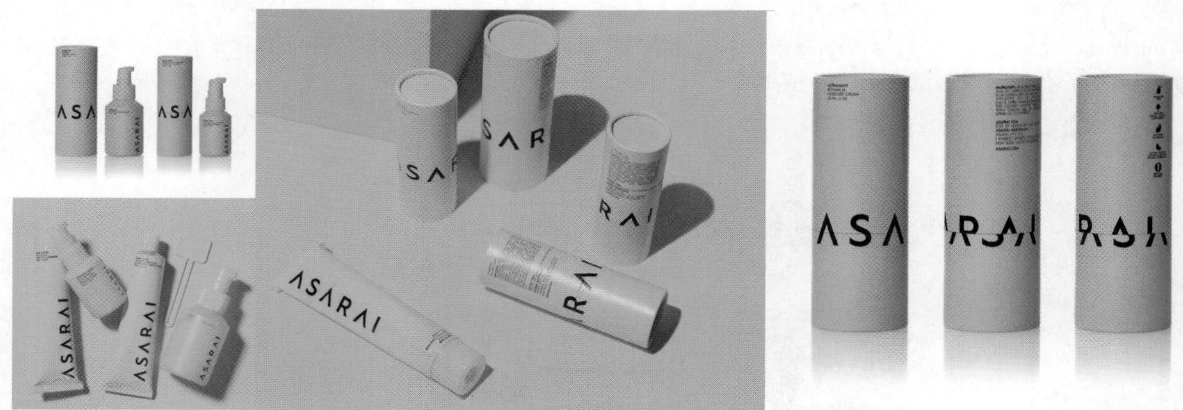

图5-9

5.1.6 表现产品的使用方法

通常，消费者了解新产品的直接方法就是观察产品的包装。产品包装通过图像或文字来展现产品的功能、材质、使用方法等信息。相比使用文字叙述的方法来说明产品的使用方法，图像会显得更生动、更直观。

图5-10所示为一款代餐麦片的包装。包装上展示的是一个具有动态感的将麦片倒入牛奶的画面，既突出了麦片类似甜甜圈的特殊形状，又展示了主推的食用方法，即“麦片+牛奶=好吃的奥利奥即食代餐麦片”。画面中的卡通形象戴着墨镜，表现出一种自在的姿态，能让消费者产生代入感，想象自己在品尝这份美味时的感受。

图5-10

图5-11所示为某品牌女性个人护理产品的包装设计。市面上大多数同类产品的包装都采用简单的文字叙述或者隐晦的图案来展示产品的功能信息，而该系列产品打破了这一设计规则。该包装将女性人物的黑白照片嵌在品牌名称字形的轮廓中，表达品牌对女性身体健康的关心。根据产品功能的不同，包装上附有不同身体部位的图像，方便消费者选购。

图5-11

5.2 图像符号的分类

包装会通过不同形式的图像符号来传达一定的信息，从而加深消费者对产品和品牌的印象。图像符号在包装设计中可以简单地分为插画和摄影两大类。

5.2.1 插画类

如今，产品包装设计的个性化需求越来越明显。包装插画作为一种提升品牌价值的手段，可以达到宣传产品、品牌和企业的目的。包装插画以灵活、有效的方式表现出各种视觉概念，它是一种交流工具，具有出色的叙事能力，在一定程度上能够引导消费者的情绪。

考虑到产品项目的沟通和营销需要，包装插画的目的是基于营销手段，通过对企业的价值定位来凸显品牌特性。一个好的包装插画在赋予产品强烈个性的同时，还可以提升企业形象，并通过塑造差异化的品牌形象来提高品牌的辨识度。图5-12所示为不同层次的包装设计所要展现的信息。

图5-12

将插画和产品包装结合得较为成功的品牌有很多。图5-13所示为可口可乐公司推出的一款新年限量版包装。包装上的插画以燕子和烟花为主，突出了节日氛围，象征着希望与繁荣。

图5-13

除了常见的经典款包装以外，可口可乐公司还陆续推出了一些节假日限定款、联名款等可乐饮料包装，越来越多的消费者被新颖的包装外观所吸引，并开始持续关注可乐的新包装。对他们来说，可乐不仅仅是一种日常饮品，它还具有收藏价值。

图5-14所示为可口可乐公司于2010年推出的“可口可乐”收藏版系列包装，该系列包装由多个不同的瓶身插画设计组成，不同的插画代表了墨西哥不同地区的特产或标志性图案。

图5-14

利用插画的图像符号语言传递产品信息，引导消费者的购买行为是插画在现代包装设计中的重要功能。在把握市场需求变化的前提下，运用插画为消费者创造乐趣，建立消费者和产品、品牌和企业之间的长期联系。插画设计能在视觉上更快、更准确地传递信息，同时赋予产品更多的个性。

插画能用有限的颜色、形状和线条来表现事物。将插画运用到包装设计中可以增强包装的视觉效果，容易引起消费者的注意并让消费者产生积极的购买情绪，从而促进产品的销售。如图5-15所示，新颖有趣的包装设计在一定程度上主导着消费者的购买情绪。

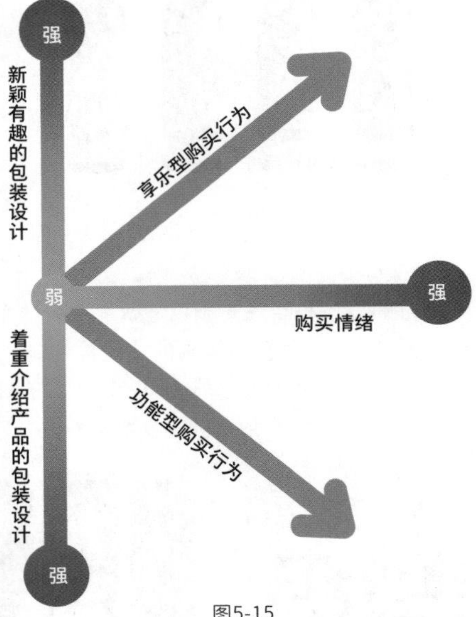

图5-15

产品包装设计大多围绕着人类的衣食住行展开，其设计灵感通常来源于日常生活。设计师在做插画风格的产品包装设计时需要有一个大概的创作思路，首先明确产品性质和产品诉求，然后明确产品的受众，接着明确产品的卖点，最后根据以上信息确定插画风格。

运用在包装设计中的插画风格可以简单地分为以下9种。

» 黑白风格插画

颜色往往会以独特的方式影响消费者的情绪，尤其是黑白配色。黑白两色是对立的颜色，但又有着令人难以言状的共性。白色通常给人单调、朴素、坦率、纯洁等感受，黑色通常给人沉默、神秘、恐怖、冷酷等感受。当这两种颜色结合到一起时，黑白之间的高对比度会增强画面的冲击力。这类配色方案往往会给人精致、高雅的感觉，画面图案也可以做得非常精细。

图5-16所示的啤酒包装大胆地采用了野生动物黑白插画，尽显野生动物的狂野个性，体现出啤酒的刚烈特质。简单的版式设计和独特的黑白插画所呈现出来的视觉效果非常强烈，让人记忆深刻。

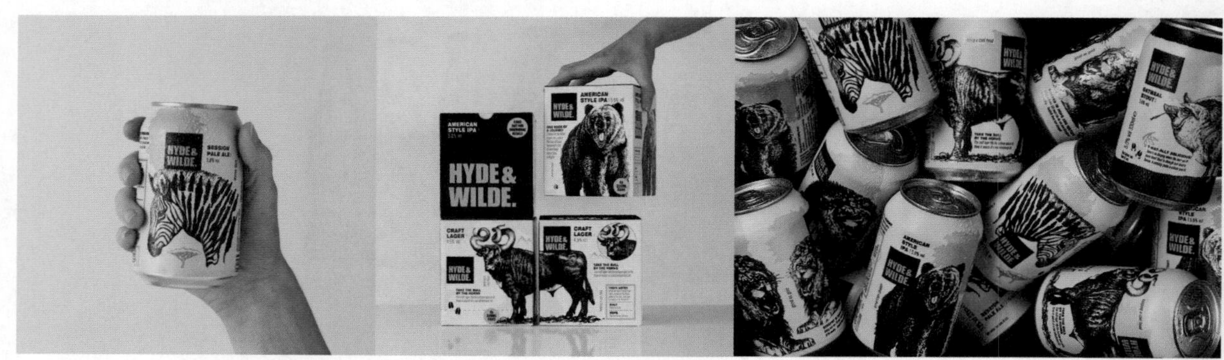

图5-16

图5-17所示的葡萄酒系列包装打破了传统葡萄酒包装过于精致的设计，利用对比强烈的黑白插画将葡萄酒的原料产地凸显出来，体现出原产地优渥的地理环境，在一定程度上传达出该葡萄酒的优良品质。

图5-17

» 涂鸦风格插画

涂鸦通常给人随性、轻快的感觉，不规范的线条和活泼的颜色造就了产品的个性，但在设计之初需要先明确产品定位，确定产品属性是否符合涂鸦风格的随性感，产品属性要和插画的特点紧密结合。

图5-18所示的啤酒外包装采用了涂鸦艺术风格插画，通过一种幽默的方式表现了当下的社会环境，旨在表现一种随性感。可上下组合与拼接的插画设计让人忍不住想要将该系列包装收藏起来。

图5-18

图5-19所示为某品牌在2017年推出的度假系列包装设计，其设计灵感来源于该品牌所在地居民和生机勃勃的艺术氛围。该系列包装采用了涂鸦风格插画来表现土地、天空、海洋等，浓郁的色彩和撞色效果给人活力满满的感觉。

图5-19

» 扁平化风格插画

扁平化风格插画大多由矢量图形组合而成，它作为一种用图形语言进行信息传达的艺术表现形式，有较强的感染力，能引起受众的情感共鸣。在一般情况下，扁平化风格插画色彩鲜亮，简洁时尚，画面清晰度较高。不同于传统插画的思维模式和创作形式，扁平化风格插画通常具有夸张的主体形象造型、丰富多变的色彩、简单明快的线面组合形式、极简或极繁的构图形式等特点。当包装采用这类风格插画时会产生非常细腻的视觉效果，即使是局部细节，也可以被完整地、细致地展现出来。

图5-20所示为某品牌矿泉水新年限量版包装的设计重点是鹿的形象，这是该品牌的关键元素之一。画面中烟花和鹿的形象融合在了一起，使得画面被切割成了大小各异的色块，为整个包装增添了一股现代气息。

图5-20

图5-21所示为某品牌的花生系列包装设计。不同口味的花生对应有不同年龄层次的人物形象，人物的身形设计与Logo图标相似。扁平化的插画风格与花生的立体感形成对比，这让整个包装画面看上去简单、干净。

图5-21

» 肌理风格插画

肌理风格插画就是给插画增加肌理质感，其本质与扁平化风格插画类似，通过肌理中的颗粒感丰富包装插画的层次感、立体感、生动感，给人轻松随意的感觉。

图5-22所示的饮料新包装采用插画形式展现了美丽而独特的热带风貌。在扁平化的插画中加入肌理效果后，插画的层次感和立体感随之提升，画面中的每一朵花、每一片叶子也因此变得更加生动、活泼。

图5-22

» 手绘风格插画

手绘风格插画个性独特，画风不固定，通常会以一个主题故事或场景为基础进行创作，主要视觉形象的造型、颜色等与插画主题息息相关。

图5-23所示为一款巧克力的包装设计。该包装设计采用手绘风格插画表现出了悠闲的海边度假画面，将松弛的笔触和巧克力产品的慵懒气息结合得恰到好处。

图5-23

彩铅插画可用于表现非常细腻的画面。图5-24所示的系列果酱的包装设计就采用了彩铅插画。插画主体的上半部分是水果，下半部分是鸟的身体，设计师运用了彩铅插画表现水果的圆润感和鸟类羽毛的丰盈感、层次感，两者间的过渡自然、流畅。鸟类的进食行为通常是比较规律的，它们每天会摄入少量的糖分，这种“既品尝到美味又不至于过度沉迷”的进食方式刚好与果酱“量少却是精华”的产品特点相契合。

图5-24

» 描边风格插画

描边风格插画的表现形式为线面结合，先运用线条和形状对事物进行抽象化处理，再上色，绘制成一个完整的画面。这类插画通常是表现一个大场景或叙述一个故事。

图5-25所示为一组精酿啤酒的标签设计。设计师以每款啤酒的名称作为创作依据，为每个标签的画面主体形象都设计了一个充满趣味性的环境，营造出自由、欢乐的氛围。

图5-25

图5-26所示为一款咖啡产品包装。该包装采用描边风格插画的表现形式，通过描绘人们喝咖啡的一些生活场景，传达着“咖啡是生活中不可分割的一部分”的品牌理念。

图5-26

» 清新风格插画

清新风格插画的特点是干净、自然、淡雅和柔和，这种插画通常透露着温馨的气息。清新风格插画常用于个性不明显、自然且使用感温和的产品包装设计中。

如图5-27所示，该包装插画通过简约、清新的画风表现出了茶的特质——清香、优雅、恬淡、闲适，整套包装散发着温和的气息，与品牌的文化相契合。

图5-27

如图5-28所示，不同于一般茶品牌的设计风格，该品牌主打乡村田园风。明快而轻松的颜色搭配上鸡犬相闻、阡陌交错、生机勃勃的田园景象，让人不由自主地想要沏上一杯茶，享受惬意、舒适的品茶时光。

图5-28

» 卡通风格插画

卡通风格是比较常见的一种插画风格。这种风格的插画作品具有独特的亲和力与创新力，在某种层面上能“再现”儿童时期的童真与梦想，容易被大人和小孩接受。一些食品包装设计为了更好地传递产品信息、突出产品特点，通常会采用卡通风格的插画来包装食品。

如图5-29所示，这款猫砂的包装不同于市面上其他同类产品的包装，它围绕着一只黑白花猫咪的日常生活进行设计，将猫咪睡觉、吃饭、玩耍等状态以卡通插画的形式表现出来，看上去非常活泼、有趣。画面中还特别绘制了猫砂盆，既说明产品的信息和功能，又说明猫砂在猫咪日常生活中的重要性。

图5-29

图5-30所示为某品牌儿童保健品包装。该包装采用了卡通风格插画，旨在让儿童更容易、更主动地服用产品。设计师利用各种各样的卡通动物形象带给儿童熟悉感，让儿童产生好奇心，进而对包装内的产品产生兴趣。

图5-30

» 波普风格插画

波普风格插画通常有重复、叠加的元素，其特征是使用圆点和短线构图，色彩对比强烈，线条清晰硬朗等。虽然这些特征不一定同时出现在包装中，但只要有其中任何一种特征，都能呈现出个性张扬的包装效果。

图5-31所示为某护发品牌的系列产品包装，其采用了设计大胆的波普风格插画。浓郁的色彩、规则的条纹和波点、黑色的粗线条轮廓等设计元素都为这个品牌奠定了有趣、年轻、张扬的基调。

图5-31

实战解析："南北巷"品牌包装

项目名称 "南北巷"品牌包装设计

设计需求 根据商家提供的品牌理念，在产品新包装中增加卡通形象，展现品牌的"匠人精神"

目标受众 支持"手工传承"的上班族、高文化层次的消费者

设计规格 设计形式：腰封、纸杯、油纸袋；分辨率：300dpi；颜色模式：CMYK；印刷工艺：四色印刷；销售方式：线下销售

"南北巷"是一个餐饮连锁品牌，主要服务客户是上班族。"南北巷"以一些当地的特色小吃为主要产品，以"匠人精神"为品牌理念。

图5-32所示是为产品包装设计的卡通形象的草稿。之所以选择牛作为包装的卡通形象，一是因为品牌的主营产品都是牛肉类产品，二是因为牛有勤劳、诚恳的个性特征，这与品牌想要突出的"匠人精神"相契合。而将牛设计为"牛师傅"和"牛学徒"两个形象，则是为了增加品牌包装的趣味性和互动性。

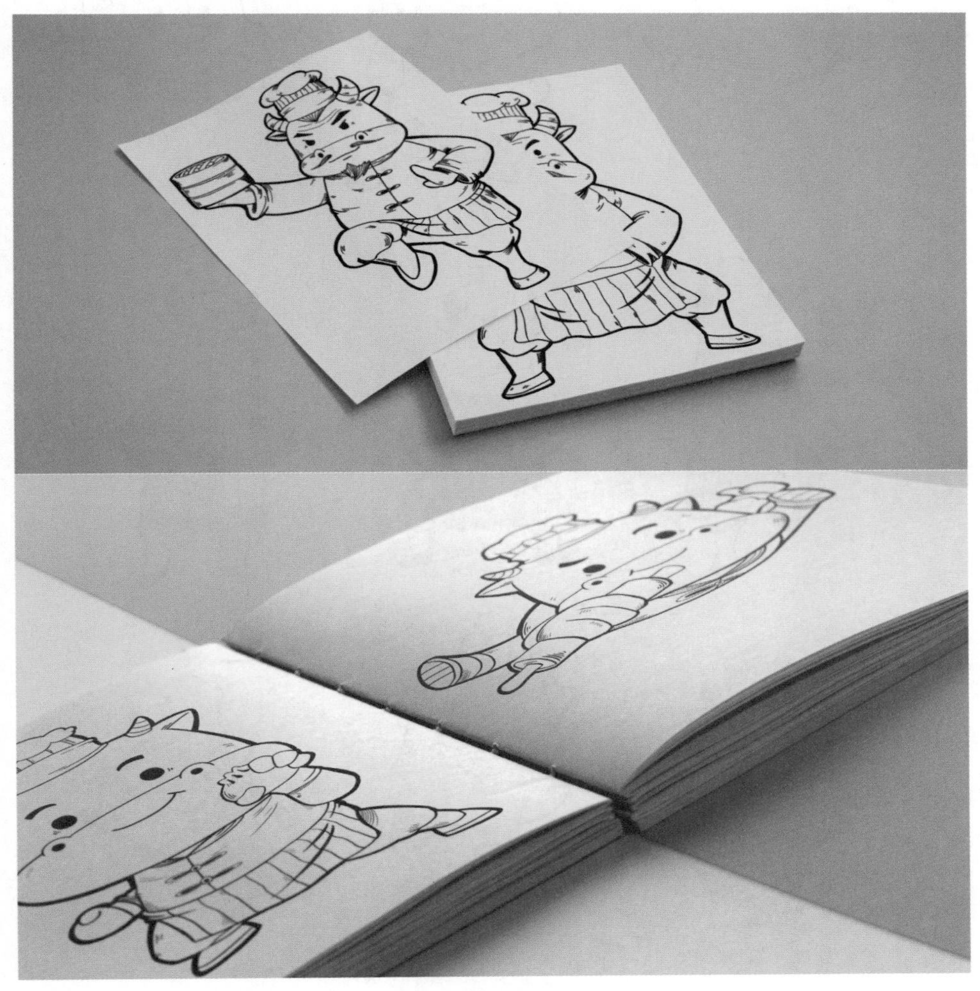

图5-32

考虑到不同产品外包装的材质和数量需求，为了达到更好的包装印刷效果，并为消费者提供良好的视觉体验，“南北巷”在卡通形象上选择了不上色和上色两种表现形式，如图5-33所示。

上色前

上色后

图5-33

如图5-34所示，这是该品牌的手提豆浆杯设计，包装上的卡通形象是一个保持着“飞跃”姿势的牛，活力十足，牛的头部比例较大，配合“喝”字眼，能产生较强的视觉冲击力，更能吸引消费者的眼球。

图5-34

如图5-35所示，这是该品牌的防油纸袋设计。袋子上的卡通形象是一个手臂上搭着毛巾的“牛师傅”，配上醒目的“小心咬，当心烫”文字信息，仿佛是“牛师傅”正在叮嘱客户注意食用安全，给人一种亲切感。

图5-35

如图5-36所示，这是该品牌的餐盒腰封设计。腰封采用牛皮纸，印刷出来的颜色会偏暗，因此设计采用了颜色单一的黑白线稿插画，并特别绘制了食物线稿，便于消费者在拿到餐盒的第一时间就能够判断出餐盒内的食物。

图5-36

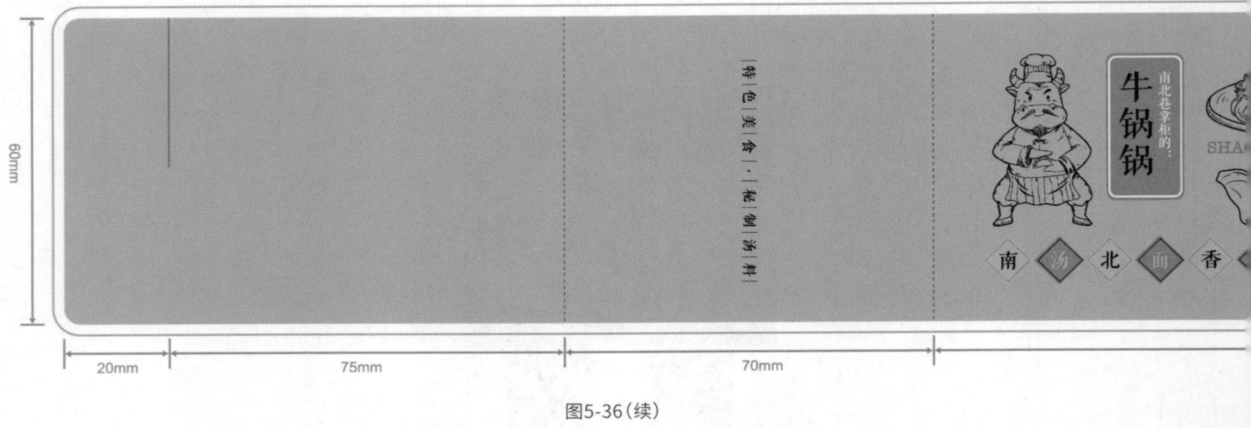

图5-36（续）

“南北巷”品牌整体的包装设计以卡通形象为主要设计元素，既为品牌增添了趣味性，又提高了品牌的识别度，达到了“包装就是行走的广告”这一目的。

5.2.2 摄影类

除了插画，产品包装还可以采用摄影图片的表现手法。摄影图片既能真实地、直观地再现产品的质感、形状等静态特征，又能捕捉产品被使用时的动态特征。摄影图片的真实效果不仅能给人可信赖感和亲切感，还能引导消费者对产品产生联想，进而增强消费者的购买欲望。将摄影图片运用到包装上必须结合产品的个性，以及产品所要表达和突出的内涵、卖点。合理地利用摄影图片进行包装设计，有时会达到意想不到的包装效果。

» 人物、动物摄影

人物、动物摄影图片常用作包装画面的主体，这类包装设计通常会比较直观地将产品的特点用摄影图片展示出来，从而达到引导消费者购买的目的。

图5-37所示为某品牌狗粮系列包装。该系列包装设计以狗的摄影图片作为核心元素，既能体现狗粮的品质，又能拉近消费者与产品之间的距离。

图5-37

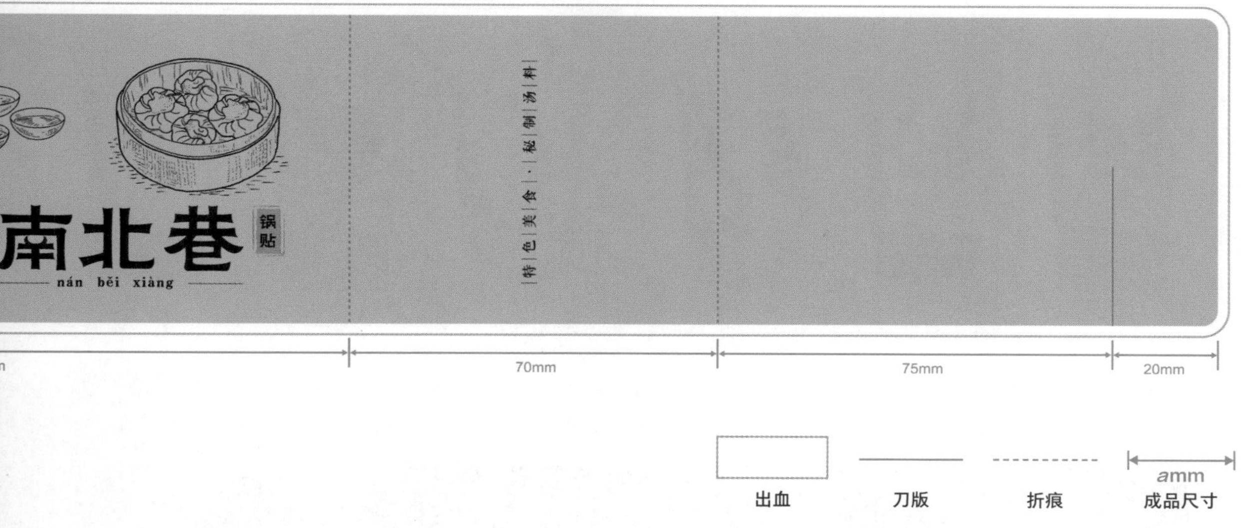

» 静物摄影

静物摄影图片通常用于一些不方便直接展示产品的包装，而将产品的图片印刷在包装上，消费者不需要拆开包装就可以看到产品的样子，便于产品的展示和销售。

图5-38所示为一款咸味饼干的包装设计。由于饼干的易碎性，不适合开窗展示的设计形式，故设计师选用饼干摄影图片的表现形式展示饼干样貌，同时表现出了饼干的酥脆感。

图5-38

图5-39所示为一系列汤料的包装设计，将不同口味的汤料原材料用摄影的手法直接展现在包装上，让消费者更为直观地区分不同口味的汤料，方便选购。

图5-39

图5-40所示为一个早餐品牌的产品包装，整个包装上最大的图形符号是勺子的轮廓形状，勺子轮廓内嵌有产品的摄影图片。这一设计能将消费者的视线聚焦在勺子内的图片上，方便消费者选择自己想要的口味。

图5-40

» 场景摄影

将场景摄影用于包装设计的目的在于引导消费者联想产品的使用场景，让消费者产生情感共鸣。

图5-41所示为一个厨具品牌的包装设计，为了让消费者获得足够的想象空间，该厨具包装上的图片展示的是锅里正在炒菜的场景，能带给消费者身临其境的感觉。

图5-41

实战解析：“俏俏果”包装

项目名称：“俏俏果”包装设计

设计需求：体现出产品的趣味性

目标受众：“80后”“90后”

设计规格：设计形式：自立袋；分辨率：300dpi；颜色模式：CMYK；印刷工艺：四色印刷；销售方式：全渠道

“俏俏果”是一个以坚果为主要产品的品牌，“俏”是品牌精神。人们会习惯性地把各类坚果和森林里的小动物联系在一起，因此设计师在为坚果类产品设计包装时，可以把拟人化的设计方法和产品结合起来。

以山核桃的包装设计为例，由于山核桃在包装运输的过程中可能会出现碎仁，影响观感，因此采用不开窗的包装形式。为了让消费者了解产品的品质，包装主要采用摄影图片的表现手法。

如图5-42所示，在设计初稿阶段，拟人化形象太单薄，无法体现出品牌精神；包装上的红色色块无意义，需要把它删掉；摄影图片体现不出山核桃的饱满，需要进行处理。在修改稿阶段，给山核桃搭配了紧箍圈和披风，营造出“山大王”的感觉。在定稿阶段，将视觉中心放在了包装中间，重新设定了与拟人化形象相符的中文、英文字符信息。在袋型选择上，设计初期选择采用八边封包装袋，后来考虑到印刷成本的问题，便改为自立袋。

产品的拟人形象单一，没有体现品牌精神中的“俏”

红色色块无意义，影响包装的视觉顺序

紧箍圈和披风搭配山核桃，体现出又大又饱满的特点

山核桃的图片质量不佳，经处理后更能体现山核桃的优点

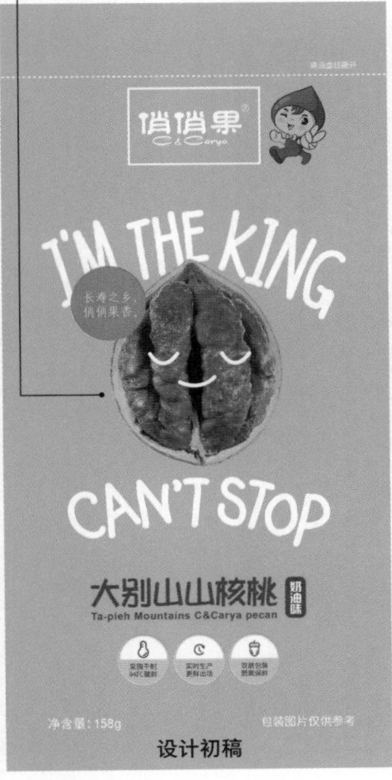

设计初稿

修改

定稿

设计稿演变过程

图5-42

如图5-43所示，使用同样的方法设计该系列其他产品的包装，使其在视觉效果上实现统一。

图5-43

5.3 图像符号的表现形式

图像符号的表现形式多种多样，不同的设计师对图像符号有不同的理解与设计手法。在包装设计中，图像符号的表现形式可以分为抽象图像和具象图像两种。

5.3.1 抽象图像

抽象图像是指由点、线、面组成的简洁的、有感染力的图像。在包装画面的表现上，抽象图像虽然没有直接的含义，但仍然可以传递一定的信息。

如图5-44所示，在包装设计中，抽象图像有3种表现形式。利用点、线、面构成各种几何形态的图像，即“人为”抽象图像；偶然纹样，如纸皱纹样、泼墨纹样、笔触纹样等图像，即“偶发”抽象图像；利用计算机绘制出的各种平面的或立体的几何纹样，表达出具象图像无法表现的现代概念，如电波、声波、能量的运动等，这样的图像即“特异”抽象图像。不论使用什么样的抽象图像，都要确保消费者能理解图像所要表达的含义或产品特性。

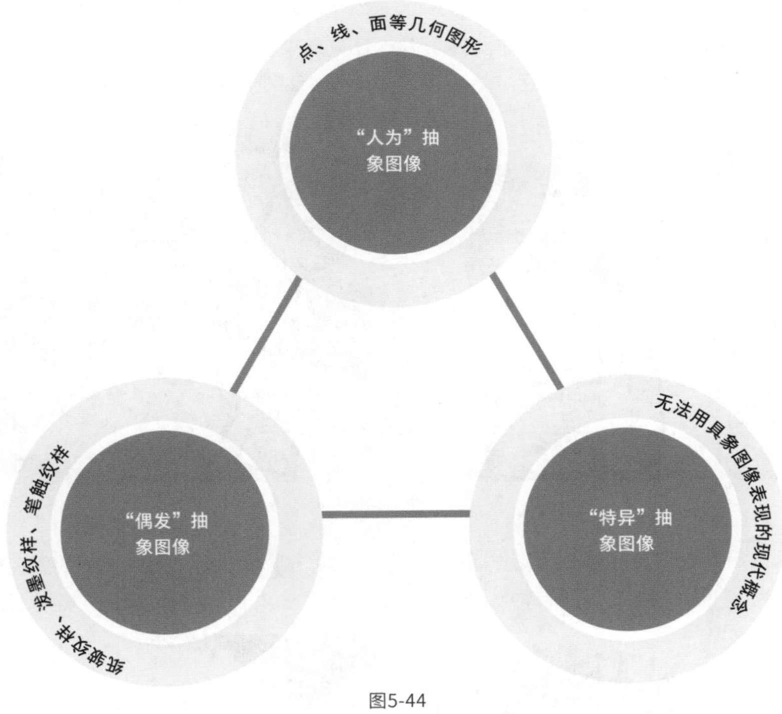

图5-44

如图5-45所示，这组啤酒的系列包装设计采用了墨迹类、气泡类、鞋印类、山川类、海浪类等抽象图像，每款啤酒包装都有各自的个性化图像设计，看上去没有太多的规律可循，给人一种不受限制、大胆创新的感觉，体现出该品牌所提倡的“自由”“无拘束”的理念。

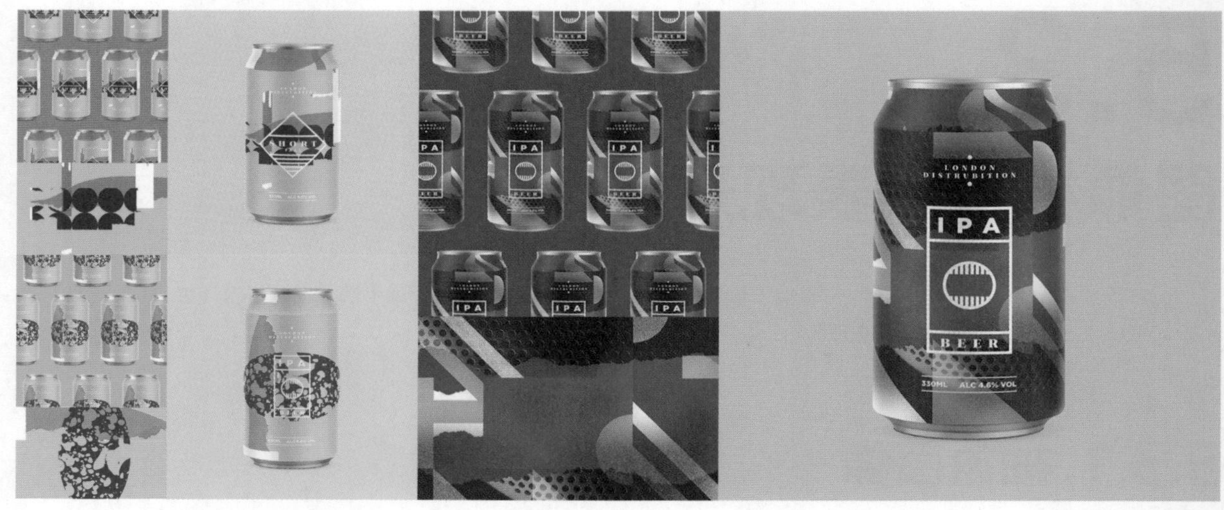

图5-45

5.3.2 具象图像

具象图像是指用写实性、描绘性的手法来表现自然物或人造物的图像。这种表现形式可以更为具体地展现包装中的产品，强调产品的真实感，让人一目了然。具象图像通常以摄影图片和插画为主要表现形式。

如图5-46所示，这是一款视觉效果较为特别的包装，其设计灵感来源于甲壳虫的形态，设计师巧妙地将钳子的钳嘴与甲壳虫的上颚进行了融合，并采用明亮的黄色作为主色，既引人注目又给人一种力量感。

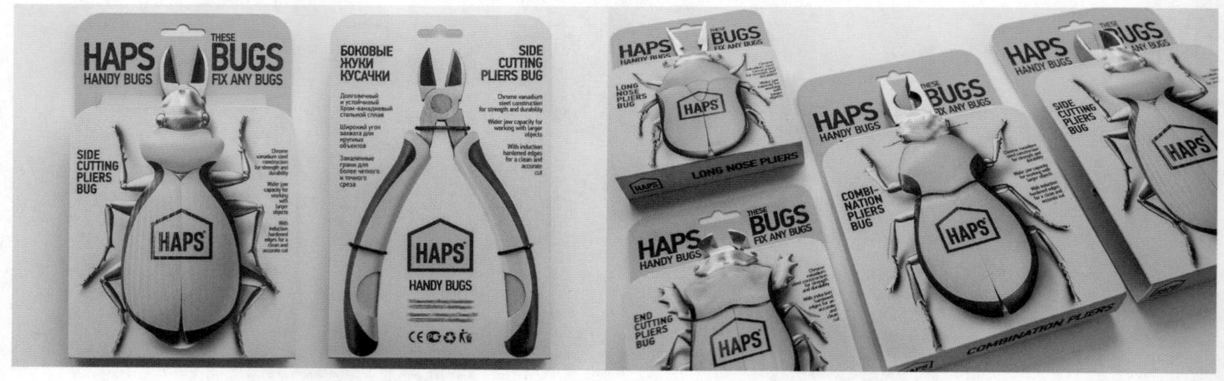

图5-46

如图5-47所示，这款厨具包装设计将叉子比作刺猬的刺，将锅铲比作鱼的尾巴，将夹子的锯齿比作鳄鱼的牙齿。这种根据外形特征的相似性将两个毫无关联的事物结合在一起的表现手法，为产品包装增添了趣味性和互动性。

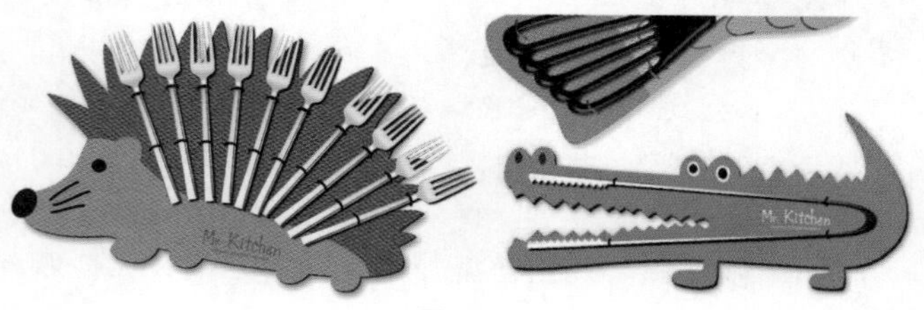

图5-47

5.4 图像的使用技巧

当产品包装涉及图像设计时，为了让包装尽可能吸引消费者的目光，设计师常常会在图片所要发挥和实现的作用和功能上花更多的心思，这就涉及三大图像使用技巧。

5.4.1 带动消费者的情绪

产品包装可以通过图像符号所营造出的氛围来引导消费者想象，带动消费者的情绪，不论是想象产品的具体样貌，还是想象使用产品时的情景，都会让消费者产生强烈的代入感。

图5-48所示为某品牌浓汤系列产品包装。该包装设计采用成品浓汤和汤勺的特写图像作为包装的主要展示画面，非常直观地表现出了汤的浓稠感，让人仿佛隔着包装就闻到了浓浓的香味。

图5-48

5.4.2 引起消费者的好奇心

引起消费者的好奇心常常是促进消费者了解产品的关键因素。因为喜欢包装而想要尝试使用产品是一种常见的消费心理，设计师应抓住这种消费心理来设计产品包装。

如图5-49所示，这款牛奶瓶的标签图像位于标签的背面，只有当慢慢喝掉牛奶时，图像才会透过玻璃渐渐显现出来。蓝天、白云、青山、绿水给人一种大自然的纯净感，传达出牛奶新鲜与天然的品质。

图5-49

5.4.3 设置暗示

设置暗示即通过展示产品的生产背景、生产原料等信息向消费者传达产品的优势，这种方法通常用在一些无法直接表达产品优点的包装设计上。

如图5-50所示，该包装采用了女性真实的农村生活照片，将土豆和照片中的人物联系在一起，让消费者看到包装时联想到这些人辛勤耕种土豆的场景，同时暗示着这款土豆的天然与优良品质。

图5-50

你问我答

问：有这么多图像表现手法，怎样决定使用哪一种呢？

答：这是一个很多新手设计师都会遇到的问题。越来越多的包装开始追求个性化，而图像作为视觉符号的表现形式又这么多，究竟应该怎样判定使用哪种形式呢？

首先要明白一点，最适合的不一定是最好看的。很多设计师会陷入一个误区，认为图像设计越复杂越好，因此他们会在设计的过程中不断地添加元素，而最后的成品效果却不尽如人意。基于此，我们首先应该明确包装想要什么设计风格，如复古、国风、现代或者时尚等风格。选定目标风格后，再根据这个风格确定一两个适合的表现形式。接着对产品的受众群体进行分析，将受众群体的喜好和产品的本质相结合，这样就可以确定最适合的图像表现形式。最后进行合理的包装设计与制作。

第6章 06

版式是包装设计的核心

作为连接消费者和产品的媒介，包装承担着传达产品信息的重要责任。包装及其传达的信息可以直接影响消费者对产品的印象，进而影响消费者的购买意向。包装的信息传达功能即消费者对包装的解读和包装对消费者的驱动，这两点是通过包装的版式设计来完成的。想要真实、准确、有效地向消费者传达产品的信息，必须全面且深入地分析包装版式设计的特点与规律。

6.1 包装的版式设计原则

包装的版式设计是指根据视觉传达的原理，将色彩、图形、文字等要素按照一定的规律与法则进行编排、组合。它是针对包装表面所进行的一种装饰性艺术设计，将品牌名称、商标、标准色、标准字体、图形等设计要素经过不同的版式设计，可以产生不同的包装风格。

版式设计的目的是处理好包装表面各个要素之间的主次关系和秩序，使其具有整体性与协调性。这是让包装具有形式美感的基础。创造包装的形式美感是版式设计的基本任务。

6.1.1 单个包装的个性与秩序

在单个包装的版式设计中，首先要考虑信息的主次关系和秩序的协调问题。如图6-1所示，主展示面主要用于表现主体形象，包含品牌名称、标准图形、宣传语等，说明性文字则常常被安排在其他展示面上。

主展示面除了要突出主体形象外，还要考虑与其他设计要素之间的对比。如果主展示面上的信息和图形需要在次展示面上重复出现，通常情况下不可大于主展示面上的形象，以免破坏包装整体的协调性。在做包装的版式设计时，要协调好各设计要素所占的空间与位置，从而更好地展现包装的形式美感。

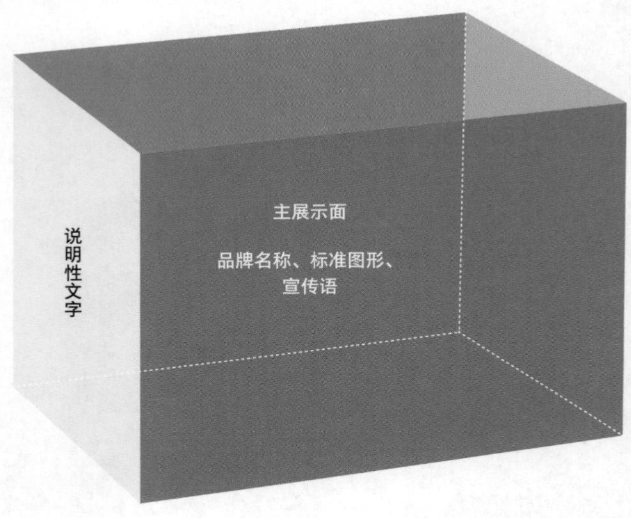

图6-1

如图6-2所示，该品牌将活力蓝作为整个包装的背景色，并将酒厂的环境以插画的形式呈现在包装上。酒厂的插画图形采用的是与背景色色系相同的蓝色。包装主展示面设计了一个大面积的橙色菱形色块，色块内是醒目的品牌Logo和产品名称，鲜艳、跳脱的橙色打破了包装整体蓝色的宁静，这种撞色设计能给人留下较深刻的印象。

这款啤酒的瓶装标签设计和罐装标签设计是相同的，不同的是瓶装啤酒的颈标由于面积较小，只展示了品牌Logo。该啤酒的外包装箱正面和侧面使用了相同的图形，秉持“主展示面的信息和图形需要在次展示面重复出现时，次不可大于主”的原则，包装箱侧面版式设计的整体尺寸均小于正面。

图6-2

如图6-3所示，这款酒包装设计一眼看过去，视线会聚焦在明亮的柠檬黄圆形色块上，虽然色块不处于瓶子的正中央，但消费者的目光会围绕黄色色块展开。

图6-3

如图6-4所示，考虑到单颗开心果的体积较小，肉眼很难看清开心果的细节，这款产品包装采用黑色的底色，将单颗开心果的图像放置在画面中央，在凸显产品的同时，又为包装营造出了一种神秘感，而开心果投影这一细节设计则提升了整个画面的精致感。

如图6-5所示，该品牌将红色作为产品包装标签的主色调，品牌的Logo则以白色为底色，红色与白色的对比突显了品牌名称。品牌Logo以简单的手绘图将拖拉机在农田上耕作的画面表现了出来，体现出产品的天然性。瓶子的颈标上印有明显的“50 YEARS”字样，其目的是让消费者关注到产品的品质，且起到强调品牌历史的作用，虽然这不是主要的产品信息，却是非常重要的品牌信息。

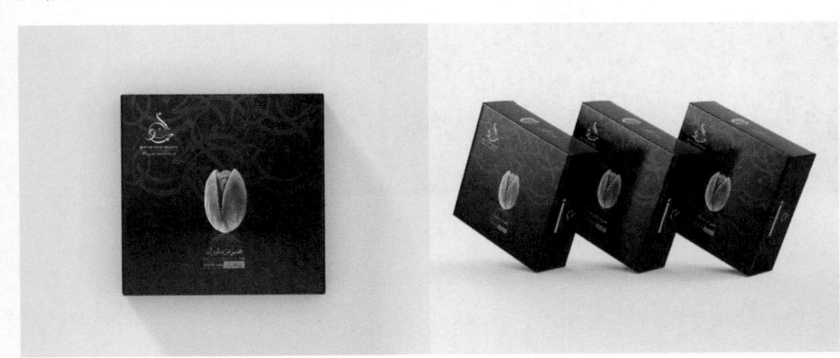

图6-4

图6-5

6.1.2 系列化包装设计的整体性

系列化包装设计的整体性体现在包装个体之间的关联上。虽然同一个系列的包装设计会有设计区域、包装材料和包装形式上的不同，但设计师应该主动寻找各设计元素之间的排列特点和表现手法，找出需要突出的共性信息并对其进行统一的版式设计，以形成关联。

例如，在不改变色彩的纯度或明度的情况下，可以改变色相；在保持排列秩序、装饰手法一致的情况下，可以改变图像和文字；选用风格一致的字体等。这些通过局部变化形成的具有强烈关联性的系列化包装设计通常会产生良好的视觉效果，有助于加深产品或品牌在消费者脑海中的印象。

如图6-6所示，这是一系列罐头食品的包装。该系列包装将变色龙作为主要视觉形象，在设计时保持了变色龙的外形轮廓，并根据产品的不同口味将原材料图像嵌于轮廓内，就如同变色龙会根据环境的变化而改变身体的颜色一样，最终产生既具有整体性又具有差异性的包装效果。这样的包装设计不仅能展现出品牌产品的多样性，还能为产品系列的横向扩展提供便利。

图6-6

如图6-7所示，这是一系列儿童零食的包装。该包装设计采用了较为醒目的颜色和夸张的趣味卡通形象，令人印象深刻。色彩的纯度和明度、品牌名称、产品名称、图形的大小和位置基本保持一致，只有产品图像和图形细节根据产品口味的不同而有细微变化。

图6-7

如图6-8所示，这个系列的罐装啤酒有5种不同的口味，包装的色彩纯度、明度保持了统一，啤酒罐正面的小胖手在位置和大小上基本保持一致，只有手的姿势、肤色及袖子的样式有所不同，这既保持了系列包装的整体性，又增加了趣味性和个性。

图6-8

6.2 包装设计中元素的编排

在包装的版式设计中，图像和文字不同形式的组合会产生不同的视觉效果，从而影响消费者对产品的印象。针对产品包装设计中元素的编排，本节主要从图像与文字、文字与空间、搭配与主次这3方面来进行分析。

6.2.1 图像与文字

产品包装除色彩、造型及排版外，图像与文字是用来传递产品信息、提升企业形象的重要因素。其中图像所具有的视觉传达特点是具象性或抽象性。

图像依靠其本身的独特形式和色彩直接对人的视觉神经产生刺激作用并传达信息，并在短时间内引起消费者的注意和思考。成功的包装设计图像既可以暗示产品的优良品质，又可以传达包装所蕴含的精神文化。

文字自身具有表达意义，是一种具体的信息传达元素，是人脑对自然与社会带有情感色彩的反映。文字用于准确传递有效信息。在包装设计中，通过改变文字字体、字重、字宽、字形等可以产生不同的视觉效果，给人不一样的心理感受。包装设计中的文字在不同产品上表现形式也不同，一般情况下，食品、日用品的字体设计要明快、活泼，而化妆品的字体设计则要优雅、流畅。这里简要总结了包装设计中的图像与文字在传达信息时的特点与途径，如图6-9所示。

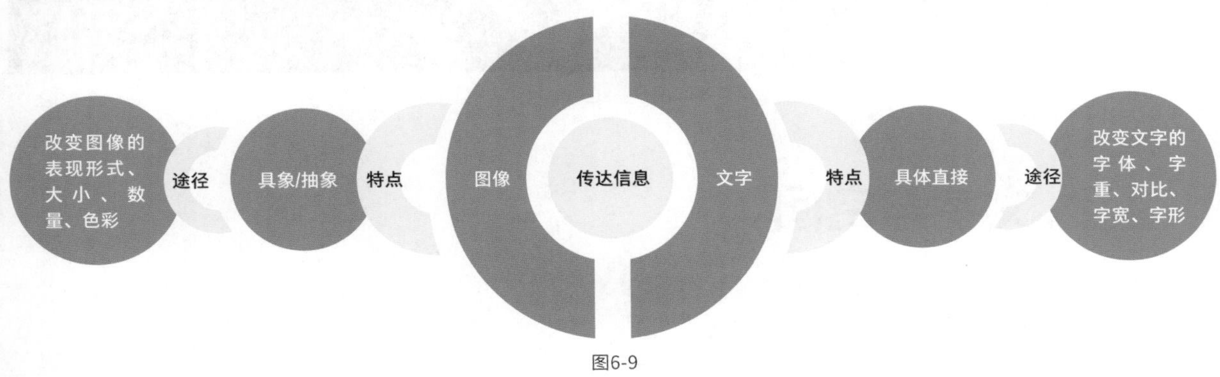

图6-9

将图像文字化和将文字图像化是两种特殊的视觉表现形式。文字图像化是指将文字当成图像处理（例如，将文字视为设计中基本的点、线或面），使其成为设计的一部分，以形成一种图文并茂、别具一格的包装构成形式。图像文字化则是将图像用文字的表现形式进行处理，以达到特别强调的表现效果。

如图6-10所示，这款啤酒包装的视觉中心是圆环状图形内的品牌Logo，圆环状图形既像一张唱片，又像一个俯视角度下的啤酒桶。包装上的文字都围绕在圆环状图形的内侧和外侧。整个包装的画面布局紧凑，视觉冲击力较强。

图6-10

如图6-11所示，这款包装设计是将文字图像化来进行设计和编排，同时采用了不同的色彩和印刷工艺对不同的文字图形化内容进行分割，让画面更具层次感。包装上的金色文字展示了产品信息，而亮黑色的文字则是对产品名称进行了图形化设计，既起到强调的作用，又起到装饰画面的作用。

图6-11

如图6-12所示，这是一个为追求素食主义的葡萄酒爱好者创建的品牌，该品牌倡导环保。其葡萄酒包装设计采用了图像文字化的表现形式，将品牌的文化理念、酒的原料、原料产地的环境等信息以图像的形式嵌入了Logo字母“HATER & MAKER”中，使其成为品牌名称中的一部分，更为直观地体现出了该品牌的环保理念。

图6-12

6.2.2 文字与空间

文字是版式设计中的一部分，也是包装设计中非常重要的内容元素和设计要素。文字空间感的营造在包装设计中具有装饰性和说明性功能，文字的空间感影响着包装设计的形式美感。在设计时可以利用文字的大小对比、远近对比、内容多少对比等形成一定的空间感，此外，文字还能与色彩、图像构成一定的空间关系。

如图6-13所示，在该系列包装中，消费者的目光会着重关注很多字母堆叠在一起的部分，从而快速捕捉产品关键信息。这种利用繁杂与空白的对比来营造空间感是能快速吸引消费者眼球的设计方法之一。

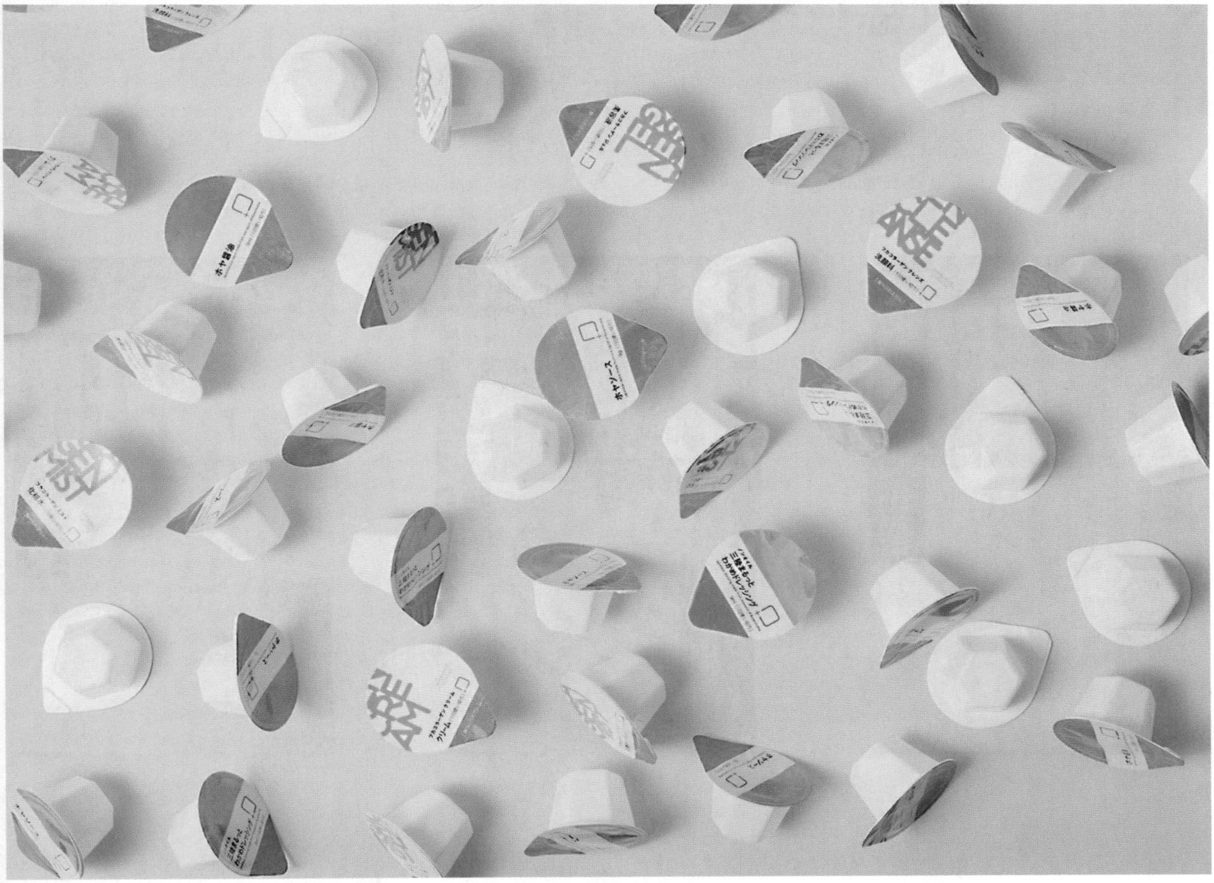

图6-13

如图6-14所示，这是一款加入了镁（Mg）元素的功能性水的包装。包装上文字的大小对比和色彩的明暗对比所形成的空间感搭配低饱和度的背景色，使得产品的卖点尤为突出。

如图6-15所示，这是一款环保型清洁产品的包装。品牌名来自德语单词“Forelle”，意为鳟鱼，鳟鱼仅生活在纯净的水中，这与品牌的“环保”理念相契合。包装的主题色是蓝色，让人联想到清澈的河流。品牌Logo被单独设置在了包装的左上角，与下方的产品名称和产品信息形成鲜明的空间对比。

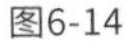
图6-14

图6-15

6.2.3 搭配与主次

当包装处在不同的使用环境中时，一定要明确不同元素之间的主次秩序，并对其进行关联性处理，这样才能设计出一款合适的包装。

如图6-16所示的包装设计，不同的颜色和文字对应不同的产品口味。SPEED、FRESH、POWER这3句口号几乎占据了包装袋的一半空间，并与简单的不规则线条进行了组合，重点突出产品的性能。从内容表现上来说，该包装设计内容比较丰富，表达较直接；从版式设计上来说，该包装设计比较饱满。

图6-16

如图6-17所示，这种小分量的调料包装主要是为旅行设计的，消费者在旅行的过程中无须携带过多或过重的调料。该包装设计将调料的大致形态以较为粗犷的黑白插图形式展示出来，并在包装左侧的留白处写上调料的分类名称，方便消费者识别。

图6-17

6.3 常见的包装排版形式

包装的类型很多，在没有附着在成型的包装表面之前，其版式都是以平面形式存在的，因此包装的版式设计与平面的版式设计具有一定的互通性。又因为包装最终是以立体形态呈现的，所以包装的版式设计既具有平面设计特征，又具有三维设计特征。

包装的版式由一个或多个版面构成。例如，常规的纸盒包装一般有前、后、左、右、上、下6个版面，每个版面承载着不同的设计元素。包装版式的各个版面之间具有相对独立性，又因为它们都隶属于同一产品的包装，所以也具有连续性。在设计包装的版式时一定要处理好整体版式与局部版面之间的关系，让整个版式重点突出、主次分明、布局合理。

下面具体介绍包装设计中常见的包装排版形式。

6.3.1 主体式设计

对主体进行设计是比较常用且实用的包装设计技巧，即将产品或能体现产品元素的图像作为包装画面的主体，并将其放置在整个包装版式的视觉中心，以产生强烈的视觉冲击感，吸引消费者的眼球。

如图6-18所示，该品牌将闪电图形与“Z”字图形相结合，并将其作为版式的视觉中心与不同的产品原材料图片相嵌套，既统一品牌的整体视觉形象，又方便消费者直接通过图片来辨别不同口味的产品。

图6-18

如图6-19所示，该冰激凌系列包装设计采用了马卡龙色系，看上去非常干净、简洁。该包装设计直接将冰激凌和原材料的图像展示在了包装的正面，有助于消费者更为直观地辨别不同口味的冰激凌。

图6-19

6.3.2 色块分界式设计

色块分界式设计即采用规则或异形图形色块将整个包装画面分割成多个部分，这些色块在丰富画面的同时也用于划分包装信息的主次关系。例如，通常会将品牌Logo、产品名、口味等信息设置在包装的视觉中心色块里，其余小色块则用于填充产品信息或作为装饰性元素。

如图6-20所示，该系列食品包装有3个款式，每款包装都设计了一个人物形象，代表不同的口味。用色大胆的人物形象将整个包装画面分割成了黑色和彩色两部分，主要信息被安排在了形状夸张、颜色鲜艳的胡子和头发上，次要信息则被安排在了黑色的背景上。黑色的背景能产生一种视觉收缩效果，从而更加突出彩色部分的内容。

图6-20

如图6-21所示，这款有机草药的包装采用了3个大色块进行画面分割，并且根据信息的重要程度，将不同的信息置于不同的色块上。浅色的背景与产品本身的特性相契合，版式主体的深色色块部分则突出了产品的品名和类别。

图6-21

6.3.3 包围式设计

包围式设计的重点在于突出文字信息，即将主要文字信息放在包装版式的中间，并用和产品相关的元素将其包围起来。

如图6-22所示，这是一款烹调奶油的包装，包含罐装与盒装两种形式。包装的正面用白色奶油将品牌名和产品名包围在蓝色的底色上，蓝色和白色形成一深一浅的对比，这使得蓝色区域的产品信息更加突出，整个包装看起来也更具立体感。奶油周围的风味原料图片既起到点缀画面的作用，又起到说明产品信息的作用。

图6-22

如图6-23所示，这是一款无酒精鸡尾酒的包装。该包装设计结合了产品原材料插画与条纹背景，两者形成前后覆盖关系。产品名和品牌名等相关信息被设置在了植物插画中心的标签上，这种包围式设计能将消费者的目光引向产品的主要信息。

图6-23

6.3.4 跨面式设计

跨面式设计是指单个包装的画面或包装的某一面只展示主体图形的一部分，将多个包装或包装的各面组合起来会形成一个连贯的图形。这种设计能让多个单体包装在并排展示时有更好的宣传效果，给消费者留下较大的想象空间。

如图6-24所示，这款牛奶包装采用了跨面式版式设计方法，该系列产品一共有4种口味，将单款口味的4个面组合在一起就是一只完整的猫咪形象，4种口味对应的猫咪动态有所不同，并排展示时，就像4只不同动作的猫咪正在望着你，这样的设计在塑造包装趣味性的同时，增强了消费者与产品的互动感。

图6-24

如图6-25所示，该品牌的海绵由纤维素和剑麻纤维制成，为展现海绵的天然性、植物基础性和可生物降解性，该包装以海洋生物为设计元素，并采用了跨面式版式设计方法，将每款包装的4个面组合在一起可以形成一个完整的画面。包装的配色和开窗的形状与海绵的颜色和包装画面相关联，便于消费者辨别不同的海绵。

图6-25

6.3.5 纯文字式设计

纯文字式设计是指在进行包装版式设计时不会用到文字以外的任何图形，主要对品牌的名称、Logo、卖点、产品信息等文字进行排版和设计。通常情况下采用这种版式设计的包装简洁明了，但需要与字体设计相结合，很考验设计师的排版功力。

在图6-26所示的包装中，标志文字既作为品牌名称，又作为装饰图形。简洁的画面搭配不同的底色，使得包装上的产品信息清晰明了，细长的标志文字在纯色背景的衬托下尤为突出。

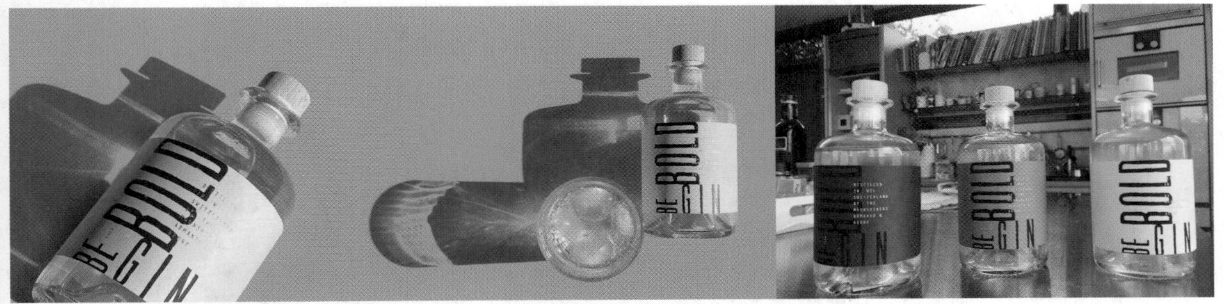

图6-26

如图6-27所示，这是一款蜂蜜的包装，该蜂蜜包装模仿了蜂巢的内部。养蜂人的工作之一是在蜂群中找到蜂后，受此启发，该品牌将标签图案的样式设计为在一群排列整齐的字母“B”中寻找“B'S BEES”。这种设计增加了包装的趣味性，也暗示着该品牌的蜂蜜是经过严格挑选的。

图6-27

6.3.6 底纹式设计

底纹式设计是指将点、线、面等元素按一定的规则进行重复性或规律性设计，并将其布满整个版面作为包装画面的底纹，从而让包装画面更饱满、充实。

如图6-28所示，这款包装设计的图案灵感来源于基本的几何图形。作为画面底纹的彩色几何图形，既与彩色铅笔的性能相贴合，又对包装起到了装饰性作用。

图6-28

6.3.7 标志主体式设计

标志主体式设计是将品牌Logo作为包装的视觉核心，没有其他过多的装饰。很多较为知名的品牌采用了这样的版式设计方法来表现简洁、大气的产品特质，有时还会采用特殊的印刷工艺来突出品牌Logo或其他标志。

采用标志主体式版式设计的产品包装通常以简洁设计为主。例如，图6-29所示的钟表包装设计直接将品牌Logo设置在了包装正面的正中心，搭配了材质特殊的纸盒，整个包装看上去简约而不简单。

图6-29

如图6-30所示，这款产品的包装画面非常简洁，仅印有一个Logo。该包装的特别之处是其特殊定制的包装盒，包装盒的形状与品牌Logo的外形保持一致。整个包装看上去虽然很简洁，却不会让人觉得单调。

图6-30

6.3.8 图文组合式设计

图文组合式设计的构图方式比较灵活，主体画面不是由一个独立的主体构成，而是由一些分散的文字、图片等元素组合而成，并通过调整版面使其统一、协调。

如图6-31所示，这款酒包装的标签设计采用了大面积文字和植物插画组合的表现形式。UNCOVERED是“揭开、发现”的意思，文字与插画形成了前后遮挡的效果，就像是一瓶好酒在花丛中被发现了一样，能带给消费者丰富的想象空间。画面下半部分的文字是一些具体的产品信息。

图6-31

6.3.9 融合式设计

融合式设计是将产品与包装结合在一起，达到图形合一的效果，最终成为一个新的表现形式，这类设计技巧多用于创意包装。

如图6-32所示，该蜂蜜的包装设计灵感来源于蜜蜂，通过对标签进行简单的模切来模拟蜜蜂的翅膀，直观地展现出一个标志性的蜜蜂形象。这种设计技巧既能为产品增添趣味性，又能加深产品在消费者脑海中的印象。

图6-32

6.3.10 异形式设计

异形式设计是指用非常规的表现形式来展示包装内的产品，通常会选择与产品本身相同或相关的包装外形，力求在外观上与同类产品产生差异化，从而吸引消费者的注意力。

如图6-33所示，这是一款鱼饼干的包装。包装袋的外观模仿了鱼的形状，色彩鲜艳且引人注目的鱼嘴设计将消费的目光引向品牌和产品种类信息。这种有趣、好玩的创意性包装设计能带给消费者独特的体验。

图6-33

如图6-34所示，这是一款开心果的包装，该包装的特点之一是用于储存开心果和果壳的隔层设计。包装的底部设计了可用于丢弃果壳的隔层，再加上类似开心果形状的外观设计，这款包装设计做到了便利性和趣味性的完美结合。

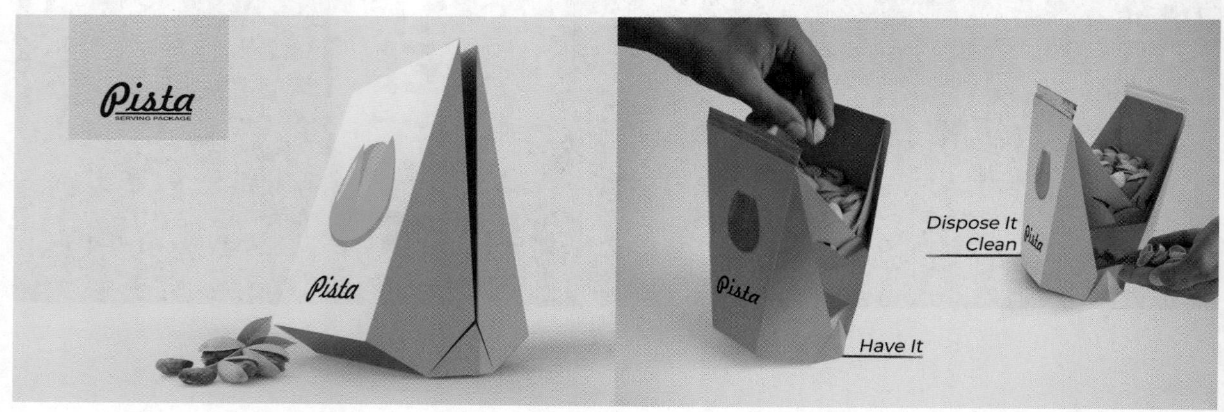

图6-34

如图6-35所示，这款鸡蛋包装在形式上突破了常规，它将整个包装盒设计成一个类似母鸡的外观，比如在盒子的提手处设计了鸡冠和鸡喙。异形的包装盒又像一个大荷包蛋。该设计在增加趣味性的同时也暗示了鸡蛋的新鲜度。

图6-35

实战解析：“好多肉”果肉罐头包装

项目名称 “好多肉”果肉罐头包装设计

设计需求 根据商家提出的品牌理念，设计新产品果肉罐头的包装，打破传统罐头的包装风格

目标受众 喜爱零食的年轻人

设计规格 设计形式：标签贴；分辨率：300dpi；颜色模式：CMYK；印刷工艺：四色印刷；销售方式：线上销售

“好多肉”是一个主要面向喜爱零食的年轻人的果肉罐头品牌。包装采用罐装形式，可以在品类横向衍生时起到控制成本的作用。如图6-36所示，包装采用了主体式设计的排版方式，并以邮票的表现形式作为视觉主体。邮票的白色底色和形状特殊的边框与蓝绿色的背景形成鲜明对比，更容易将消费者的目光引向邮票。邮票上的画面采用了插画图像，并将人物与水果进行了较为夸张的大小对比处理，以表现这款产品“果肉大而多”的特质，与品牌名称相契合。

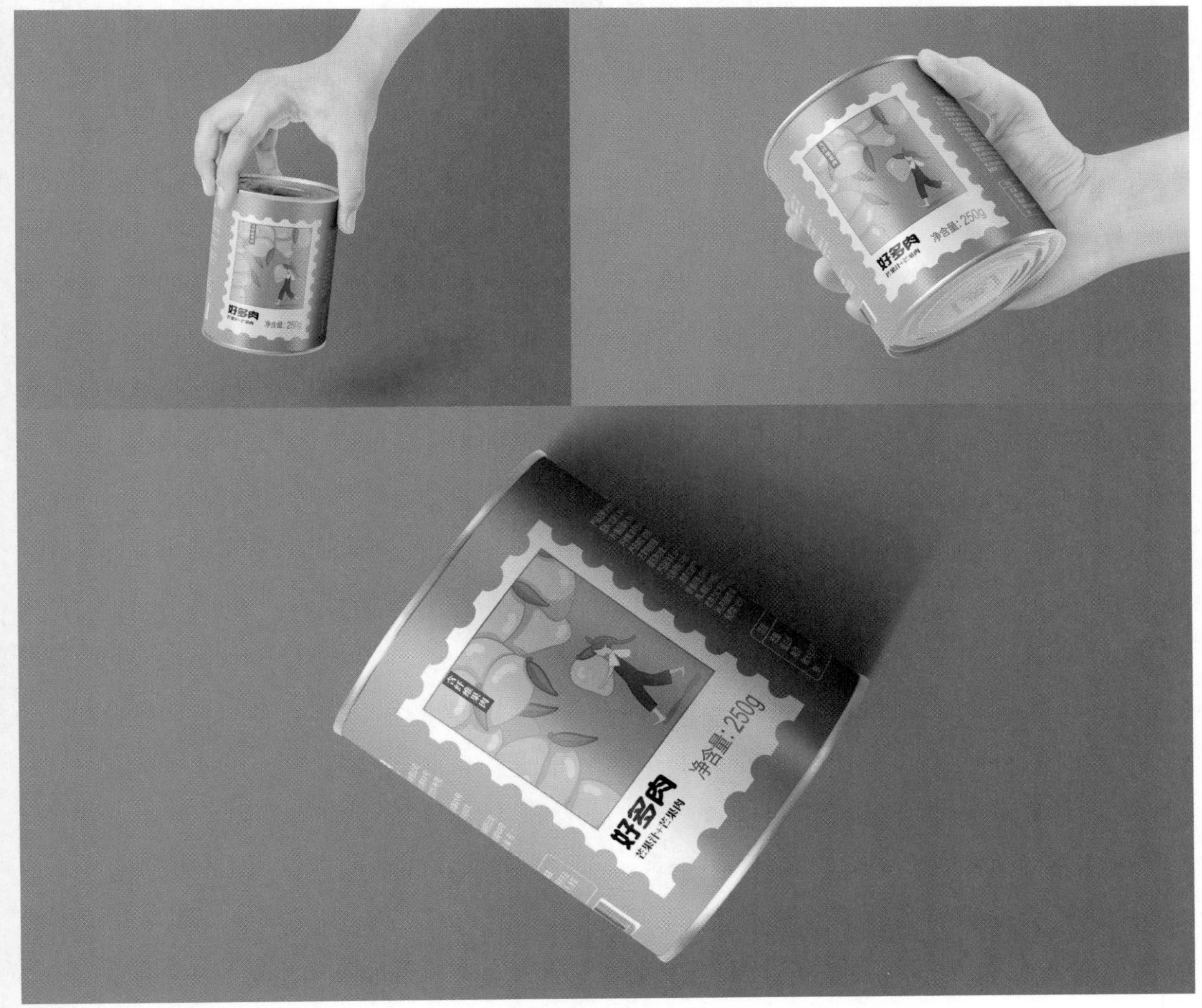

图6-36

图6-36(续)

❓你问我答

问：如何确定应该使用什么类型的包装排版方式呢?

答：设计初学者在设计包装时，很容易盲目地模仿某些成功的包装案例的排版方式。这是不可取的。首先，设计师应当先分析这款包装的成功之处、目标消费人群、产品性能、产品的主要卖点等，分析之后再选择这款包装上值得学习的地方，然后结合自己当前所要设计的产品包装的目标消费人群来进行分析。此外，包装是否需要放实物图像、是否有新的产品名称、是否要设计开窗、产品是否有代言人需要露出等，这些都是需要考虑的问题。在进行一系列的分析之后，可以采用排除法来找到更合适的包装排版方式。

第7章 07

包装容器的结构与造型

包装容器的结构与造型要根据不同产品的性质、形态、用途、目标市场、销售对象等来进行设计。包装容器的结构与造型可谓相辅相成、缺一不可。任何造型都需要借助一定的材料和结构设计来支撑完成，而结构要以包装的功能与形态为基础，设计和确定各部位的具体结构与组合方式。由于对包装功能要求的不同和受材质与工艺技术的制约，产品包装结构与造型设计有不同的侧重与要求。总之，包装的结构与造型之间必须保持一定的联系，才能让包装在视觉上与功能上都有良好的效果。

7.1 包装容器的材料

铁器、青铜器是出现得比较早的包装容器材料，随着技术的发展和社会生活水平的提升，包装容器的材料也越来越多样。常见的包装容器材料有纸、塑料、金属、玻璃、陶瓷及新型材料等。

7.1.1 纸质包装

虽然用纸制作包装容器的历史并不久远，但它的出现改变了包装业的根本结构，并以较为广泛的影响力确立了其在包装领域中的重要地位。如今纸的制造技术、加工技术、强化技术、复合技术及印刷技术都得到了快速的发展，这不仅弥补了纸质材料在性能上的不足，还扩展了纸质包装的应用范围。

如图7-1所示，这款酸奶采用了在奶制品包装中较为常见的利乐包装（一种采用瑞典利乐公司的全无菌生产线生产的复合纸质包装），盒子的顶部设计了一个可旋转的盖子，方便保存未喝完的酸奶，减缓酸奶因某些成分挥发而变味的速度。

如图7-2所示，这是一款橄榄叶茶的包装设计。该包装选用了可回收再利用的牛皮纸筒材料，再配以简单的文字与图标，营造出一种原始的手工质感。这种简单而优雅的设计体现了橄榄叶茶的手工性质。

图7-1

图7-2

如图7-3所示，该糕点包装采用的是纸张折叠包装的方式，每一份都是在糕点出炉之后由店员亲自包装的，这种包装方式能从侧面表现出糕点的新鲜度。通常这类用于包装糕点的纸会单面或双面附有PE薄膜，可以起到防油的作用。

图7-3

7.1.2 塑料包装

近年来，大多数包装在技术和设计上的新发展、新突破都发生在塑料领域，塑料的潜力正在被不断地发掘。塑料根据受热加工时的性能特点可分为热塑性塑料和热固性塑料这两大类。热塑性塑料属于软性材料，加热时可以塑制成型，冷却后固化并保持形状。热固性塑料属于刚性成型材料，加热时可以塑制成一定形状，一般采用模压、层压成型。

如图7-4所示，这是一款咖啡包装设计。消费者通常需要反复打开包装和拿取包装内部的咖啡豆，而咖啡豆这种产品的属性较为特别，需要进行防氧化包装设计，因此通常会采用不透光的、具有一定厚度的塑料复合材料。同时，该咖啡豆包装的袋口处还有一个可反复打开与封合的结构设计，既保证了包装袋的硬度，又方便消费者保存咖啡豆。

图7-4

如图7-5所示，这是一款饮料的包装设计。包装采用简单的直筒瓶型以顺应“极简主义”的包装趋势，材质为PET。

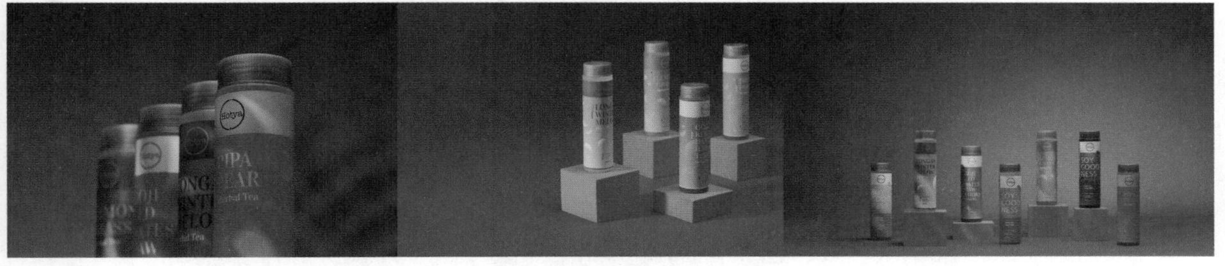

图7-5

如图7-6所示，这是一款3D瓶型的纯净水包装设计，采用的是PET材质。独特的瓶型设计为产品增添了活力与动感，位置较高的瓶标设计更易于凸显品牌名，加深消费者对该品牌的印象。

图7-6

如图7-7所示，这是一款牛奶包装设计。该包装瓶型的灵感来源于奶牛饱满的身形，瓶身的材质则选择了塑料，因为塑料具有可塑性，更适用于设计这种异形瓶型。

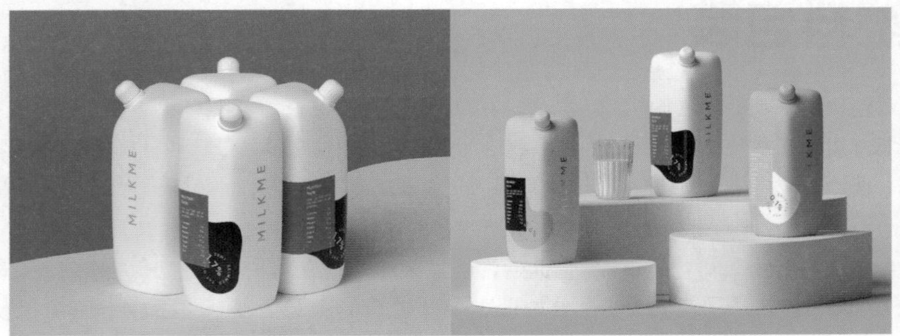

图7-7

7.1.3 金属包装

金属包装是通过对金属板材进行加工而获得的一种包装，其加工设备多且庞大，制作工艺复杂，生产成本较高。但因材料与结构上的特殊性，具有强度高、阻隔性能好、防潮、避光、外观独特、能回收再利用等优点，金属包装在包装行业中始终占据着重要地位。

如图7-8所示，这是一款鸡尾酒的包装设计。易拉罐精致、时尚且现代化的特征与鸡尾酒的产品特性及品牌精神相契合。罐身上干净的无衬线文字与色调柔和的背景既传递着鸡尾酒的不同风味信息，又带给人一种清新感。

图7-8

如图7-9所示，该系列花茶包装采用了马口铁罐，在方便保存茶叶的同时又能保持质感，还能反复使用。罐身上根据不同花茶的特性设计有不同颜色与花茶名的标签，既统一包装的视觉效果，又便于消费者选购。

图7-9

如图7-10所示，这是一款有机化妆品的包装设计，采用了金属外壳。该设计将女性化妆提炼了3个必不可少的部位——脸颊、嘴唇和眼睛。从美学上讲，该系列包装将简洁性与创意性融合在了一起，例如，将压粉盒的开盖设计为横向旋转推开的形式，就像是蝴蝶张开翅膀一样。

图7-10

如图7-11所示，这款橄榄油的包装设计灵感来源于瓷砖上的花纹。该设计采用蓝白配色方案并手工绘制水彩画，然后对水彩画进行数字化处理以适应所选瓶子的材质。瓶子的材质是常见的马口铁，搭配图案后，整个瓶子看上去就像是一个陶瓷和玻璃瓶的结合体。

图7-11

如图7-12所示，这是一款护肤品的包装设计。这类膏状护肤品通常使用金属软管包装容器，既方便挤压和使用，又方便保存与运输，且不会占用过多空间。

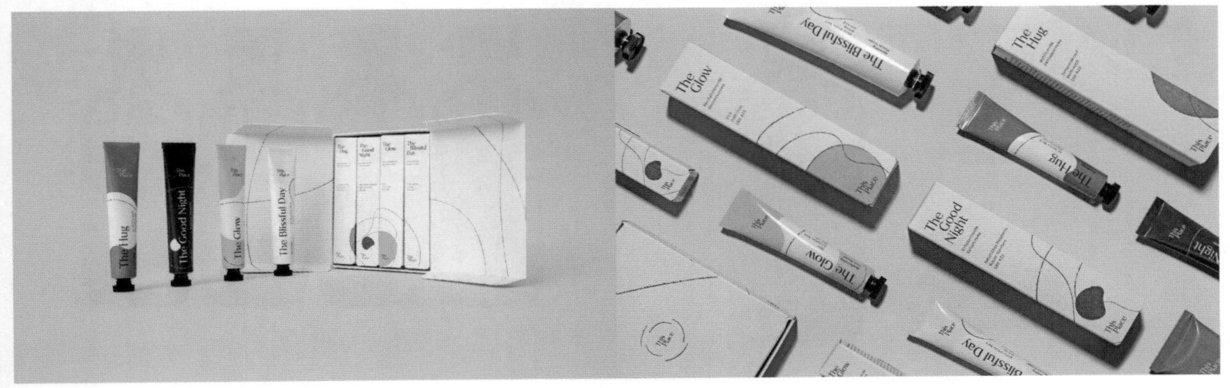

图7-12

7.1.4 玻璃包装

玻璃的基础材料在自然界中非常容易获取，如石灰石、纯碱、石英砂等。当把这些材料通过高温加热融合在一起时，就形成了玻璃的液体形态，可以铸模成型。

玻璃容器因具有不污染食物的特点而被广泛应用于饮料和食品包装。大多数酒瓶始终沿用传统的有色玻璃瓶，既是为了给酒增添一种醇厚的感觉，又是为了保护酒的品质，因为有色玻璃可以吸收太阳热辐射、紫外线，保护敏感产品。玻璃容器因具有较好的防酸、防碱性能，因此也被广泛应用于化工产品的包装，如化学药剂和溶液。

玻璃包装的材料从外观来看可分为无色透明玻璃、有色玻璃、磨砂玻璃等。玻璃容器的比重较大、易破碎，容易对搬运造成不便，破碎后的玻璃还易造成其他伤害。

如图7-13所示，这款杧果罐头的整体包装设计灵感来源于传统的水果包装箱，旨在为品牌赋予怀旧气息。玻璃罐是罐头类产品常用的包装容器，消费者可以直接通过透明的罐身看到罐子内部果肉的真实样貌。

图7-13

如图7-14所示，这是一款冷煮咖啡的包装。包装之所以采用棕色的玻璃瓶，主要是为了遮挡咖啡中的沉淀物（研磨咖啡时留下的残渣，属于正常现象），带给消费者更好的观感。

图7-14

如图7-15所示，该品牌设计了5款插画来展现产品的不同口味，包装统一采用直筒透明玻璃瓶，与标签上复杂的插画形成鲜明对比，更突出了标签的设计。

图7-15

7.1.5 陶瓷包装

陶瓷包装是以铝硅酸盐和某些氧化物为主要原料并按一定的比例调配，通过特定的成型、烧制工艺制作而成的硬质制品。随着科学技术、商业经济的发展，陶瓷包装的应用范围不断扩大，如食品、化妆品、工艺品、化工产品等。陶瓷包装在造型、色彩和质地上具有独特的韵味，崇尚自然、追求古朴的人群对其尤为喜爱。采用陶瓷包装能为产品赋予一定的文化与历史气息。

陶瓷包装基本可以划分为陶器包装、瓷器包装和炻器包装这三大类。陶器具有一定的透气性和吸水性且不透明，陶器有粗陶和细陶之分；瓷器质地紧密、精细，硬度较强；炻器强度较大、吸水性较弱且不透光。陶瓷包装的常见形式有缸、坛、罐、瓶等。

如图7-16所示，这是一款饼干的包装设计。包装采用了陶瓷罐，罐身上的不同纹样代表着不同的农作物，对应着不同的口味。该系列包装设计为传统的陶瓷器具赋予了现代气息，也体现出该品牌对创新化设计和产品质量的追求。

图7-16

如图7-17所示，这是某品牌龙舌兰酒包装设计。为了展现野生龙舌兰酒的独特风味和原始美感，品牌方为其定制了一个形状特别的陶瓷瓶，瓶型的设计灵感来源于墨西哥建筑，其独特的质感和形状表现出一种野性之美。

图7-17

如图7-18所示，这是一款橄榄油的陶瓷包装设计。该包装遵循“极简主义”，采用柔和的自然色作为底色，并将乡村风格的设计元素融入干净的版式，从而打造出一个清新的现代包装。该包装设计简洁却不简单，不透明的陶瓷瓶表面可防止光的渗透，有助于保持橄榄油的品质。

如图7-19所示，这是一款杜松子酒的陶瓷酒瓶设计。该酒瓶使用软木塞进行密封，瓶盖处贴有印章封条。不透明的黑色陶瓷瓶身搭配带有金属光泽感的丝网印刷文字，给人一种篝火般柔和的感觉。品牌选择陶瓷瓶是受到过去用来存放杜松子酒的陶瓷器皿的启发。与一般酒瓶设计不同的是，该陶瓷酒瓶设计还透露着一股艺术气息，这使得该酒瓶既具有实用价值，又具有收藏价值。

图7-18

图7-19

如图7-20所示，这是一款婴儿洗涤用品的包装设计。通常这类洗护产品会使用塑料瓶作为包装容器，而该品牌选择了陶瓷瓶，因为陶瓷瓶可重复使用，有助于环保，且重量较重，不易被打翻，可以提升产品使用过程中的安全性。

图7-20

7.1.6 新型材料

新型材料的应用非常广泛，这也让包装品质提升到了一个新的层次。新型材料不仅具备低碳环保的特点，还具有可持续、可循环再利用等显著优势，因此受到了各个行业的包装工作者的青睐，这也有利于各个行业的持续发展与进步。

新型材料能够与包装相辅相成，可以直接和包装相配套并按照要求进行设计和生产，最终达到良好的包装效果。

如图7-21所示，该包装将天然木材作为主要材质，内部镶嵌有金色和银色的镜面，镜面上的精美雕花为产品增添了古韵气息，放置在底部的棕榈叶用于保护产品，看上去就像是一个鸟巢。该包装传达出可持续、环保的理念。

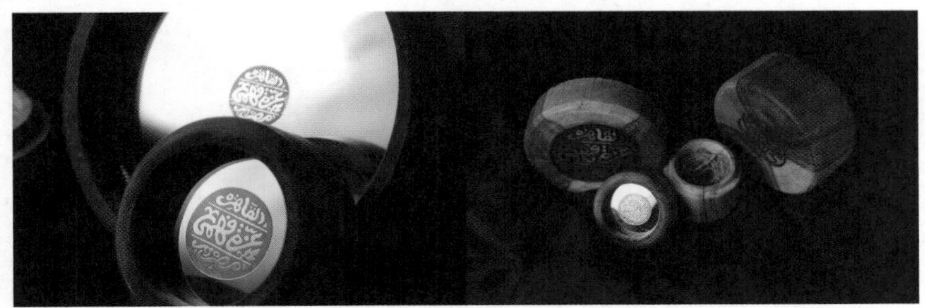

图7-21

如图7-22所示，这是一款男士珠宝的包装设计。包装盒采用了开合式设计，滑动外壳即可打开包装盒并看到置于视觉中心的手镯。沉重的实木包装设计表现了这款手镯的不菲价值，开合式设计为消费者打开包装盒与观察手镯样貌提供了一种独特的体验。

图7-22

如图7-23所示，该香水包装将厚重的原木、富有质感的皮革和触感光滑的金属相结合，传达出坚固而温和的产品概念。整个包装显得朴实、优雅且神秘，能带给消费者一种感官上的享受。该包装打破了传统的香水包装思维，就像该品牌所要传达的精神一样——改变自我。

图7-23

实战解析："春风十里"啤酒包装

项目名称 "春风十里"啤酒包装设计

设计需求 突出青稞口味的精酿啤酒的特征

目标受众 爱好精酿啤酒的年轻人

设计规格 设计形式：罐装、瓶装；分辨率：300dpi；颜色模式：CMYK；印刷工艺：烫金；销售方式：全渠道销售

这款精酿啤酒是青稞口味的，青稞主要产自青藏高原地区（青海、四川、云南等地），是当地居民的主要粮食。关于青稞种子的来历有很多传说，其中具有代表性的是《青稞种子的来历》。相传有一位王子为了让人们吃上粮食，去蛇王那里偷盗青稞种子，结果被蛇王发现。蛇王将王子变成了一只狗作为惩罚，只有当他得到爱情时才能恢复人形。后来，王子如愿以偿得到了爱情并恢复了人形。人们辛勤地播种和耕耘青稞，吃上了用青稞磨成的香喷喷的糌粑。由于人们当初看见的是一只狗撒下了青稞种子，因此认为是"神狗"给他们带来了青稞。为了感谢狗，人们每年收割完青稞并用新青稞磨成糌粑时，都会先捏一团糌粑给狗吃。

如图7-24所示，该产品有瓶装和罐装两种包装形式，瓶装包装采用邮票形式的标签，将青稞种子来历的爱情故事与邮票相结合，传达一种思念之情；罐装包装将"神狗"的插画放大至整个罐身，引起消费者探究狗与青稞关系的好奇心。

图7-24

Trefslee
春风十里
SPRING BREEZE SHILI
WEISSBIER
青稞小麦
啤酒
净含量：330ml
82mm
70mm

Trefslee
春风十里
品名：青稞小麦啤酒
原料：水、大麦芽、小麦芽、青稞麦芽、酵母、啤酒花
原麦汁浓度：11°P 酒精度：≥3.7%VOL
生产日期：见瓶盖喷码
保质期：270天（5°C-25°C避光保存）
食品生产许可证编号：SCXXXXXXXXXXXXXX
质量等级：优级
产品标准号：GB/T XXXX 合格
XXXXXXX啤酒有限公司 监制
公司地址：山东省XX市XX区XX路XX号
服务热线：0546-XXXXXXX
制造商：XXXXXXX啤酒有限公司
生产厂址：山东省XX市XX区XX路XX号
产地：山东省XX市
切勿撞击，防止爆瓶
酒后请勿驾车
过量饮酒有害健康
孕妇和儿童不宜饮酒
70mm
50mm
出血
刀版
amm
成品尺寸

图7-24（续）

7.2 包装容器的造型设计

包装容器的造型设计是一门空间立体艺术，以纸、塑料、金属、玻璃、陶瓷等材料为主，利用各种加工工艺创造出立体形态的包装容器。造型设计并非单纯的外形设计，它涉及产品性质、容器材料、制作设备、生产工艺等因素。一般来说，包装容器造型的基本类型包括瓶式、罐式、管式、筒式、杯式、盘式、盒式等。在包装设计中，设计师应根据具体产品的特定要求，对包装造型进行合理的、合乎目的的巧妙设计，运用形体语言来表现产品的特性和包装的美感。

7.2.1 包装容器造型的功能性

包装容器造型的功能性主要表现在保护性、美观性、人性化和展示性这4点上。

» 注重保护性

包装在运输过程中容易受到震动、挤压和碰撞，有可能对产品造成损坏，因此包装容器的造型设计首先要注重保护产品本身。例如，在设计啤酒、香槟等容易产生气体的液体产品的包装容器时，一般会采用柱状外形，这是为了均匀地分散压力，避免容器破损。

如图7-25所示，为减少香水的挥发，该香水产品采用了窄口的玻璃瓶作为容器，瓶身有两种不同的尺寸。产品的外包装使用了抽屉式纸板盒，既美观，又可保护盒内的玻璃瓶。

图7-25

如图7-26所示，这是一套陶瓷餐具的包装设计。这是一种既易于存储又易于组装，且不会占用太多空间的包装形式，其结构性较强，不仅方便消费者携带，还能提高餐具的安全性。

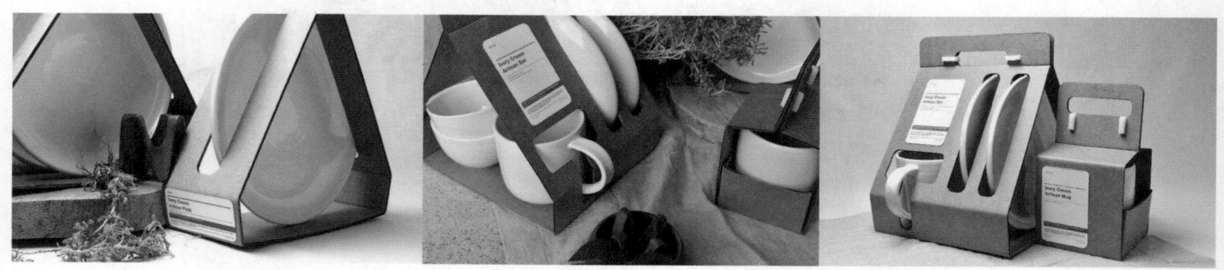

图7-26

» 增强美观度

包装容器造型的美观度是其造型形象传递给消费者的一种心理感受，它是消费者对产品包装的重要关注点。因此，包装的美观度受到了许多品牌方和包装设计师的重视。

在我国历史悠久的文化中，容器通常带有着独特的东方韵味。许多传统容器一直以优美的造型而深受世人喜爱，例如“梅瓶”，如图7-27所示。“梅瓶”是传统名瓷，它是一种小口、短颈、丰肩、瘦底、圈足的瓶型，因“口小只能插梅枝”而得名。因其瓶身修长，宋代曾称之为“经瓶”，常作为盛酒器具，明代以后才被称为“梅瓶”且沿用至今。

在造型设计中，切不可过于追求造型“唯美”，而是要基于产品的功能性和实用性来进行造型的优化升级。在包装容器的造型设计中，既要注重包装造型的外形，如形体比例、曲直方圆的变化等，又要注重容器表层的装饰，如颜色搭配、肌理表现等，还要重视其他附件的搭配。

如图7-28所示，这是一款主要由梨制成的饮料，其包装采用了可以直观反映饮料特征的玻璃材质瓶型。该瓶型的独特之处在于其复杂的瓶颈与简洁的瓶身之间的强烈对比，瓶颈处的压纹线条在视觉上强调了瓶型的整体形状，并在玻璃瓶中产生折射效果，在视觉上赋予该产品独特的美感。

图7-27

图7-28

如图7-29所示，这是一款威士忌的包装设计。为了体现品牌及产品的时间价值，品牌将时间元素嵌入品牌理念并设计了一个独特的沙漏状酒瓶，这一设计让该品牌在众多威士忌品牌中脱颖而出。消费者在饮用威士忌时，酒会流经瓶身狭窄的腰部结构产生沙漏般的动态效果，带给消费者别样的饮用体验。该酒瓶的外包装是一个圆筒状的木制外盒，外盒上雕刻的时间刻度进一步展现了时间对于该品牌的重要性，为这款威士忌增添了经久酿造的醇厚感。

如图7-30所示，这款纯水产品的瓶型设计是诉说品牌故事的关键点。瓶身上的山脉状脉络既象征着勇敢，又传递着该纯水的产地信息。创新的瓶型对于塑造该品牌形象起到至关重要的作用。

图7-29

图7-30

如图7-31所示，这是一款香水的包装设计。瓶型的设计灵感来源于女式的手提包，棕色的涂层玻璃瓶配以精心制作的皮革编织提手。整个包装符合女性的气质和魅力，致力于和消费者建立情感联系。

图7-31

» 满足人性化需求

现代包装设计不仅要满足基本的功能性需求，还要从人的生理及心理角度出发去追求人和物的平衡，从而使人获得生理上的舒适感和心理上的愉悦感。这是现代包装设计的发展趋势，也是包装造型设计必须要遵循的基本原则。具体来讲，包装造型设计要具备功能性、经济性、宜人性。

如图7-32所示，这是一款面向儿童的果泥包装设计。该果泥产品是由新鲜水果冷榨而成的，小分量、便携式的塑料袋装包装形式便于工作或生活忙碌的父母根据孩子的食用量任意搭配，包装袋上的旋盖设计则便于保存未食用完的果泥。

图7-32

如图7-33所示，不同于袋装或罐装的蜂蜜包装，该品牌将蜂蜜包装设计成蜂房的形状，并采用透明、独立的分装形式，消费者可根据实际需求取用蜂蜜，方便携带。

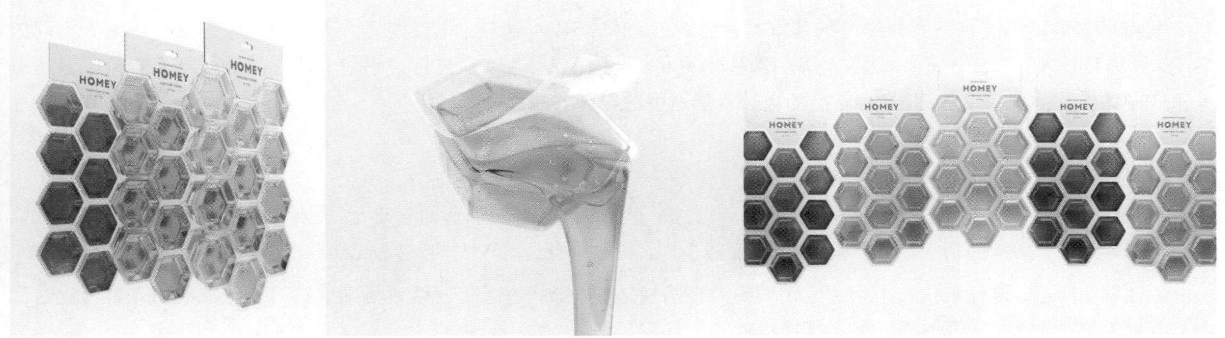

图7-33

» 增强展示性

包装造型的展示功能是通过造型的变化从正面与消费者进行沟通，从而将产品直接呈现给消费者。包装是产品营销的一种工具，即货架上的产品能通过包装用无声的语言向消费者传达“请购买我”的信息。

如图7-34所示，这是一种富含果汁的起泡酒，为了表现出果汁含量，从瓶盖到瓶颈处布满了水果图像。该包装的色彩较为艳丽，这让产品看上去更香甜、美味，能与竞争产品较好地区分开。

图7-34

如图7-35所示，这组包装较为出彩的部分是顶部的泡泡造型，这一设计在增加趣味性的同时，还说明了该款香波具有丰富的气泡。泡泡造型具有较高的辨识度，很容易吸引消费者的目光。

图7-35

7.2.2 包装容器造型的设计方法

几何形态可以说是包装容器造型的基本型，包括立方体、球体、圆柱体、锥体等。不同的几何形态会带给人不同的感受，立方体厚实、端庄，球体浑圆、饱满，圆柱体柔和、挺拔，锥体稳定、灵巧。它们所蕴含的多样魅力给予了包装造型更广阔的设计空间。下面列出7种常见的包装容器造型的设计方法。

» 切割法

切割法是根据前期构思确定包装造型的基本几何形态，然后在平面或曲面上进行切割，从而获得不同形态的造型。在同一基本型下，切割的切点、大小、角度、深度等不同，其造型也会有较大的差异，带给消费者的感受也会有所不同。

如图7-36所示，该蜂蜜包装采用了六面切割的玻璃瓶，整体形状看上去既像蜂巢又像钻石。玻璃的透光特性让这款产品看上去格外精致，无形间提高了产品的价值。

如图7-37所示，这是一款除臭剂的包装设计，该产品主要针对中高端的职业女性群体。容器在圆柱体的基础上，将下半部分进行曲面切割，一方面像是女性的曲线，另一方面更加符合人体力学设计理念。

图7-36

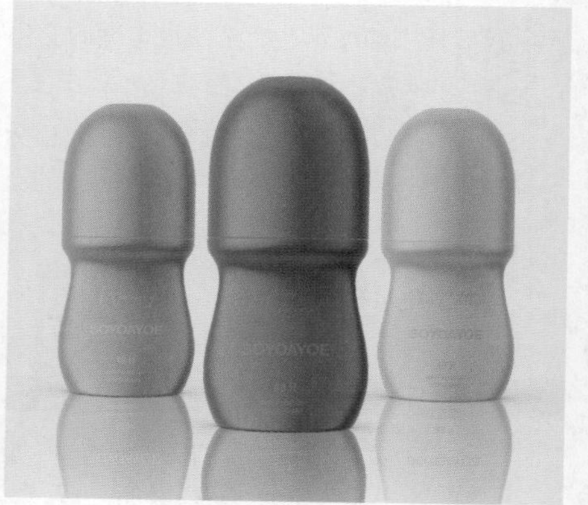

图7-37

» 组合法

组合法是指根据造型的“形式美”法则将两个或两个以上的基本型组合成一个新的造型。用组合法设计造型时要注意组合的整体协调性，用于组合的基本型种类不宜过杂，数量不宜过多，否则会使造型变得臃肿、怪诞。

如图7-38所示，这是一款便携式洗手液的包装设计。该包装采用了一个较为创新的瓶型，整体造型看上去就像一个水滴，与洗手液的清洁功能相契合。洗手液的出口设计在瓶子的底端，瓶子的下半部分是可旋转式设计，可通过旋转获取适量的洗手液。瓶子的顶部还有一个悬挂孔设计，方便悬挂。整个瓶子的设计都是从消费者使用方便的角度出发的，体现了该包装的人性化特征。

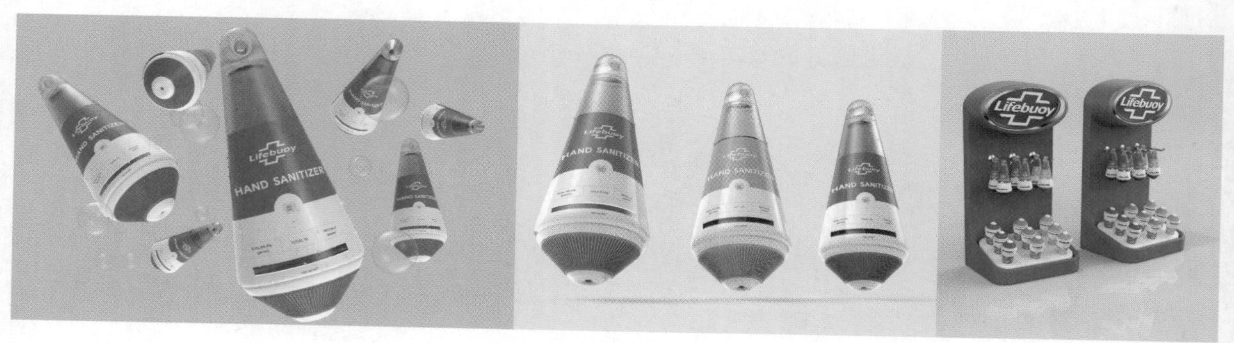

图7-38

如图7-39所示，这款酒包装的瓶型设计灵感来源于克里奥尔式建筑。两截式的瓶型设计，金色和蓝绿色的配色，以及上下两截不同透明度的对比都让整个瓶子看上去像是一个矛盾体，却又意外的和谐。

图7-39

» 透空法

透空法是一种对基本型进行穿透式切割，使基本型中出现洞或孔，从而达到一种不对称的形式美的造型方法。这种方法多用于大容量、大体积的包装设计，以实用原则为主，以审美原则为辅。

如图7-40所示，这是一款能量饮料的包装设计。该包装的设计灵感来源于运动和健身时使用的哑铃，瓶子顶部采用透空法设计了一个把手，既方便携带，又为产品增添了趣味感。

如图7-41所示，该饮料包装设计按照仿生原理重现了花朵的主要结构，将雌蕊概念抽象化为两升果汁瓶的形状。侧面的把手设计采用镂空法，在不改变花朵结构的同时，为消费者提供了便利。

图7-40

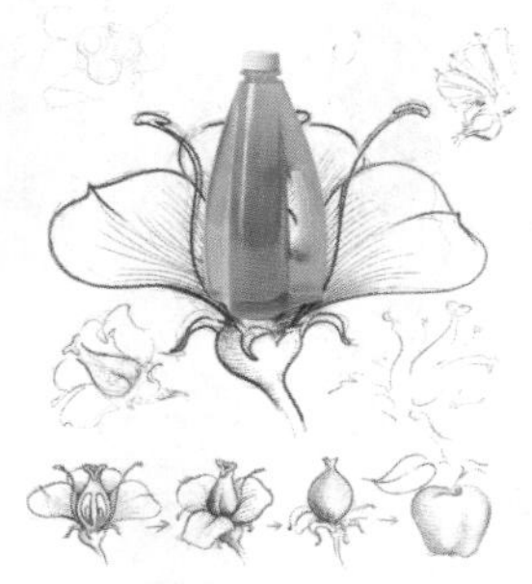

图7-41

» 线条法

线条法是一种在容器表层增加一些线条，使之产生丰富多变的视觉效果的造型方法。设计时可以根据实用性和审美需求对线的粗细、长短、曲直、疏密、凹凸、数量等加以选择，让这些线条既能美化包装形态，又能产生肌理质感。

如图7-42所示，这是一款杜松子酒的包装。该品牌以“从不同的角度看待世界”为理念，特别定制了这款可颠倒展示的瓶型。瓶身上的肌理线条起起伏伏，为包装增添了别样的质感。

图7-42

如图7-43所示，这是一款龙舌兰酒的包装，酒瓶的表面被线条切割成了大小不一的菱形，菱形的边、角看上去坚韧有力，暗示着该品牌是可靠的、可信赖的。

图7-43

» 装饰法

装饰法是一种在容器表层附加一些装饰性图形，从而渲染整个包装容器艺术氛围的造型方法。装饰图形既可以是具象的，又可以是抽象的；既可以是传统的，又可以是现代的。装饰法一般采用凹饰、凸饰或凹凸兼饰的手法，有时还会增加不同的肌理效果，为容器的造型增添神秘而浪漫的色彩。

如图7-44所示，该酒瓶椭圆形的瓶身上附着了精致的花纹和简洁的颈标，整个瓶型给人一种优雅感。

图7-44

» 模拟法

模拟法是指以自然形态或人工形态为设计依据来进行模仿创作，以得到生动有趣的包装容器造型。模拟不等于复刻，它是在原有形态的基础上加以概括、提炼并进行艺术化的意象处理，从而增强造型的感染力。

如图7-45所示，这是一款儿童沐浴露的包装。该包装瓶型设计成了一个黄色的潜水艇，将沐浴的过程变成一趟与船长、海鸥一同前往海底世界的旅行，充满童趣，有助于启发儿童的想象力。

图7-45

如图7-46所示，这是一款香水的瓶型设计。瓶身从左下角向右上角泛起一圈圈的波纹，不仅能让消费者产生一种动态延伸的视觉感受，还能在无形中产生一种嗅觉错觉，好似一滴香水滴落在水面上，带来淡淡的香味。

图7-46

如图7-47所示，这是一款基于仿生概念设计的蜂蜜包装，木质的蜂巢状外包装能比较直接地体现出蜂蜜的天然性。

图7-47

» 特异法

特异法与常规的造型设计方法不同，它是一种对基本型进行弯曲、扭转等非均衡化变形的造型方法。这种造型方法的变化幅度较大，和普通的基本型相比有较大的反差，其夸张的造型更符合追求时尚、个性及另类的群体的需求。采用特异法设计包装容器时要考虑加工技术和成本。

如图7-48所示，这是一款采用了特异法进行设计的包装容器，瓶型的设计灵感来源于曲线状的女性身体形态。这些弯曲的线条包裹着产品的核心部分，整个瓶子看上去像是一个雕塑，其弯曲的线条与金属光泽给人一种优雅感。

图7-48

如图7-49所示，该玻璃瓶上设计了锥形的透明花瓣，柔软的曲线边缘和多块面交错的瓶身设计打破了光线照射的常规路径，产生了特殊的光影效果。这款包装与目前市场上同类产品的包装相比更为精致、大方。

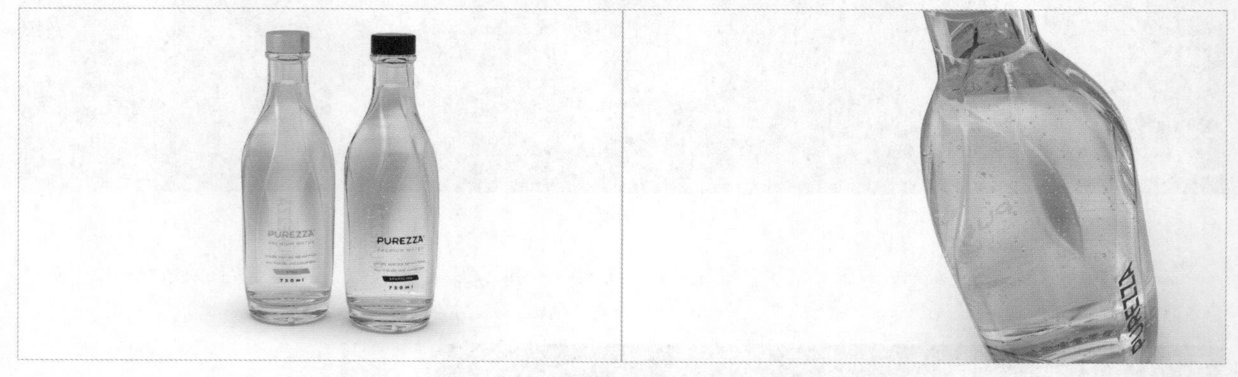

图7-49

» 附加法

附加法是指在包装容器的主要造型上附加其他装饰物件，为整体造型起到画龙点睛的作用。装饰物件包括小吊牌、结绳、丝带、金属链等。选择装饰物件时要考虑装饰物件的材料、形状、大小等是否与包装容器的造型形态协调统一。

如图7-50所示，这是某品牌威士忌2020年的限量版包装。酒瓶的顶部设计了一个骑士骑马奔驰的小雕塑，这一点睛设计使得整个酒瓶的造型更加别致，更具故事感。

如图7-51所示，金鼻子造型是这款酒的标志性视觉符号，品牌利用这一元素创造了一个想象中的动态画面，即将人的感官与美酒的芳香进行了融合，提升了包装的设计感。

图7-50

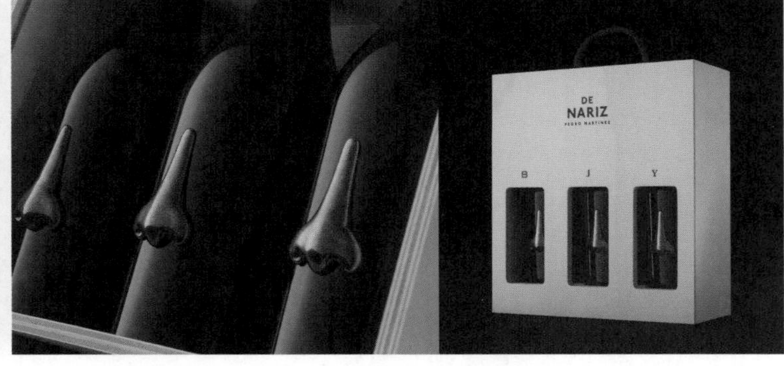

图7-51

7.2.3 包装容器造型的结构设计

包装的造型设计不是独立的，它必须与结构设计相互协调。造型与结构的关系就如同建筑的造型必须受框架结构的制约一样。包装的造型与结构是相辅相成且缺一不可的。

包装结构是指包装的不同部位或单元形之间的构成关系。包装的结构设计是从包装的保护性、便利性、复用性等基本功能和实际生产条件出发，对包装的内外结构进行优化设计，侧重于技术性、物理性方面的使用效果。随着新材料的研发与新技术的进步，包装结构也有了相应的发展，开始追求更合理、更实用及更美观的包装效果。

包装结构设计包括固定式与活动式两类。固定式包装结构主要表现为容器的造型结构或材料之间的相互扣合、镶嵌、粘接等。活动式包装结构主要表现在容器的盖部结构设计上，是包装结构设计中比较关键的部分。

» 包装容器的结构

包装容器的结构主要从以下5点来说明。

（1）口部结构。

包装容器的口部结构是装填、倾倒产品的通道，是容器的顶部用来承接瓶盖和密封容器的重要结构。口部结构往往根据产品特性或使用要求来进行设计。例如，液体包装容器的口部结构较小，便于倾倒。块状、粉末状和颗粒状产品的包装容器的口部结构较大，便于拿取。封盖设计也会影响口部结构的形状和大小。

如图7-52所示，该系列产品包装设计使用了可续填的广口瓶，且为了减少塑料浪费，瓶子和外包装都是由有机材料制成的。该品牌为不同质地的护肤品搭配了不同的口部结构，使包装更加人性化。

图7-52

如图7-53所示，这是一款护发产品的包装。护发类产品具有流动性，因此其包装容器通常选用按压式的口部结构，消费者可直接通过按压的方式取用产品，既方便快捷，又能减少浪费。

蜂蜜多采用罐型容器，消费者在食用时需要用到勺子，并不方便。如图7-54所示，考虑到蜂蜜的黏稠性，该包装设计采用了透明的软塑料瓶，瓶子的形状和外观设计类似于蜜蜂的腹部和尾部，消费者可直接通过挤压瓶身获取蜂蜜，非常便捷。

图7-53

图7-54

（2）颈部结构。

包装容器的颈部结构介于口部结构与肩部结构之间，多采取自口部向肩部逐渐延伸的过渡形式。膏状或颗粒状的产品会采用短颈设计，以方便拿取产品，流动性强的液体产品则会采用长颈设计，以减缓流速、控制流量。

如图7-55所示，该瓶型设计的灵感来源于葫芦果实，比较明显的特点是其修长的颈部结构，便于消费者在使用产品的过程中控制流量。这样的独特设计更容易给消费者留下深刻的印象。

如图7-56所示，该包装的设计灵感来源于夏日海边的沙滩风景，瓶子颈部设计了色彩鲜明的条纹标签，修长的颈部线条强化了条纹标签的视觉表现力。

图7-55

图7-56

（3）肩部结构。

肩部结构是颈部结构与腹部结构之间的过渡部分，与腹部结构共同构成包装容器的主体，其形状变化较为丰富。从增强容器承受度的角度出发，肩部结构采用斜肩的过渡形式可起到防塌的作用。设计师在设计包装容器的肩部结构时，不仅要考虑产品的实用性，还要考虑包装整体的美观性。

如图7-57所示，这个瓶子的设计灵感来源于图书的样貌。该瓶型笔直的肩部线条搭配竖直的瓶身造型，再配上复古的标签设计，使得整个包装看上去就像一本古老的书，似乎正在诉说品牌的故事。

如图7-58所示，这是一款橄榄油包装设计。由于品牌的Logo是一个倒过来的“T”字形，该包装瓶型也选择了类似倒“T”形的表现形式。为了方便倒出橄榄油，瓶子的肩部结构被设计成斜面的样式，整个瓶型就像是一个倒扣过来的漏斗。这样的设计与橄榄油的流动性特质相贴合，能给消费者提供更好的使用体验。

图7-57

图7-58

（4）腹部结构。

腹部结构是影响容器造型的比较重要的部分，它是包装的主体，是容器的肩部、颈部及底部结构的基础。腹部结构的设计要考虑容器的容量、材质的稳定性、成型工艺等多方面的因素，其外形的弧度变化不宜过大，要保持整体造型的流畅感。此外，腹部结构的设计还要与标签的尺寸、形状相适配。

如图7-59所示，这种圆而扁的瓶型因腹部结构较薄更便于消费者挤压出产品。瓶身上半部分的突起设计便于握持，可以减少瓶子滑落的情况，较为宽阔的底部设计则便于稳定放置。

如图7-60所示，这是常见的家用清洁类产品的容器造型。家庭装产品的容量较大，所以这类包装容器大多数会采用圆润的腹部结构，并结合品牌的个性加以变形，让包装容器在保有体积感的同时不失特色。

图7-59

图7-60

如图7-61所示，该瓶型矮而粗的腹部结构使得整个包装看上去很饱满，从视觉上给人一种随和、友好的感觉。

图7-61

（5）底部结构。

底部结构是产品重心的落脚点，对整个包装起到支撑作用。平稳性好、强度大是合理的底部结构设计的基本要求。如图7-62所示，该酒包装设计风格复古，窄小的瓶底是这个酒瓶的特色，它让整个包装显得更精致。

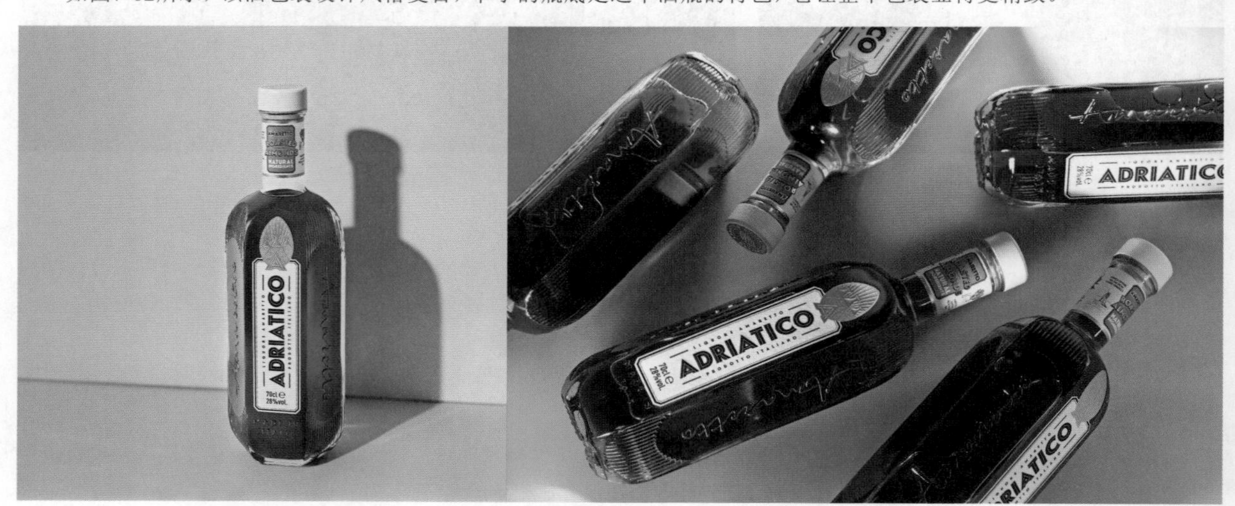

图7-62

如图7-63所示，这款瓶身上的几何浮雕设计现代感十足，底部的凹槽设计可以让瓶子放置得更稳。

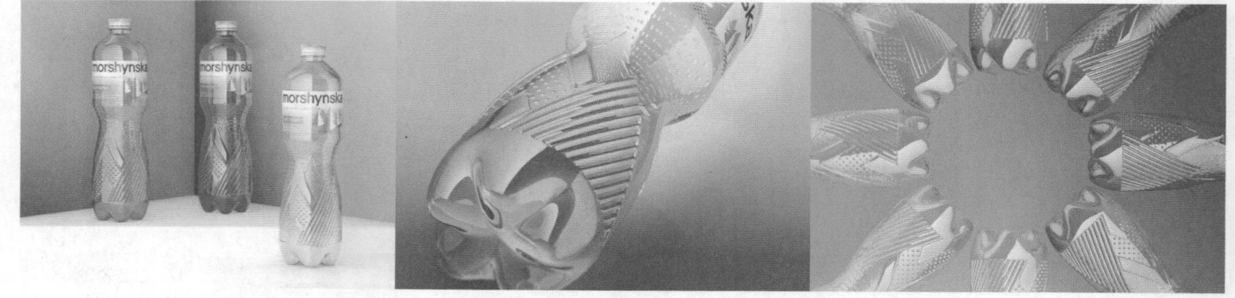

图7-63

如图7-64所示，不同于一般发胶产品所采用的圆柱状罐型的包装容器，这款发胶产品包装采用了一种底部结构向上凸起的容器，让整个包装看上去动感十足。

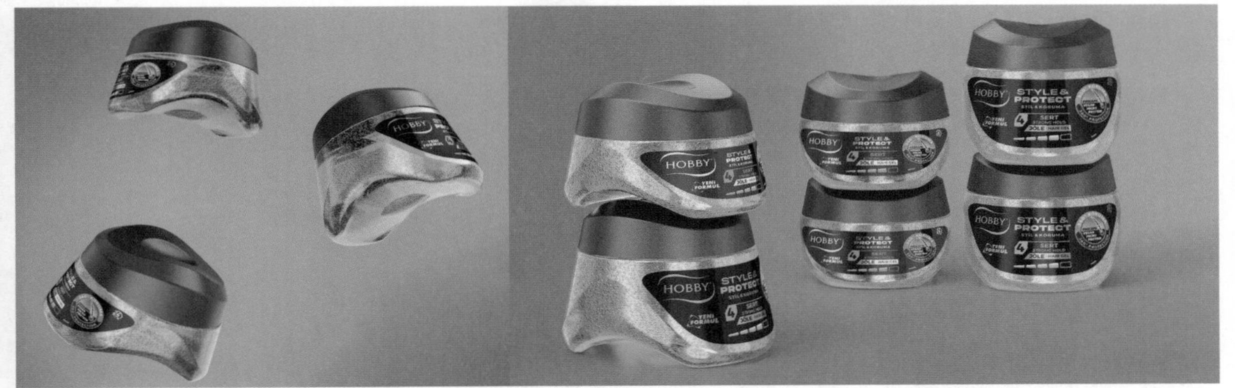

图7-64

» 包装封盖的结构

封盖不仅能保护容器内部的产品，还能作为产品的宣传展示部位，符合人性化包装设计需求。封盖结构设计包含三大类。

（1）普通密封盖结构设计。

冠形瓶盖亦称王冠盖，是一种带有21~24个波褶的浅型金属盖，由镀锡薄钢板或镀铬薄钢板冲制而成。

如图7-65所示，该酒瓶采用了金色的冠形瓶盖。冠形盖常用于酒类饮品的包装瓶，以防止酒精挥发。

快旋盖亦称凸耳盖，盖裙下边缘呈内卷状，形成向里凸出的、等距离分布的耳状凸台。快旋盖一般由马口铁、薄钢板或硬塑料制成，常用于封盖酱汁类、粉末状和颗粒状食品。

如图7-66所示，这类产品的包装通常会使用玻璃瓶搭配马口铁快旋盖，能防止瓶子漏气，从而尽可能地使产品保鲜。

图7-65

图7-66

螺旋盖是较为常见的一类密封盖，它是通过与瓶口处的螺纹相啮合来实现密封的，一般有塑料螺旋盖和金属滚盖。

如图7-67所示，这款有机饮料的瓶子参照了老式的果汁瓶设计，并搭配了金属螺旋盖，给人一种复古的感觉。

图7-67

如图7-68所示，这是一款乳制品的包装，该包装设计采用了一种新颖的、易于饮用的瓶型，并搭配了塑料螺旋盖，方便消费者随时饮用、储存或携带。

图7-68

撬开盖是一种预先成型的金属盖，当把这种金属盖压扣在玻璃瓶口时，金属盖的内衬会与玻璃瓶的瓶口紧密接触，从而实现密封。采用了撬开盖的包装一旦开盖后是无法将盖子复原的。

如图7-69所示，这款食品的包装采用了撬开盖设计，虽然这种设计会让产品更加安全，但开盖后不能复原，所以需要及时食用。

图7-69

塞盖是一种利用将木塞塞进瓶口时所产生的径向压缩力和摩擦力来实现密封的封盖结构，大多采用软木、弹性塑料、橡胶等材料制成。

如图7-70所示，这是一系列红酒的包装，每个红酒瓶都配有一个球形软木塞。从实用性上来讲，该软木塞可重复使用，且便于开合；从视觉效果上来讲，软木塞的设计使该系列包装具有统一性。

图7-70

如图7-71所示，黑色的陶瓷瓶子搭配软木塞，在方便保存产品的同时还赋予了产品个性与质感。

图7-71

（2）安全盖结构设计。

防盗盖是一种用于保护产品安全的安全盖，通常会在封盖结构上增加阻止非法开启与盗用内部产品的设计。防盗盖又分为扭断式防盗盖、撕拉箍防盗盖、组合式多功能防盗盖、热封性防盗盖和封闭薄顶式防盗盖。

如图7-72所示，这是一种不能重复使用的安全盖结构设计，通过拉环将盖子拉开后，无法根据原样将盖子盖严。这种安全盖可以保证产品在消费者使用之前不被开启，是产品安全性的一种体现。采用这类封盖设计的产品通常分为两种情况：一种是包装容量小且无须配备可循环使用的封盖结构，如小罐水果罐头；另一种是包装容量大且配备了额外的封盖结构，如罐装奶粉。

图7-72

如图7-73所示，这是杯装酸奶较为常见的安全盖形式，既能保鲜，又能防止包装漏气。

图7-73

有些安全盖是针对儿童不适宜接触的产品而设计的功能性瓶盖，常见的有暗码盖、塑料压旋盖、挤旋盖等。这类安全盖会根据儿童的智力和力量特点来进行设计，让儿童在短时间内难以掌握开盖的方法，或受限于力量而无法开盖。

如图7-74所示，这是一款除臭剂的系列包装。在使用该产品时需要根据箭头的指示方向旋转黑色的盖子才能露出喷口。这种安全盖设计可以防止儿童在不知情的情况下将液体喷出，从而避免化学物质带来的伤害。

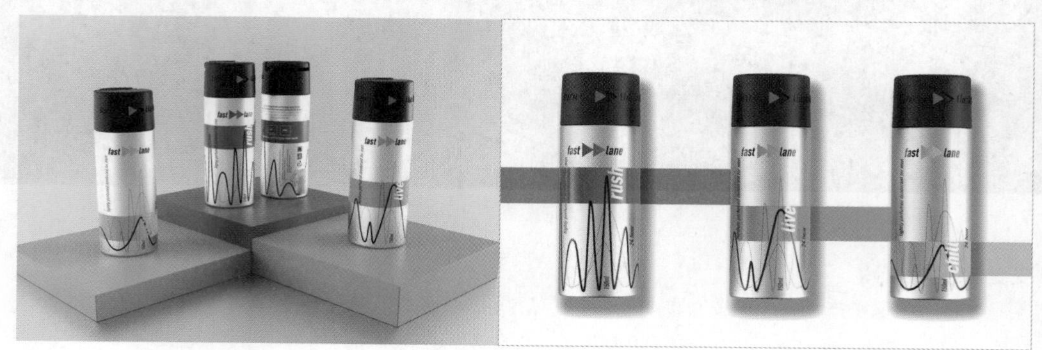

图7-74

（3）方便盖结构设计。

方便开启盖是一种以开合方便为目的的封盖，常见的有针盖、推拉盖、铰链盖、肘节式转动盖等。

方便盖结构设计常用于净含量较少的洗发产品包装，如图7-75所示。

方便取用瓶盖是一种以方便取用容器内的产品为目的的封盖，常见的有控流盖、涂敷盖、分配盖、滴液盖等。

如图7-76所示，这是一款精油的包装。该包装采用了滴液盖结构，方便消费者将产品从瓶中吸出再滴到手心。滴液盖非常适合精油这类有一定黏稠度的液体产品。

图7-75

图7-76

包装结构的设计原则

包装结构的设计原则主要有保护性、便利性和经济性这3点。

（1）保护性原则。

每件产品都有各自的性质、形状和重量，产品演变成商品需要经过包装、装卸、运输、储存和销售这一系列过程。为了保证产品安全地到达消费者手中，设计师在设计包装结构时，应将包装结构对于产品的保护性作为设计的基础，如结构与材料是否匹配、结构强度是否达标、封口是否合理、抗阻性是否有效等。

如图7-77所示，这是一款康普茶的包装。包装的瓶口采用了螺旋盖结构，并搭配了简洁的封口贴设计。这种双重性密封保护能够让消费者放心饮用。

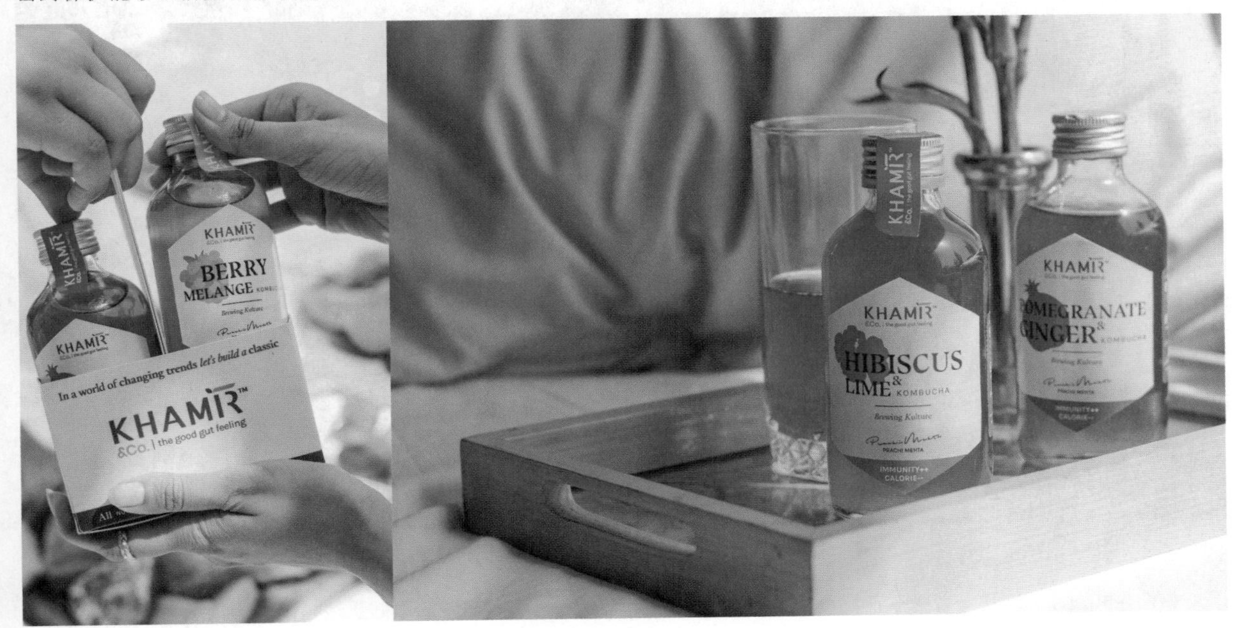

图7-77

（2）便利性原则。

包装结构的设计不仅对制造工艺有所要求，还要让拉、按、拧、盖等方面尽可能符合人体工学。例如，在瓶盖周围设计一些凸起的点或线条，可以增加摩擦力，以便于消费者开启瓶盖。一个设计巧妙的提手或适合的盖子不仅会提升包装的便利性，还会影响人们的生活方式，增加轻松、愉悦的情绪。

如图7-78所示，这是一个含有天然成分的多用途清洁产品的系列包装。该系列包装采用了多种类型的封盖结构，如按压式封盖结构，通常情况下按压一次就足够单次使用。

图7-78

如图7-79所示，该系列包装的特色就是旋钮盖设计，消费者可以通过旋转盖子倒出香料。盖子有两种不同的类型，旋转彩色的盖子即可打开并能倒出香料，而旋转黑色的盖子可研磨瓶内的香料。

图7-79

如图7-80所示，这是一款护肤产品的系列包装。该系列包装根据不同产品的不同质地搭配了不同的瓶身和瓶盖，方便消费者使用，体现出“以人为本”的品牌理念。

图7-80

(3)经济性原则。

包装结构设计离不开对材料的选择和对新技术的应用，因此包装结构设计还必须考虑材料的经济性，力求最大限度地降低成本。在包装结构设计中以经济性为原则的典型案例如“一纸成型”的可折叠式纸盒，如图7-81所示。这种巧妙的结构设计不仅能降低耗材成本，还能降低运输、仓储等流通成本。

图7-81

实战解析：“椰野”椰汁包装

项目名称 “椰野”椰汁包装设计

设计需求 与市场上的同类产品包装区分开，体现椰汁天然的品质

目标受众 以年轻人为主的、热爱分享的消费群体

设计规格 设计形式：利乐包装盒；分辨率：300dpi；颜色模式：CMYK；印刷工艺：四色印刷；销售方式：线下销售

“椰野”新包装采用了铅笔插画，旨在表现椰汁的纯真品质，正如该品牌的初衷——把最好的产品带给消费者。包装的主体色采用了椰汁的本色——白色，包装正面的字体采用了烫金工艺。浅金色、白色和铅笔灰色呈现于同一版面，给人一种优雅、纯净的视觉效果。包装上印有一个显眼的“椰”字红色印章，看起来简洁而精致。整个包装给人一种“无欲无求”的平静感，就像椰汁的品质一样，简单、纯净且美好。

“椰野”椰汁的系列包装有两种不同的利乐包装盒型。一种是适用于盛装小容量椰汁的一次性利乐包装盒，其顶部有一个用于插入吸管的圆孔，如图7-82所示。一次性利乐包装盒适合单人单次饮用，消费者在饮用完椰汁后，还可将包装盒两侧和底部的边角拆开并将包装盒压扁以减少回收的空间占用。

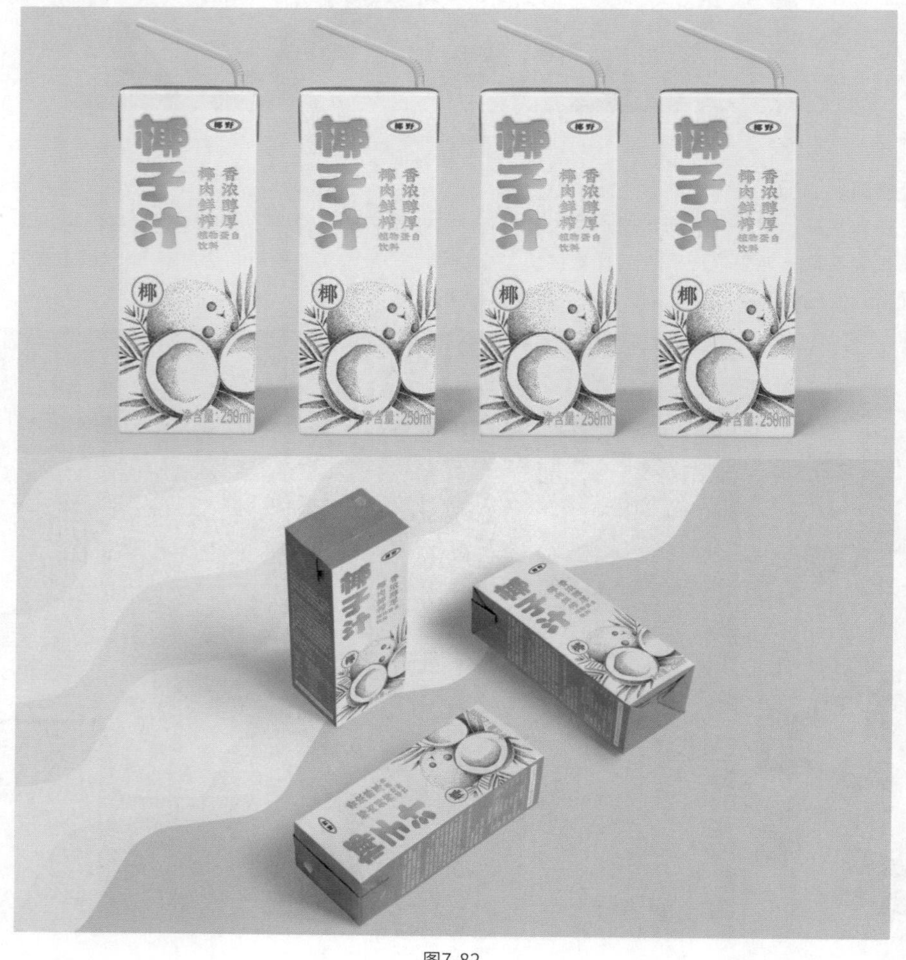

图7-82

另一种是分享型的大容量利乐包装盒，其顶部有一个螺旋盖，便于保存没有喝完的椰汁，如图7-83所示。

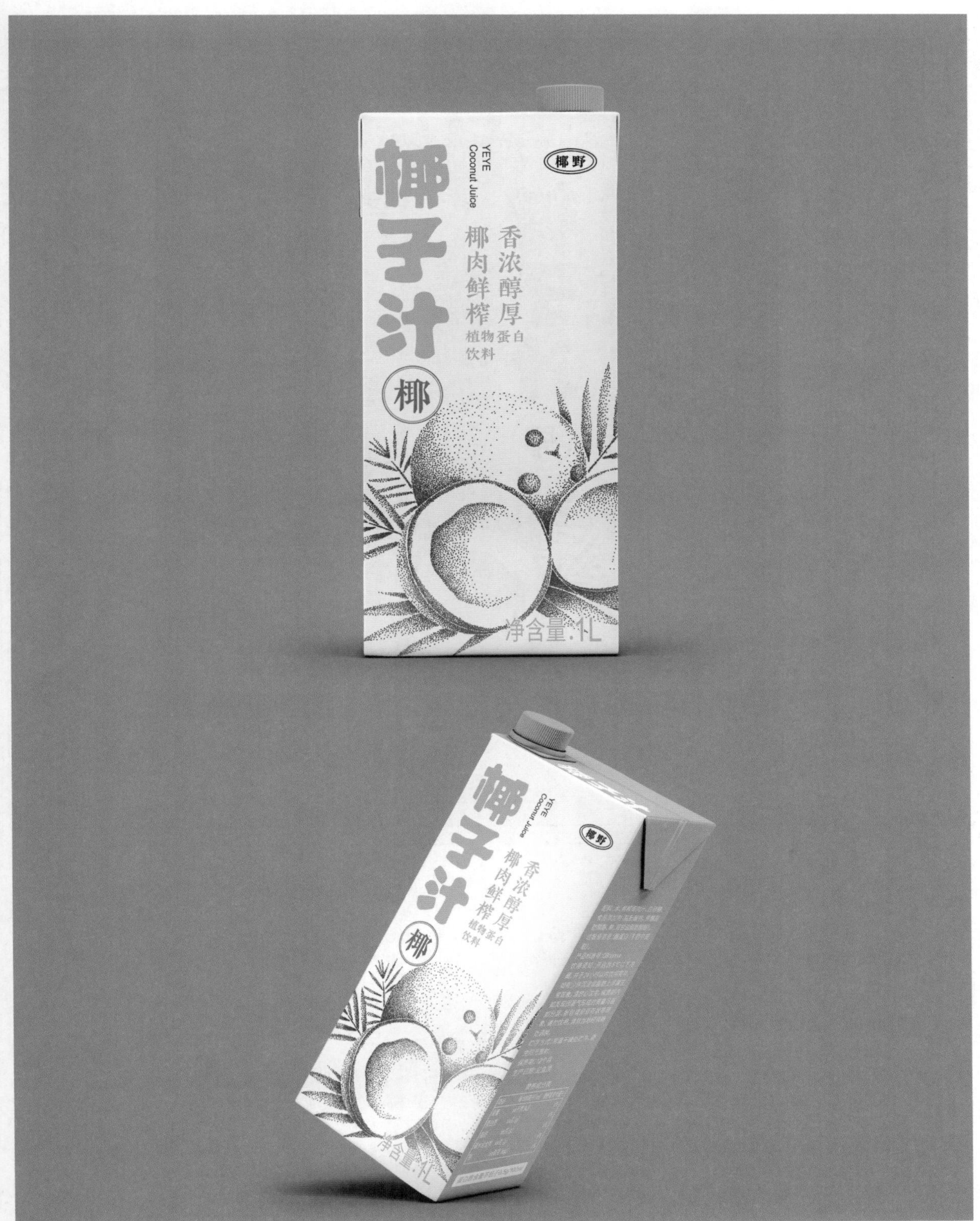

图7-83

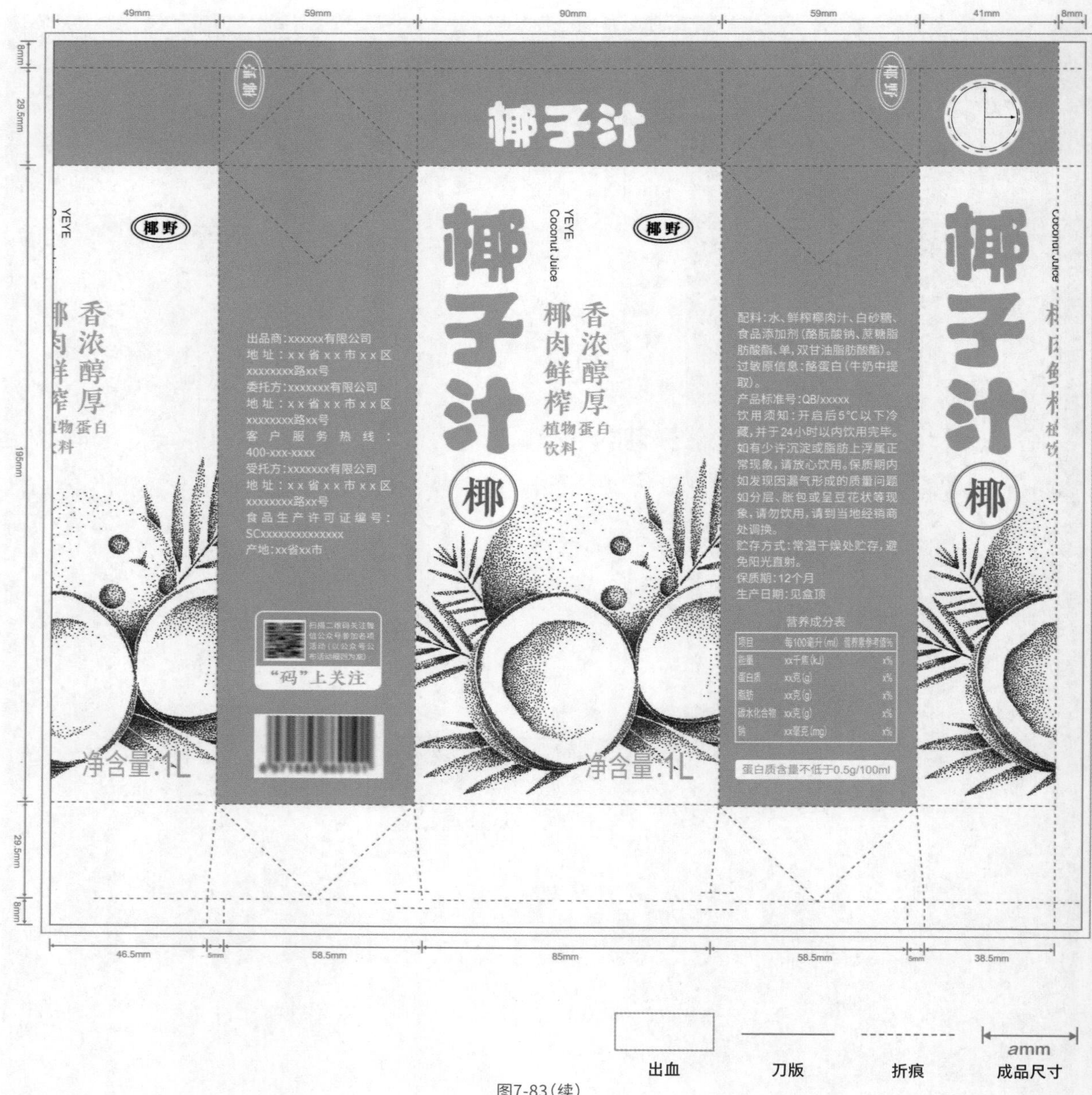

图7-83(续)

你问我答

问: 如何选择正确的包装容器?

答: 设计师要全方位地考虑产品的包装设计。通常情况下品牌方需要考虑的主要是产品包装各方面的成本问题。而设计师则需要考虑包装设计、产品展示、消费者使用体验、运输、保存、成本等多个问题。设计师面对不同性质的产品时需要有全面的考量,目光不能仅仅停留在美观度上。例如,虽然近几年出现了很多采用玻璃瓶和塑料瓶的牛奶包装,但利乐包装仍然是牛奶这类液体产品的主要选择。利乐包装是一种用于全无菌生产线的复合纸质包装,常用于液体食品(如牛奶、果汁等)的包装。利乐包装不仅可以冷藏保鲜,还可以回收再利用。由于利乐包装盒的结构特点是可以通过展开边角来压平包装盒,因此利乐包装还可以减少回收所占用的空间。所以设计师在选择包装容器时需要将目光放长远,要多做市场分析和调查研究,切勿随波逐流。

第8章

08

包装设计是品牌传承的载体

在当下品牌竞争激烈的环境中，为了让企业发展得更快、更好，让产品能更快、更多地销售出去而进行的一系列策划与设计即为品牌包装设计。

在当下社会，随着生活和工作节奏的加快，大多数人的时间都呈现“碎片化”趋势，人们每天接收到的信息多如牛毛。在这种状态下，如何向目标消费群体传达产品的核心卖点，如何制造在较长时间里能被消费者记住的品牌记忆点，这是品牌方实现品牌传承所需要解决的核心问题。对此，本章从4个方面来探讨如何在包装设计上体现品牌传承。

8.1 品牌系列化包装设计

系列化包装是现代包装设计中应用较为普遍与流行的包装形式之一。它是将同一品牌下的不同产品以一种具有共性特征的形式来进行统一设计，例如，统一采用特殊的包装造型，或者在色调、图案、标识等方面进行统一设计，最终形成一个较为固定的视觉印象。

系列化包装既有多样的变化美，又有统一的整体美。这类包装的陈列效果较好，容易被识别和记忆，利于加深消费者对品牌的印象。品牌系列化可以缩短包装的设计周期，便于新产品的开发。

8.1.1 为什么会产生系列化包装设计

随着设计软件应用范围的扩大和设计师设计水平的提高，包装设计开始朝彰显个性的方向发展，这对现代化包装设计有一定的影响。新机械、新技术的出现及产品的多样化生产使得包装设计呈现系列化、全球化的发展趋势。消费者的消费心理越来越与文化紧密相连，这要求包装设计师要从文化层面如产品内涵、服务理念、企业文化等对消费者的消费心理做出更为科学的分析，要在对市场进行细分的基础上确立合适的市场营销策略，采用系列化的包装设计，让包装为品牌和产品说话。

» 品牌的平行扩张

在现代市场上，品牌方致力于向消费者提供识别性更强的系列化产品包装，新产品的开发呈现出速度快、时间短、收效高的特点。以食品行业为例，人们对食品消费的需求呈现多规格、多样化及特色化的发展趋势，因此食品加工行业渐渐将更多的注意力投向了更为灵活与生动的包装线开发上。

如图8-1所示，该品牌将奶牛的卡通形象作为品牌形象，将奶牛与冰激凌建立联系，并且将不同冰激凌的包装形式和口味做了平行衍生，如甜筒、冰棒及不同净含量的碗装冰激凌，这让消费者有了更多的选择空间，满足了消费者更多的需求，有助于增强消费者对于品牌的黏性。

图8-1

» 先进的包装技术

随着社会生活方式的变化，消费者对于产品包装的要求越来越高，品牌方需要针对不同的场景为产品搭配不同的包装。此外，社会对环境保护的要求越来越高，消费者的环保意识也越来越强，因此更多的品牌开始贯彻“以人为本”的理念，从包装技术、包装材料、包装结构设计等方面入手，致力于设计出更人性化的产品包装。

如图8-2所示，该品牌的食材是人工种植的有机食材，包装所用的餐盒则是由可生物降解的甘蔗和玉米淀粉制作而成，搭配简洁的标签设计，真正将环保理念贯彻落实到整个品牌。

图8-2

» 消费者的消费心理

在货架上，系列化的产品包装通常会占据大面积的展示空间，具有较强的视觉冲击力。好的系列化包装设计不仅要有整体美和规则美，还要有强大的信息传达力。好的系列化产品包装可以吸引消费者对产品进行识别与记忆，从而达到提升产品的市场竞争力、促进产品销售及扩大品牌影响力的目的。

对于消费者来说，系列化产品能让消费者拥有更多的选择，统一化的包装视觉效果则能给予消费者一定的心理暗示，提升消费者对产品和品牌的信赖感。

如图8-3所示，该品牌将“GO”一词作为其系列包装的核心标语，并将4款不同口味的饼干进行了兼具互动性与趣味性的设计，再加上色彩饱和度一致的配色方案，会让消费者在第一眼看到该系列包装时就被吸引住。

图8-3

如图8-4所示，这是一款意大利面的系列包装。该包装设计将食材直接呈现在包装上，并设计了透明开窗，以便消费者能够直接看到面食的不同造型。消费者可以根据自己的喜好进行选购。

图8-4

8.1.2 品牌系列化包装设计的优势

由于品牌系列化包装拥有独特的营销优势，有利于树立品牌形象、提升产品的竞争力，因此受到了许多企业和设计师的重视。品牌系列化包装设计的优势具体可以从增强品牌效应、增强视觉效果、提升品牌影响力和增强品牌销售力这4点来进行分析。

» 增强品牌效应

当市场中出现某类热销产品时，往往会出现大量品牌扎堆模仿的情况，导致同类产品之间的差异化缩小，同时降低了品牌的识别度。由于很多通货产品本身的特点不够明显，品牌形象就变得格外重要。由于品牌形象是一种反复出现在消费者眼前的、较为统一的形象，一个让人印象深刻的品牌形象对增强品牌效应有着不可忽视的作用。

在品牌形象策略中，系列化包装设计的“六大统一”（即品名统一、商标统一、装潢统一、造型统一、文字统一及色调统一）能较为有效地强化产品的视觉效果。

随着社会生产水平的不断提高，产品类型越来越丰富多样，再加上市场竞争日趋激烈，包装在广告宣传上便发挥了越来越重要的作用。系列化包装有较强的信息传播力，能产生引人注目的视觉效果，在塑造品牌形象、增强品牌效应上也能发挥较大的作用。因此品牌系列化包装设计实际上是对产品的二次投资，有助于提升产品附加值。

如图8-5所示，不同于传统的围脖包装，这款围脖被套在一个考拉形状的立板上。不同颜色的围脖配合相同的考拉立板，看上去就像是一群围着不同围脖的考拉宝宝，给人温暖的感觉，有助于增强品牌的亲和力。

图8-5

如图8-6所示，这款黄油系列包装设计采用了统一的视觉元素，即统一的绿色配色、黄油与面包的组合图形，而在包装规格与包装形式上则进行了多样化设计，便于消费者选购。

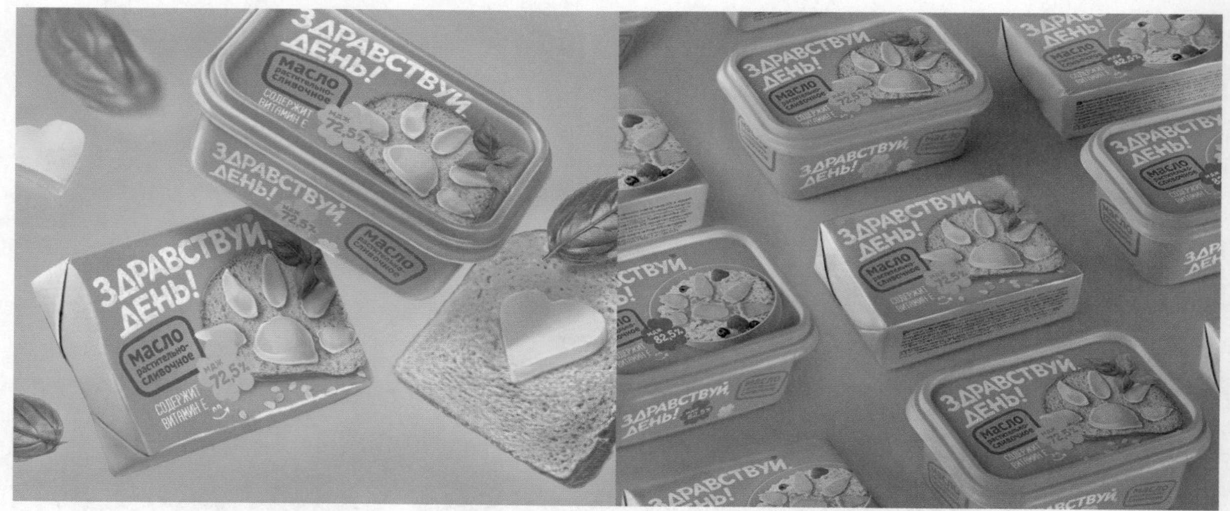

图8-6

如图8-7所示，这是4款不同香味的清洁剂的系列包装。该系列包装设计在视觉上采用了相同的瓶型、相同的标签形状、与清洁剂相同颜色的标签色，以及相同的排版形式来达到系列化统一的效果。

图8-7

» 增强视觉效果

系列化包装一般是为品牌某系列产品量身定制的包装，通过色彩、形态、大小、图像等的变化对同一品牌或拥有同一标志的产品进行包装设计，并将产品整齐有序地呈现在消费者眼前。系列产品包装拥有较强的整体性视觉效果，可以提升消费者对产品的辨识度，从而在市场竞争中占有更大的优势。

如图8-8所示，为了表现果蔬汁的原料和新鲜度，该系列包装设计将每种口味果蔬汁原料图像进行组合并设计成了森林里不同的小动物形象，搭配统一的黑色背景，让整个包装显得生动有趣。

图8-8

如图8-9所示，该品牌系列包装设计的特点是利用夸张的表现手法突出产品的原料。该包装设计有针对性地选择了适合产品属性的颜色，利用彩色与黑白照片的强烈对比突出产品的魅力，消费者很容易被彩色的产品图像吸引，从而快速地找到需要的产品。产品与黑白照片的结合还为品牌增添了故事性，整套系列包装就像在讲述一个个有趣的故事。

图8-9

如图8-10所示，这是一种含有香薰精油的护理产品，主要由植物成分制成。包装上由简单的树叶和水滴图案组成的品牌标识传达了“天然”这一理念。该系列包装设计在瓶身和瓶盖的颜色上做了相应变化，既便于区分不同的产品，又能让整个系列包装在视觉上统一且不失个性。

图8-10

» 提升品牌影响力

系列化包装设计有助于提升品牌的影响力，是引导企业实施“名牌战略”的立足点和出发点。企业实施“名牌战略”要有科学的方法，首先要为某个特定的品牌确定适当的市场位置，其次要为该品牌选定一个便于成长与发展的市场空间，最后要让产品在消费者心中占领一个有利的空间。

如图8-11所示，该系列产品是天然果酱，系列包装设计分为两个部分——瓶盖和瓶贴。瓶贴采用了相同的排版方式和不同的手绘果酱原料插画，而瓶盖则采用了统一的颜色和设计。整组包装给人浓浓的天然、可口的感觉。

图8-11

如图8-12所示，该系列包装设计通过不同的手绘插画讲述茶叶流传的故事，并将“丝绸之路”的概念融合在内。整套包装设计都采用了包围式主体设计，手绘插画精美，风格统一，带有浓厚的茶文化韵味。

图8-12

» 增强品牌销售力

系列化包装设计有助于增强品牌的销售力，具体来讲，系列化包装往往以组合产品的形式出现在消费者的视线中，能为消费者提供更多样的选择。而当这样一组带有整体性与统一性视觉效果的产品反复出现在消费者的视线中时，产品和品牌的整体形象自然会给消费者留下深刻的印象。

如图8-13所示，这是一系列速冻蔬果的包装设计。包装袋的右侧采用摄影图像的表现形式来展现内部产品，在货柜中进行展示时，色彩鲜艳、富有动感的蔬果摄影图像能快速吸引消费者的目光。

图8-13

如图8-14所示，该系列包装设计以冰激凌的颜色作为色彩搭配方案，缤纷的色彩为产品赋予了活力。冰激凌球是包装的视觉重心，围绕着冰激凌球的水果和浆果图像表示不同口味，便于消费者选购。

图8-14

8.1.3 品牌系列化包装设计的原则

在日常生活中，多种多样的产品给了消费者更多的选择，也正因如此，产品的个性和特色就变得尤为重要。

系列化包装设计作为品牌建设过程中的重要策略之一，在塑造品牌形象、扩大品牌影响力、增强品牌销售力等方面发挥着不可忽视的作用，而在面对如何既能保持系列包装效果的统一性与整体性，又能赋予不同产品一定的差异性与独特性这两个问题时，还需要遵循一定的设计原则。

品牌系列化包装设计的原则主要有两点。

» 统一性原则

品牌系列化包装设计的统一性原则是指品牌的视觉形象要符合大众的审美标准，同时要与系列化包装的设计要素相贴合。常见的是统一标志，标志在视觉形象中非常重要，它是企业形象的代表。除统一标志设计外，包装上的字体、图像、色彩等都是能构成系列化包装设计的元素。在同一系列包装设计中，不管是运用色彩的变化、大小的变化还是结构的变化来区分产品，设计风格始终都要保持统一。

如图8-15所示，不同于常见的乳制品包装，为了强调产品原料的单一性，该系列包装采用了简洁的表现手法，只设计了简单的图形和文字，对不同口味和不同质地的乳制品采用了同样的设计模式，让整个系列包装的视觉效果达到了统一，具有良好的产品导航性，在货架上能产生强烈的视觉冲击力。

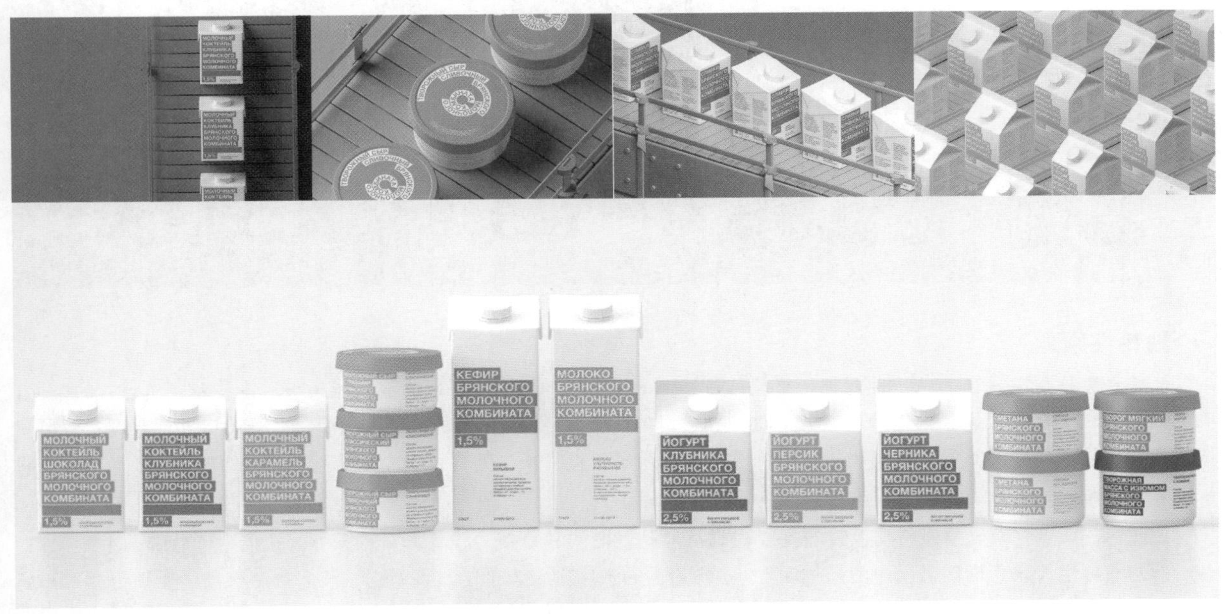

图8-15

如图8-16所示，该系列包装采用的主色调是灰色和黄色，形成中性色和动态色的对比，明亮的黄色在灰色的衬托下显得尤为醒目。整个系列的包装采用统一的视觉设计，并根据不同的产品形态匹配适合的盒型，既呈现出统一的视觉效果，又表现出产品的多样性。

图8-16

如图8-17所示，该系列包装采用了极简的设计风格，将产品的轮廓直接表现在包装盒的正面，搭配简洁的产品功能性文字，在方便消费者根据需求选购的同时，又保持了系列包装风格的统一性。

图8-17

» 独特性原则

品牌系列化包装设计的独特性原则是指保持统一性的基础上，要让同系列的不同产品通过包装表现出独有的个性，以达到丰富包装视觉效果和为消费者选购提供便利的目的。常见的是利用图像来表现独特性，例如，通过插画、摄影图像来表现产品原材料的差异。也可以根据不同产品的使用场景选择不同的容器类型或容器规格，例如，可口可乐有不同规格的塑料瓶、易拉罐等包装。

如图8-18所示，这一系列药物包装的主要视觉符号是以曲线和直线为设计基础的数字，它也是该品牌的主要标识。小点前面的数字代表药理学类别中的药物编号，小点后面的数字则代表剂量。该系列包装为每个药理学类别分配了相应的颜色，以便组织每个类别中的所有药物。消费者可以根据颜色、编码和编号区分药物和剂量。该系列包装设计传达出了一种将技术与客户服务相结合的理念，为消费者和药品销售人员提供了便利。

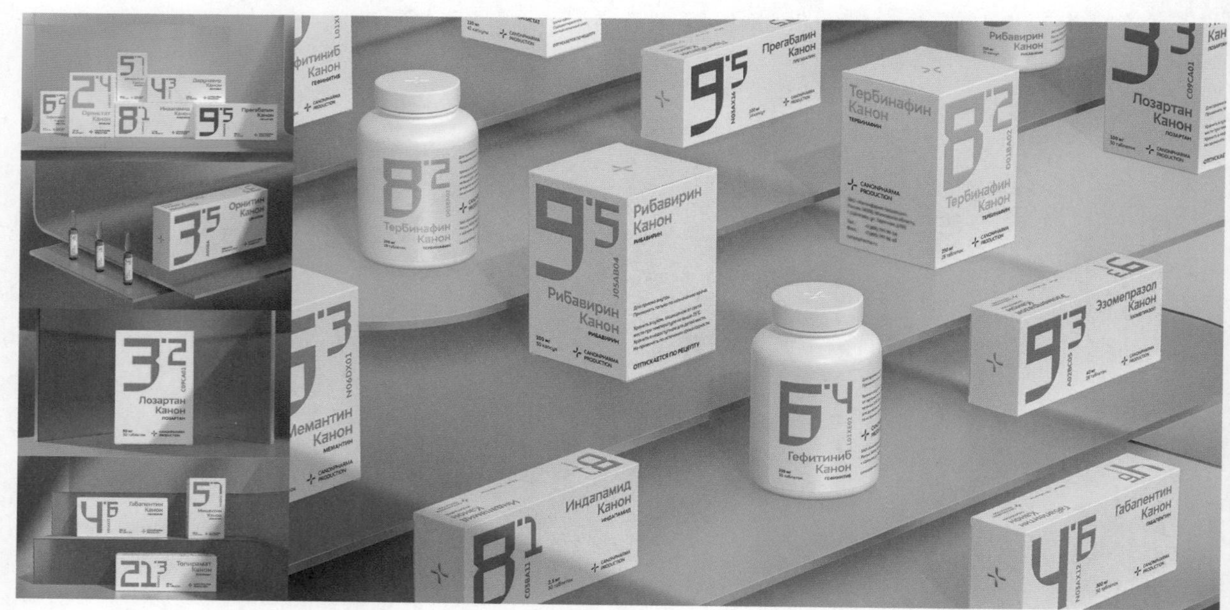

图8-18

如图8-19所示，针对饮用牛奶之后会腹胀的人群，该品牌推出了质感轻盈且对胃友好的坚果奶。该包装设计将坚果奶的原料以热气球的形象展现出来，隐喻着产品的轻便性，而不同样式的热气球则代表着不同口味的坚果奶。

图8-19

如图8-20所示，这是一组以父爱为主题的系列包装设计，包装采用了统一的色调和插画表现形式。根据不同的产品特性和使用方式搭配了不同的瓶型，并且配合不同的产品画出了不同的使用场景插画。

图8-20

8.2 品牌包装设计升级

哪里有消费者，哪里就有品牌。性别、年龄、文化背景、民族等因素影响着人们的喜好，针对不同的客户群体，产品包装形式也应相应变化。随着时代的发展，流行元素在不断地变化，消费者的审美水平也在不断地提升，因此品牌需要及时更新包装以适应不断变化的潮流。

8.2.1 明确包装升级的目的

品牌包装升级的最终目的是提升品牌形象，加深消费者对品牌的印象。品牌是消费者情感的结晶，是消费者对产品的情感载体，它存在的基础和意义与消费者的情感需求息息相关、环环紧扣。

包装是使品牌在货架上脱颖而出的重要因素，是消费者识别产品的关键点之一。对于新成立的品牌来说，短期内的重大变化可能会使其在消费群体中失去知名度，但是好的改变对品牌的发展是有益的。

自1912年以来，“OREO”（奥利奥）就受到了众多消费者的青睐，时至今日它仍然是影响力非常广的品牌之一。“OREO”的包装变化是比较大的，其发展历程也多次被当作包装升级的优秀案例讲解和展示，如图8-21所示。

1912年

1931年

1951年

1963年

1998年

2012年

图8-21

回顾“OREO”包装的更改，我们能够发现每个版本的包装设计中都存在一些关键的相似之处，例如包装上的“OREO”徽标和饼干的外观图。在“OREO”包装更新换代的过程中，饼干图像基本没有改变或删除过，该饼干形象已经成为“OREO”包装的关键标识。

如图8-22所示，拥有150多年历史的“HEINZ”（亨氏）多次进行包装升级。新包装保留了品牌标志性的梯形，以更统一的视觉表现形式将各类产品包装串联了起来。这个识别度较高的梯形虽然一直用在“HEINZ”的不同产品上，但旧版包装在视觉感受上并不统一。总体来说，新包装上的品牌标志的视觉表现更清晰，图形更简洁，色彩更丰富。独特的标志是品牌能够在不同渠道进行有效传播的关键。

图8-22

8.2.2 如何进行产品包装升级

产品包装升级要有明确的、有效的策略，在确保适合的基础上让品牌形象更加立体、鲜明，拉开与同类竞争品牌的距离。对于日常性购买的快速消费品，消费者讨厌变化，因此在升级快速消费品的包装时，要保留一定的视觉标识，熟悉的视觉标识既能避免流失老客户，又能吸引新客户。当然，若旧的视觉标识不符合当下的品牌定位，则应考虑更新标识。

接下来，从3个方面来具体讲解如何进行产品包装升级。

» 塑造、保留、筛选记忆符号

塑造、保留、筛选记忆符号是为了提升产品或品牌的识别度。符号是一种象征物，用来代表某些特定事物，它承载着交流双方发出的信息。符号具有识别功能、信息压缩功能和行动指令功能。

创建品牌符号是区分产品的基本手段，包括名称、标志、基本色、口号、象征物等，这些符号元素形成了一个统一的视觉识别系统并对消费者产生影响。品牌符号是形成品牌概念的基础，在品牌与消费者的互动中发挥着重要的作用。

如图8-23所示，该品牌重新创造了一个独特、明亮、富有表现力的品牌形象。新包装有助于将消费者的注意力集中在产品的品质上，包装核心部位的水彩条纹则为品牌制造了记忆符号，结合透明开窗，既美观又便于消费者选购。

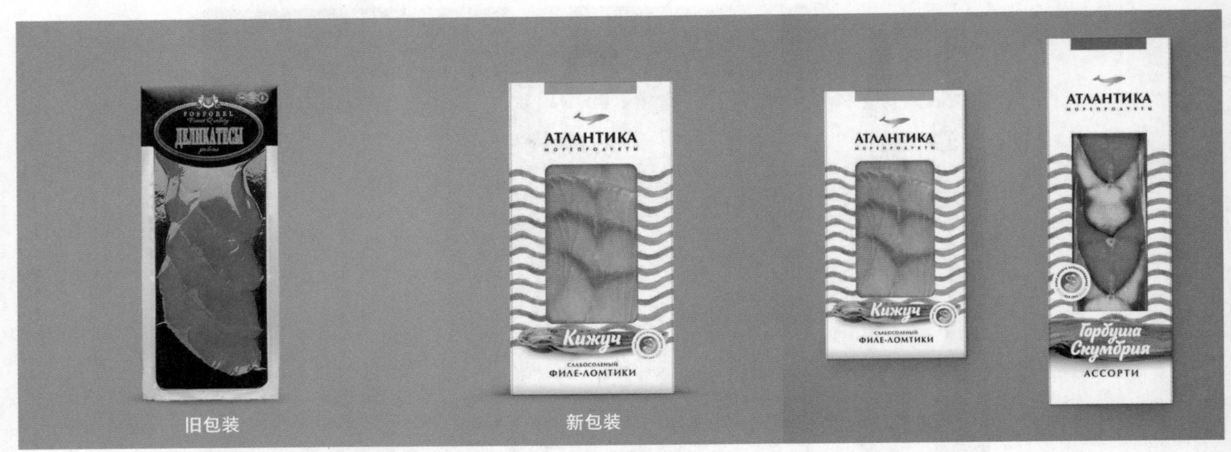

图8-23

随着社会的发展，人们对于产品包装的需求不再局限于实用性和美观性需求上，对包装设计的情感需求逐渐增多。品牌要想获取更多与消费者对话的机会，就不能忽视情感化设计在包装中的运用。情感化设计即将记忆符号引入包装设计，由包装将记忆再现，从而唤醒人们的情感。

很多产品包装在一代设计时用力过猛，融入了过多的元素，造成画面混乱、记忆点不明显等问题，因此在进行产品包装的二代升级时，需要先对设计元素进行精简和提取，再用于塑造记忆符号。

如图8-24所示，该产品旧包装的主要记忆符号是标签上的绿条部分，由于识别度不高，不容易在消费者的脑海中形成记忆点。该产品包装进行整体升级后，保留了该记忆符号，并进行美化和拓展，将其放大，设计为一条贯穿整个包装的绿色水彩纹理，给人自然、轻盈和生动活泼之感，并且嵌入该品牌多重包装形式的版面构成中，对画面进行了分割，可以代表田野桌布或者希望。新包装展现了一个健康、真诚的品牌形象。

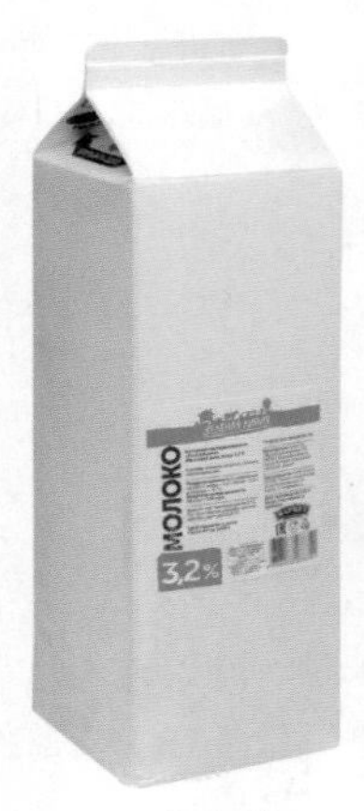

旧包装

新包装

图8-24

» 符合品牌定位

在市场上，品牌是消费者选择产品的重要依据，也是产品地位和实力的象征。而消费者购买产品的心理活动一般是从对品牌的认识开始的，只有当品牌的定位或形象非常清晰时，该品牌才有可能被消费者真正关注到。

在进行产品包装升级时，要通过优化品牌符号来吸引潜在的消费者，并在消费者心中树立鲜明的品牌形象，使品牌信息与目标消费者达成心理上的共鸣，经过长期的宣传，在潜移默化中将品牌理念深入人心，从而带动产品销售。强势的品牌理念能减少新产品进入市场的风险和成本，还能让包装从追求形式美上升到展现品牌文化内涵。

如图8-25所示，该品牌一直是走家庭分享装的大容量路线。但是，据调查显示，该品牌近年来的销售数字开始下降，其产品包装在线下销售时并没有太多货架优势，而新发展起来的其他同类品牌分散了消费者的选择。

品牌包装升级后，新包装设计将手绘的果汁杯作为品牌的记忆符号，并将果汁原材料的图像满满地排列在果汁杯中，既方便消费者直接通过图像进行选购，又暗示了每一杯都是浓浓的果汁，表明了产品的高质量。

图8-25

如图8-26所示，该品牌原有的包装只让消费者视该产品为果汁，而看不到该产品真正的营养价值，这就说明了原有的包装及视觉标识与品牌的定位不符。品牌Logo中的“X”形不仅代表着天然成分，还表示相乘，即多种对身体有益的营养素的集合体。新包装保留了原Logo的基本形状，并将“X”的概念融入主视觉元素中。主视觉元素密集、紧张的线条排布与周围大量留白形成鲜明对比，让包装看上去更加具有科技感，也更符合保健品的定位。

图8-26

» 聚焦产品价值

消费者希望品牌能够满足他们的需求，而这恰恰就是品牌存在的意义。因此要明确品牌传递的价值，务必紧贴消费者的需求。简单来说，满足消费者的需求就是“品牌能够为消费者做什么，进而为消费者带来什么”，包括解决问题、赋予能力及愉悦精神。

在品牌价值的主张下，企业要为消费者提供与品牌宣传对等的产品，要让消费者在体验产品的过程中感受到品牌的价值。这些价值主要体现在产品的实用性、易用性、友好性、美观性和独特性上。

如图8-27所示，新包装将该产品独特的地理环境表现了出来，新的瓶标设计巧妙地采用倒影来表现水的纯净和清澈，引导消费者在该纯水的质量与优良的水源环境之间建立起联系，有助于改善和提升品牌形象。

图8-27

如图8-28所示，这款敏捷类游戏产品的旧包装不足以让消费者感受到游戏的乐趣，新包装中引入了游戏场景的摄影图像，并将游戏场景图经过放大处理后直接展现在包装正面。新包装兼具趣味性与说明性，增强了消费者对使用该产品的代入感，更容易吸引消费者。

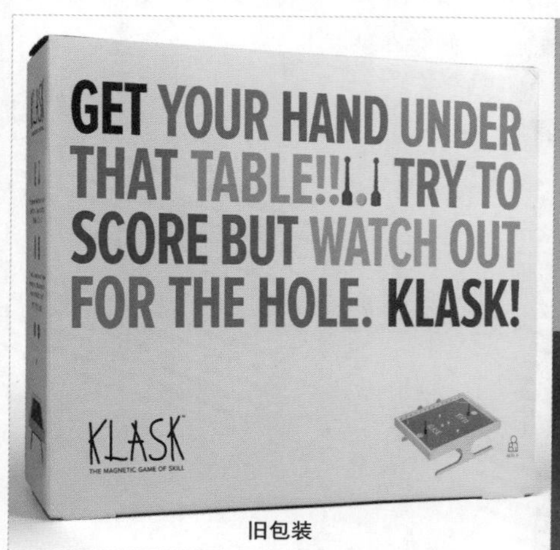

图8-28

实战解析：“时光闺蜜”花茶系列化包装

项目名称 “时光闺蜜”花茶系列包装设计

设计需求 从“闺蜜”的角度解释品牌理念，以“男闺蜜”和“小时候的玩伴”为概念引申并设计卡通形象，创造记忆符号，进行系列化包装设计

目标受众 以女性为主的“小资”青年

设计规格 设计形式：抽屉纸盒、四边封内袋独立小包装；分辨率：300dpi；颜色模式：CMYK；印刷工艺：四色印刷；销售方式：线上销售

“时光闺蜜”是一个花茶品牌，品牌的主要目标消费群体是以女性为主的“小资”青年。设计师从逆向思维出发，以“男闺蜜”和“小时候的玩伴”作为整个系列包装的主要理念，并设计了一套专属的卡通形象，力求在消费者心中建立一个品牌记忆符号，让消费者再次看到该卡通形象时会想起这个品牌。

如图8-29所示，设计师为该花茶品牌设计了一个扎着小辫子的小眼睛男生的卡通形象，并根据不同口味的花茶给男生设计了不同的动作、衣着和场景，没有变化的是他的专属发型和面部表情，这是为了在该系列包装中保留一个共同的记忆点。此外，包装的顶部统一设计了一个写有Logo信息的灰色色块，与色彩缤纷的画面主体形成对比，这是系列化包装设计中较为常用的表现手法，有利于保持整个系列包装的统一性。

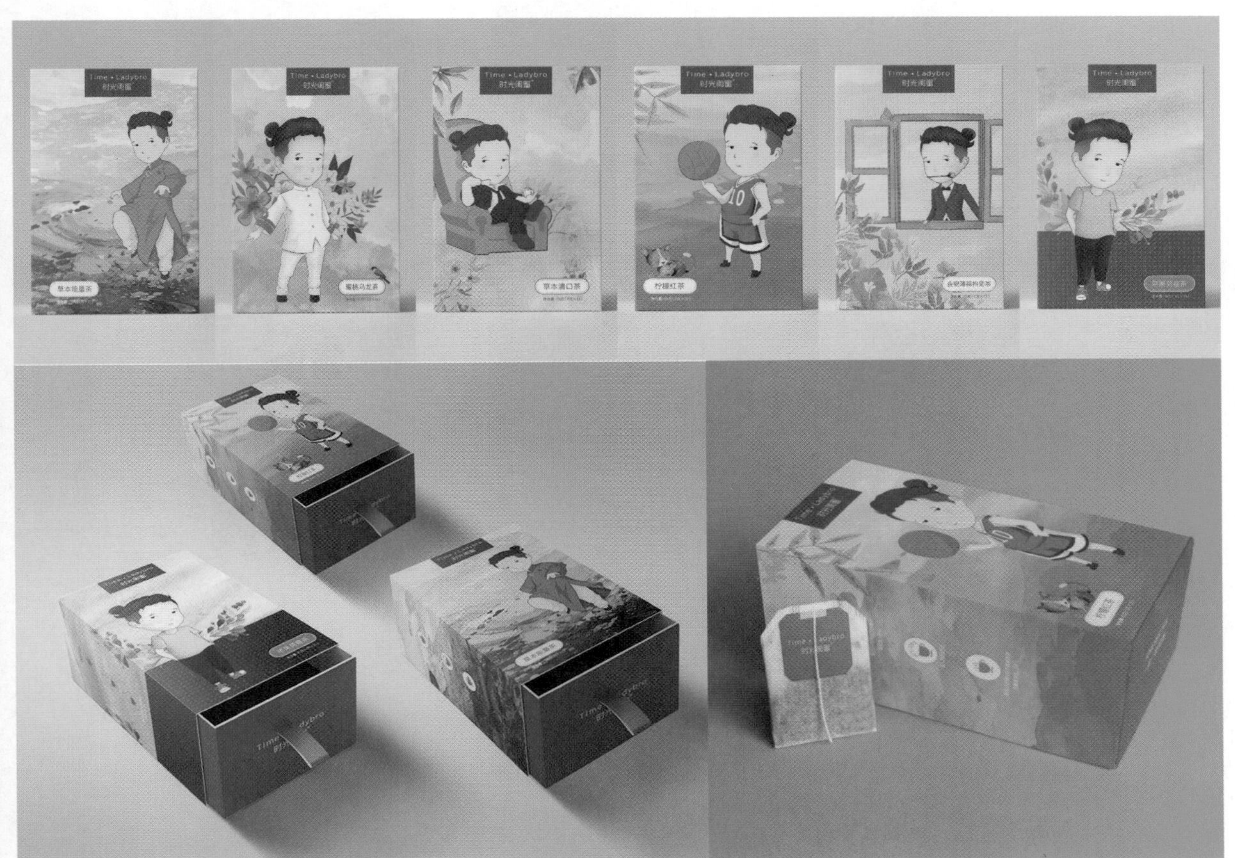

图8-29

如图8-30所示，这是每款花茶的独立小包装。小包装袋的背面都设计了该花茶品牌的宣传语，正面的画面则与外包装盒上的内容相契合，只在版式上做了相对应的细微调整。

图8-30

Time • Ladybro
时光闺蜜
饮用方法
取出1包茶包不用撕开
直接放入杯中
80℃-100℃
可重复冲泡2-3次
时光闺蜜·草本能量茶
配料：人参、桑葚子、黄精、玛卡粉、枸杞、大枣
产地：xx省xx市
产品类型：代用茶
净含量：75克
规格：5克×15包
保质期：12个月
生产日期：见外包装喷码
执行标准：Q/xxx xxxxx
生产许可证编号：SCxxxxxxxxxxxxxx
委托方：安徽xxxxxxx有限公司
地址：xx省xx市xxxx区xx路xxxx
全国服务热线：400-xxx-xxxx
被委托生产方：安徽xxxxx有限公司
地址：安徽省xx市xxxx区xx路xxxx
饮用方法：取出本品一包，不用撕开，直接放入杯中并注入200毫升开水，浸泡2-5分钟可直接饮用，可重复冲泡2-3次。
贮存条件：置阴凉、干燥、通风处密封保存。冰箱冷藏保存更佳。
FOREVER TEA
草本能量茶
净含量:75克
150mm
15mm
85mm
95mm
85mm
95mm
出血
刀版
折痕
amm
成品尺寸

封套（外）

图8-30（续）

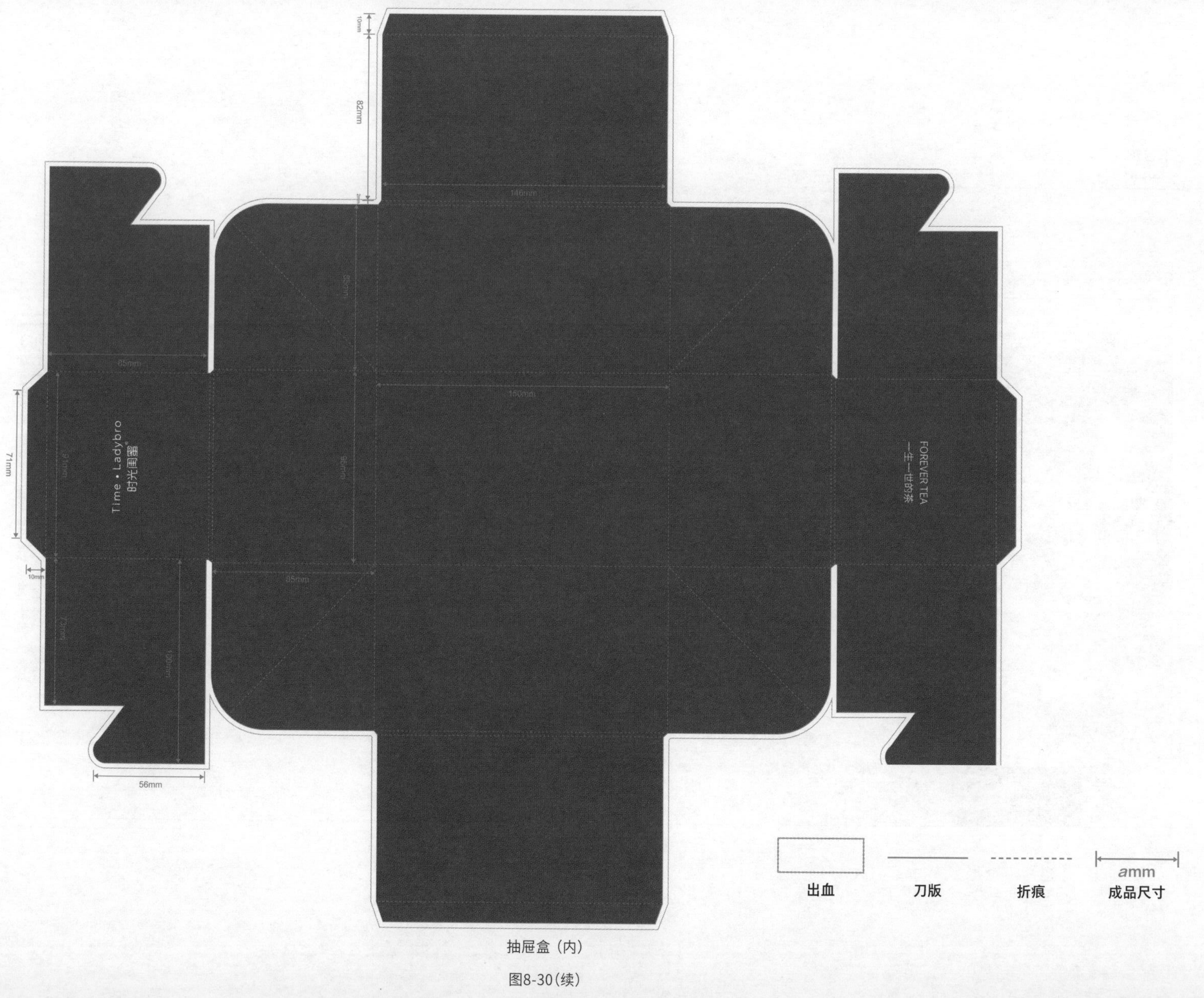
10mm
82mm
146mm
85mm
160mm
95mm
85mm
Time • Ladybro
时光闺蜜
71mm
91mm
10mm
73mm
100mm
56mm
FOREVER TEA
一生一世的茶
出血
刀版
折痕
amm
成品尺寸

抽屉盒（内）

图8-30(续)

8.3 包装延展

包装延展不仅仅指要将产品的包装做到适合、好看，还指要用发展的眼光看待问题，即在设计之初就要考虑产品包装对于产品和品牌的深远影响，要将产品包装作为产品宣传的起点。

8.3.1 包装是品牌传播介质的中心

对于如今竞争激烈的市场而言，中、小企业受经营实力的限制，难以全面地建立强势品牌，更多的是通过产品带动品牌的方式去建设品牌。也就是说，对于实力不足的中、小型企业而言，必须通过在产品线中选择战略产品，并为其设计更具有价值的包装，才能实现以产品建设带动品牌发展的目标。

» 产品重要，包装更重要

产品价值是由内在价值和外在价值共同决定的，内在价值是由产品自身的特性决定，而外在价值则是品牌为其赋予的价值。在制造业高速发展的今天，产品内在价值的差异化越来越难以维持，因此外在价值会更多地左右消费者的选择。当产品相同而品牌不同时，或当价格相同而品牌不同时，消费者通常更容易选择熟悉的品牌。这就是为什么在保证产品质量的基础上，需要将品牌文化、品牌理念更多地体现到产品包装上。

» 增加产品包装的曝光率

要实现高销量，第一步就是提高产品的曝光率，“酒香不怕巷子深”的时代已经过去了，在当下移动互联网时代，品牌可以利用互联网的力量，增加产品的曝光率，更快、更大范围地俘获消费者的注意力。让产品拥有良好的“外貌”是吸引消费者的第一步，这样才能增加产品在互联网平台的曝光率。

» 抓住消费者的消费心理

当下的年轻人有个性、独立、大胆，对新鲜事物、新知识充满好奇，接受度高，因此“求新”的购买动机也多出现在年轻群体中。在此动机的引导下，消费者更注重产品的多样性与独特性，新颖的、特别的包装更能勾起他们的购买欲望。

如图8-31所示，这是一款番茄酱的系列包装设计。由于番茄酱产品属性较为单一，通常情况下其系列包装会采用相同的设计方案并搭配不同的容器。而该品牌打破了这一传统规则，它为每一类番茄酱都设计了一个生动幽默的动物形象，并赋予它们个性化的情绪特征，为产品注入了生命力，让简单的番茄酱料充满了趣味性。

图8-31

如图8-32所示，草书样式的笔触是该系列包装的标志性视觉符号，原始的笔触感暗示着产品使用的原料是天然墨鱼墨。消费者会被包装盒上洒脱的笔触所吸引，并对包装盒内的产品产生好奇心。

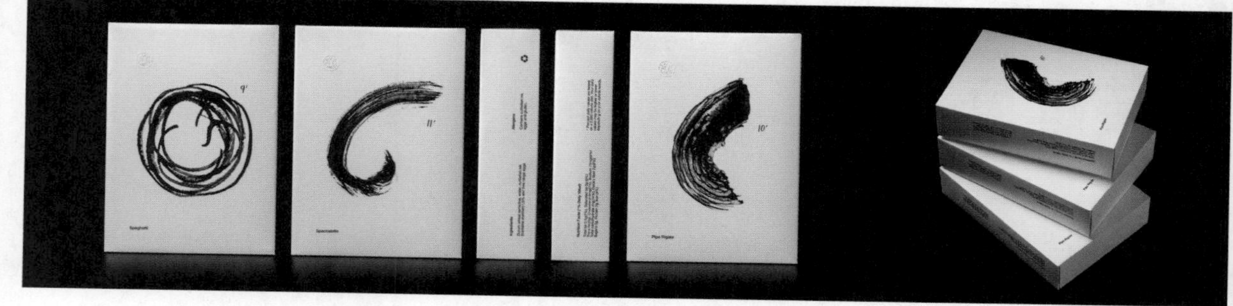

图8-32

8.3.2 将包装设计元素作为“品牌代言人”

包装设计是吸引消费者关注品牌的第一步。不论是产品包装的颜色、图形，还是造型，能让人眼前一亮的包装设计都有助于提高产品的识别度，提升消费者对品牌的好感，从而增强消费者的购买欲望。

如图8-33所示，该包装设计通过全彩标签来展示产品的风味，将感叹号作为标签的视觉中心，并根据产品的特性对感叹号下方的圆点进行了图形样式上的改变，以便于展示产品的风味信息。

图8-33

如图8-34所示，品牌将这款牛奶的消费群体定位于儿童和父母，在包装设计上选择了鲜黄色作为包装的背景颜色，因为黄色在特定的环境下会给人一种童趣感。为了符合目标定位人群的需求，该包装设计以童话故事为主题设计了3个易于辨认的童话人物，作为这3款不同口味牛奶的“代言人”。

图8-34

8.4 包装设计的思维模式

针对包装设计的思维模式，这里主要从以下5点进行分析和讲解。

（1）包装设计需要与品牌策略保持一致。

品牌策略是抽象的，而产品包装是具象的。包装设计需要将抽象的品牌策略转化为具象的、能被消费者快速认知的视觉语言。要让消费者快速接收到品牌的信息，优秀的包装设计是第一步。

（2）包装设计需要打造差异化的视觉印象。

差异化的包装是品牌的核心传播载体，打造与同类品牌的差异化包装才能吸引消费者的注意，从而促进最终销售。

（3）包装设计需要有“货架头脑”。

购买是品牌传播的重要环节，这一环节影响着品牌是否能持续发展。而购买行为是在货架前产生的，因此设计师在设计包装时，要把所有的产品销售场所都视为货架，这便是“货架头脑”，即产品在何处，货架就在何处。

（4）包装设计需要注重消费者体验。

消费者体验是从看到包装的那一刻开始的，即从看到、触碰、打开到取出产品的整个过程便是消费者体验。设计师在设计包装时，需要从消费者的立场出发去考虑便捷性、美观度等问题，懂消费者的设计才是好设计。

（5）包装设计是消费者了解品牌的直接途径。

对于没有更多广告预算的品牌来说，包装便是非常值得投放的“广告位”。在包装设计中，需要对产品的核心信息进行规划，并将其按主次顺序在版面中展现出来，消费者可以直接通过这些信息了解产品和品牌。

如图8-35所示，该品牌的系列产品卖点是“有机食材”，故品牌在包装设计时将木质底纹、食材原料摄影图像都作为包装的主要设计元素，力求体现出“有机”“天然”的品牌文化。

图8-35

现代化的加工技术和品质优良的原材料使得在速冻产品中保留新鲜蔬菜的营养成分和原貌成为可能。如图8-36所示，该产品包装设计的核心点是将品牌的图形Logo作为透明开窗，既便于消费者直观地看到蔬菜的新鲜程度，又有利于塑造品牌的记忆符号，再结合包装袋的鲜艳颜色，整组包装都传达着品牌的核心理念——新鲜。

图8-36

如图8-37所示，该品牌将用于挖取冰激凌的木勺的形状作为包装设计的基本图形，并将其拼接、组合成品牌名，兼具创意性与趣味性，容易引导消费者忆起童年时光。整套包装采用了非常简单的图形设计与较为显眼的配色方案，塑造了一个有趣又复古的冰激凌品牌形象。

图8-37

你问我答

问：成功的产品包装有什么特点?

答：一个出色的包装设计能在多个感官层面吸引消费者，包括增强对品牌的视觉或触觉体验，传达品牌理念并唤起情感反应。成功的包装是强烈的视觉冲击力与视觉美感的结合，再加上其他触发因素，例如，通过听觉或味觉获取额外的感官体验。

具体来说，一个成功的包装设计应包含以下5个特点。

（1）能够让消费者快速了解“品牌DNA”“品牌本质”“遗传密码”等。

（2）能够通过包装设计及其代表的感官体验引发积极的情感反应。

（3）有一个明确的、强烈的行动号召。在与同类产品竞争对手相比时，有独特的和令人信服的差异点，即销售主张。

（4）能够反映品牌的主要特征和个性。

（5）具有影响力的差异化语言和品牌视觉效果，能通过包装设计将产品与竞争对手区分开，聚焦目标消费群体。

第9章

09

包装设计基本规范

包装设计基本规范包括规定性的条形码使用规范、印刷规范、信息展示规范等，从包装设计的具体过程来讲，还包括保护产品、延长保质期、抗震、节省空间、节约成本、视觉效果醒目、符合消费者群体审美等。

9.1 商品包装常用条形码的使用规范

商品条形码是由一组按一定规则排列的“条”和“空”及对应数字组成的，用于表示商店自动销售管理系统的信息标记或商品分类编码的标记。其中“条”为深色，“空”为浅色，阿拉伯数字供人们直接识读或通过键盘向计算机输入数据使用，“条”和“空”的意义与数字所表示的信息是相同的。

9.1.1 条形码的分类

条形码种类很多，常见的有二十多种码制，其中包括Code39码（标准39码）、Codabar码（库德巴码）、Code25码（标准25码）、ITF25码（交叉25码）、Matrix25码（矩阵25码）、UPC-A码、UPC-E码、EAN-13码（EAN-13国际商品条码）、EAN-8码（EAN-8国际商品条码）、中国邮政码（矩阵25码的一种变体）、Code-B码、MSI码、Code11码、Code93码、ISBN码、ISSN码、Code128码（包括EAN-128码）、Code39EMS（EMS专用的39码）等。

超市中常见的商品条形码是EAN码和UPC码。其中EAN码是目前世界上使用范围较广的商品条形码。

9.1.2 条形码遵循的原则

商品条形码的编码遵循唯一性原则，保证在全世界范围内不重复，一个编码只能标识一种商品。不同规格、不同包装、不同品种、不同价格、不同颜色的商品只能使用不同的条形码。

商品条形码在尺码、颜色和位置方面有着一定的要求。商品条形码的标准尺寸是37.29mm×26.26mm，放大倍率是0.80~2.00倍。当印刷面积允许时应选择1.0倍率以上的条形码，以满足识读要求。放大倍数越小的条形码，对印刷精度的要求越高，当印刷精度不满足要求时易造成条形码识读困难。商品条形码的条宽不允许改变，条高允许适量截取，但截去的条高不允许超过原条高的1/3。

由于商品条形码的识读是通过“条”和“空”的颜色对比来实现的，一般情况下只要颜色能够满足对比度（PCS值）要求即可使用。通常情况下建议采用浅色作为商品条形码的“空”，深色作为商品条形码的“条”。

印制商品条形码时应避免选择穿孔处、冲切口、开口处、装订处、接缝处、折叠处、折边处、波纹处、隆起处、褶皱处、纹理粗糙处及图文处，以免妨碍商品条形码的识别性。

9.1.3 条形码的作用和意义

商品条形码极大地方便了商品流通。我国加入世贸组织后，国内企业在国际舞台上有了更多的活动空间，为了与国际接轨，适应国际经贸活动的需要，企业更不能忽略商品条形码。

商品条形码是实现商业现代化的基础，是商品进入超级市场、商店的入场券。在商超，当顾客采购商品后在收银台付款时，收银员只要拿着带有条码的商品在激光扫描器上轻轻掠过，就能将条码对应的数字快速录入计算机，计算机通过查询和数据处理，可立即识别出商品的制造厂商、名称、价格等商品信息并打印出购物清单。商品条形码不仅可以实现售货、仓储和订货的自动化管理，还可以通过产、供、销信息系统，为生产厂商提供商品销售信息。

9.1.4 EAN条形码的形式与结构

EAN码的全名为欧洲物品编码（European Article Number），于1977年制定，目前已成为一种国际性的条形码系统。国际物品编码协会（International Article Numbering Association）负责EAN条形码系统的管理，为各成员分配与授权国家或地区代码，再由各成员的商品条码专责机构对其国内或地区内的制造商、批发商、零售商等授予厂商代码。

» EAN-13码

EAN-13码也称标准码，由13位数字构成，其中包括国家或地区代码3位、厂商代码4位、产品代码5位及校验码1位。EAN-13码的标准码尺寸为37.29mm×26.26mm，放大系数取值范围是0.80~2.00。

以图9-1所示条形码为例，EAN-13条形码分为4个部分，从左到右分别为国家或地区代码、厂商代码、产品代码和校验码。

6 936982 805651

国家或地区代码　厂商代码　产品代码　校验码

图9-1

我国的厂商代码由中国物品编码中心核发给申请厂商。产品代码代表单项产品，由厂商自由指定。校验码是用于防止条码扫描器误读的检验纠错码。

» EAN-8码

EAN-8码也叫缩短码，由8位数字构成，只有当标准码尺寸超过总印刷面积的25%时才允许申报使用缩短码。EAN-8码的尺寸为26.73mm×21.64mm，放大系数取值范围是0.80~2.00。

以图9-2所示条形码为例，EAN-8条形码分为3个部分，从左到右分别是国家或地区代码、产品代码和校验码。

6936 5850

国家或地区代码　产品代码　校验码

图9-2

9.2 包装中的色彩与印刷

科技的发展改变了现代人的生活方式和消费理念，对产品包装设计的认识也发生了改变，从原来对实用性的追求转变为对包装外形、材质和色彩的追求。色彩在包装设计中的作用日益凸显，它不仅能触发消费者的情感联想，刺激和引导消费，还能更有效地传递产品和品牌信息。

9.2.1 色彩原理

色彩是人的眼睛、大脑和生活经验共同作用产生的一种对光的视觉效应。人对颜色的感觉不仅仅由光的物理性质所决定，还会受到周围环境的影响，有时人们也将物质反射不同颜色的物理特性直接称为颜色。

在现实生活中，大多数物体本身并不会发光，它们是通过光的反射才被我们感知的。当光线照射到一个物体上，物体本身吸收一部分色光后会反射其余光线。例如，阳光照在青色墙壁上，其实是墙壁吸收了青色的互补色洋红色，剩下的绿色和黄色混合成了青色。

设计中常用的颜色模式有RGB模式和CMYK模式，两种模式的颜色来源不同，使用范围也不同。

» 两种颜色模式的来源

RGB模式源于光的色彩，是由光的三原色红、绿、蓝混合而成，每个颜色等级从0到255，可以混合成约1670万种颜色。RGB模式可以表达的色彩几乎包含了光谱中可见的所有颜色，表示颜色的二进制位数越多，色彩的范围就越广。RGB模式是加色模式，即几种颜色混合得到另一种颜色，可以通过发光元器件（如计算机显示器、手机屏幕、电视机等）传递后被人们感知。

CMYK模式是减色模式，也叫作印刷色，靠的是颜料反射不同波长的光波来呈现不同的色彩，由于受到颜料损耗、颜料的品质、光线强度等因素的影响，CMYK模式呈现的色彩范围不能和RGB模式相提并论。

CMYK模式是基于自然的光吸收而提出的色彩模式，因此常用于印刷领域。

» 两种颜色模式的使用范围

用于在电子设备中浏览的图片多使用RGB模式，因为RGB模式的色域广，可以表现绚丽的色彩效果。由于RGB模式能够呈现的颜色比CMYK模式多，因此可能会出现在计算机上能够正常显示的颜色在打印时却无法正常呈现的情况，这时计算机会自动从CMYK模式中取一个相近色，这会导致打印出来的颜色出现变灰、失真的情况。

CMYK模式的色域小是因为把颜色打印出来需要通过油墨来实现，而当前已有的油墨无法达到百分之百的纯度，会缺少一些纯度高的颜色和混合色。

RGB模式和CMYK模式的混色原理对比如图9-3所示。

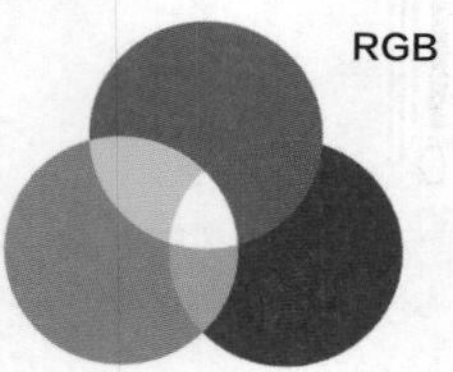

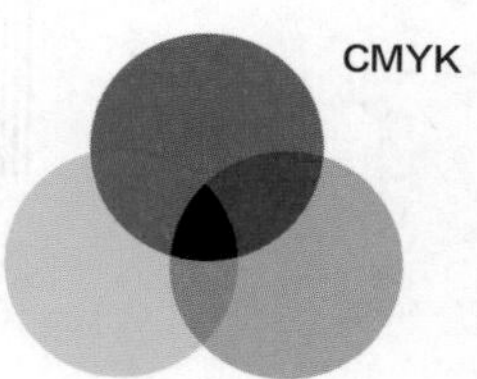

图9-3

9.2.2 色相环

色相环是指一种以圆形排列的色相光谱，色彩是按照光谱的顺序来排列的。暖色位于包含红色和黄色的半圆内，冷色位于包含绿色和紫色的半圆内，互补色则是彼此相对的一对颜色。

色相环按颜色数分为6色相环、12色相环、24色相环、36色相环等，包含更多颜色的大色相环有48色相环、72色相环等。常见的色相环是12色相环和24色相环，两者都包含原色、二次色和三次色。

» 12色相环

12色相环由三原色、二次色和三次色组合而成。

三原色：指红、黄、蓝这3色，彼此成60° 角，在色相环中形成一个等边三角形。

二次色：指橙、紫、绿这3色，处在三原色之间，形成另一个等边三角形。

三次色：指橙红、橙黄、黄绿、蓝绿、蓝紫、紫红这6色，三次色是由原色和二次色混合而成的。

如图9-4所示，井然有序的色相环能让人清楚地看出色彩平衡、调和后的效果。

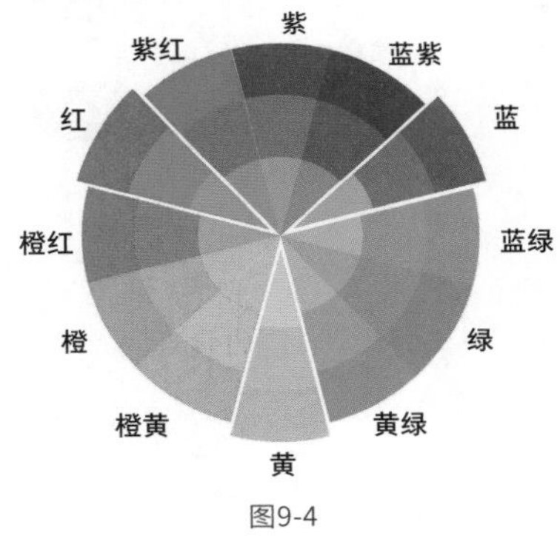

图9-4

» 24色相环

奥斯特瓦尔德色彩系统是由德国化学家威廉·奥斯特瓦尔德（Wilhelm Ostwald）于1920年提出的，属于显色系。该色彩系统认为所有颜色都是由黑（B）、白（W）、纯色（F）3种颜色按照一定的面积比例旋转混色所得到的。按照该系统的理论，先指定两对互补色（如红–绿和黄–青），并分别置于色相环1/4位置处，然后它们两两混合配置出4种中间色，得到黄、橙、红、紫、蓝、蓝绿、绿、黄绿8个基本色相，每个基本色相又细分为3个色相，从而组成24色相环。

如图9-5所示，在24色相环中，彼此相隔11色或者相距180° 的两个色相均为互补色关系。互补色对比较强，容易产生视觉上的刺激性、不安定性。相距15° 的两个色相属于同种色，同种色搭配色相感单纯、柔和、统一，且趋于调和。

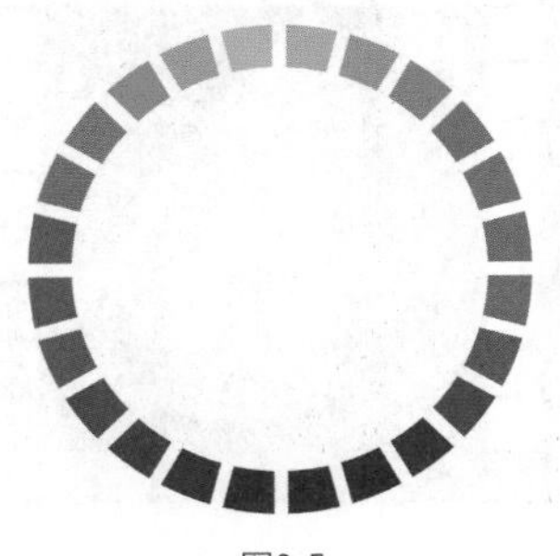

图9-5

9.2.3 色彩校正工具

色彩校正是调色的基础，在设计师想要为设计项目带来艺术级色彩前，需要先了解有哪些色彩校正工具，这样在之后的设计工作中才可以更加精准地确定设计项目的最终色彩方案。

» 潘通色卡

潘通（PANTONE）色卡为国际通用的标准色卡，如图9-6所示。潘通色卡在世界范围内有较大的影响力，它涵盖印刷、纺织、塑胶、绘图、数码科技等领域的色彩交流系统。

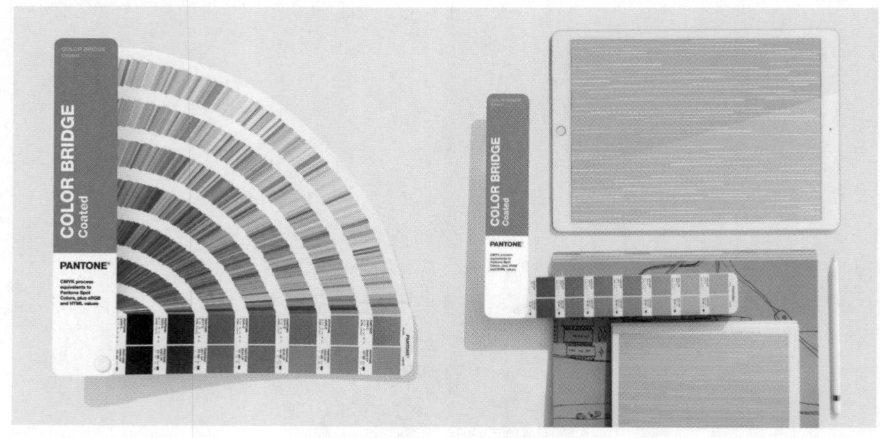

图9-6

潘通色彩语言被公认为从设计师到制造商、零售商，最终到客户的色彩交流中的色彩标准语言，也是目前较为通用的色彩标准语言。无论是商标设计、产品设计、包装设计、广告设计还是时尚领域，使用潘通色卡都可以保持色彩的精准性及各媒介之间的一致性。

» 四色配色手册

四色配色手册是美术设计师和制版、印刷工作者在设计、制版及印前操作中必不可少的工具书，它是在掌握四色叠印技术后用于检查设计师的作品与印刷品色相的尺度标准。

如图9-7所示，这本四色配色手册是ADC公司经过多年的努力，广泛征询印刷包装相关行业及印前操作人员和专业设计师的意见，采用标准四原色及先进的印刷工艺印制而成，内容经过严格审核，确保颜色标准。这本手册共收集了12 816种颜色，无论是设计人员将其用于配选颜色，还是摄影师将其作为照相制版修色及套色的依据，又或者是印刷行业将其作为参照标准对颜色进行校色把控，都是很实用的。

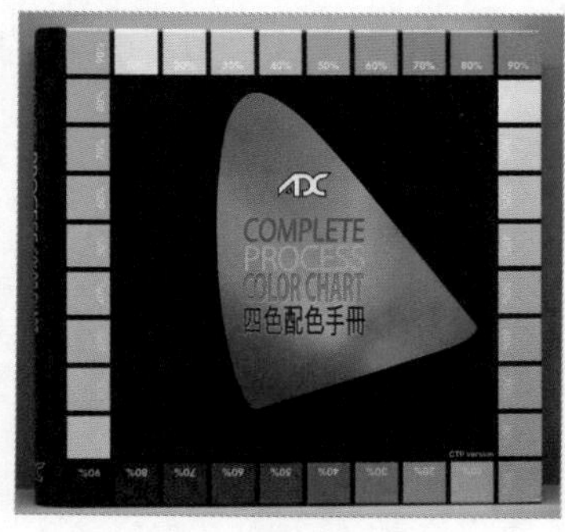

图9-7

9.3 包装设计的字体

构成包装设计的要素有很多，其中文字、图形与色彩可以说共同组成了包装设计90%以上的内容。而文字设计尤其是包装的一个窗口，它能向消费者展示商品的价值，是企业、销售者和消费者之间沟通的纽带。

包装设计的文字一定要清晰、直接，才能准确地向消费者传达产品的信息，如产品的名称、包装容量、生产批号、生产日期、使用方法等，一定要严格按照国家规定来填写。

很多时候人们会认为字库字体太普通，单个的字体设计才有更大的商业价值，这种观点其实是错误的。设计师在进行包装设计时通常需要使用大量的字体，如产品名称、产品标签都需要使用字体。包装设计常常会用到一些开源字体，即可免费商用字体。

9.3.1 全渠道免费商用字体

下面介绍目前可全渠道免费商用的字体。

思源黑体： 这是Adobe与Google联合推出的一款开源字体，分7种不同粗细的字形，包括ExtraLight、Light、Normal、Regular、Medium、Bold和Heavy，如图9-8所示。

思源黑体 思源黑体 CN ExtraLight
思源黑体 思源黑体 CN Light
思源黑体 思源黑体 CN Normal
思源黑体 思源黑体 CN Regular
思源黑体 思源黑体 CN Medium
思源黑体 思源黑体 CN Bold
思源黑体 思源黑体 CN Heavy

图9-8

思源宋体： 思源宋体支持4种不同的东亚字形，包括简体中文、繁体中文、日文和韩文，且各有7级字重，其中的每一种都有65 535个字形，可共同呈现一致的视觉美感，如图9-9所示。该字体还包含多个西文字形，支持拉丁语、希腊语和西里尔字母，这些字形均来源于Source Serif字体系列。

思源宋体 思源宋体
思源宋體 思源宋體

图9-9

装甲明朝体： 这是一款在思源宋体的基础上修改而成的新字体，可以简单理解为思源宋体的“做旧版”，如图9-10所示。该字体出自一位字体爱好者之手。

装甲明朝体

图9-10

源界明朝体：这款字体是以思源宋体为基础，加入破坏效果并保证可读性的一款新字体，可以简单理解为思源宋体的“破坏版”，如图9-11所示。源界明朝体在视觉上具有较大张力，可用于图片内的标题和大字，视觉效果较强，容易吸引人的注意。

源界明朝体

图9-11

方正字体：方正字体是一个字体系列，包含的字体非常多，其中“方正黑体”“方正书宋”“方正仿宋”“方正楷体”是常用的4种开源字体，如图9-12所示。

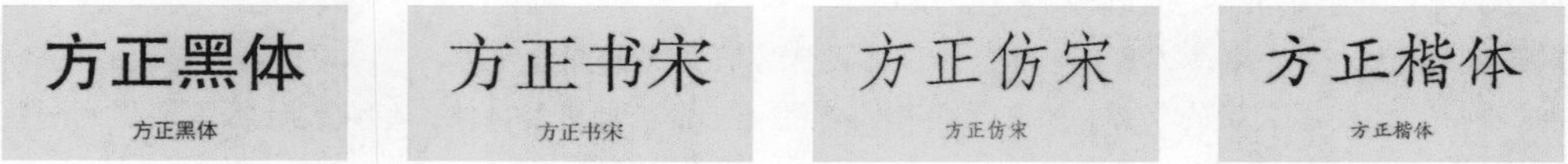

方正黑体 方正黑体 | 方正书宋 方正书宋 | 方正仿宋 方正仿宋 | 方正楷体 方正楷体

图9-12

明体字体：明体字体包含“源云明体”“源流明体”“源样明体”3种，如图9-13所示。这3款字体都是改造自思源宋体的繁体中文字体，出自一个活跃的字形社团“字嗨”的管理员之手。

源雲明體 源雲明體 | 源流明體 源流明體 | 源樣明體 源樣明體

图9-13

Droid Sans Fallback：这是Android设备初期默认的中文字体，与微软雅黑字体有些相似，如图9-14所示。

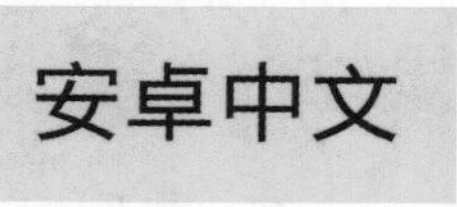

安卓中文

图9-14

花园明朝体（Hanazono）：该字体几乎收录了所有汉字字形，缺点是以日文字形为准，有部分字形不符合中文字体的书写规范，如图9-15所示。

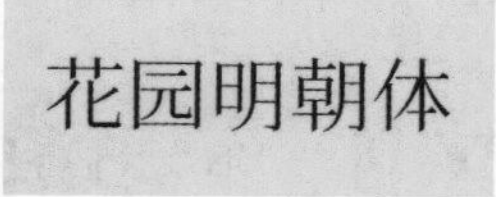

花园明朝体

图9-15

站酷字体：站酷字体包括“站酷酷黑体”“站酷意大利体”“站酷快乐体”“站酷高端黑体”4种，如图9-16所示。

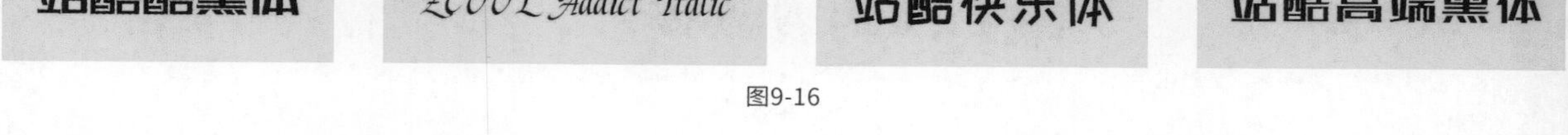

站酷酷黑体 | ZCOOL Addict Italic | 站酷快乐体 | 站酷高端黑体

图9-16

郑庆科黄油体：郑庆科黄油体是一款由平面设计师郑庆科设计的字体，该字体正式感较强，应用于海报、广告的标题设计会有不错的效果，如图9-17所示。

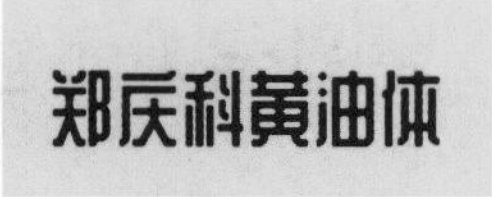

郑庆科黄油体

图9-17

庞门正道标题体：庞门正道标题体是由庞门正道联合十几位设计师研发的一套免费商用字体，也是第一款以公众号名字命名的商用字体，如图9-18所示。

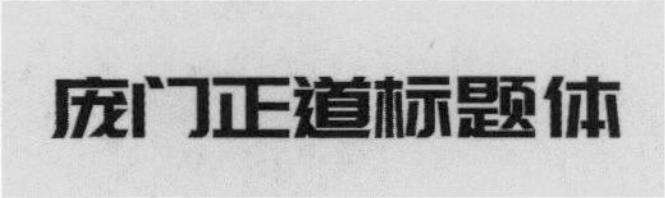

庞门正道标题体

图9-18

851手写杂字体：851手写杂字体是一款可爱风格的字体，该字体仍在不断更新中，如图9-19所示。根据作者的声明，可以自由使用与重新调配该字体，也可以商用，但是要保留著作权。

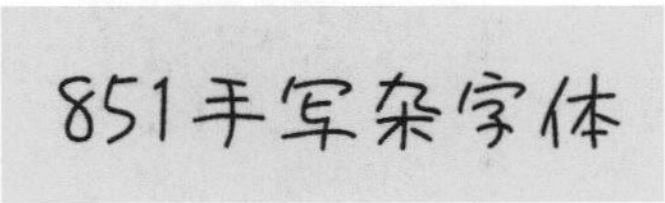

851手写杂字体

图9-19

Oradano-Mincho名朝体：这是一款具有铅字印刷效果的字体，非常适合用来做平面设计，其中收录了非常多的汉字字形，如图9-20所示。

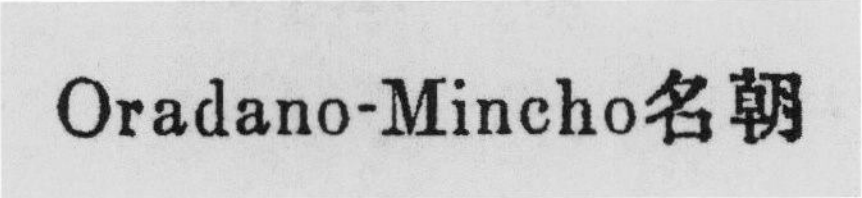

Oradano-Mincho名朝

图9-20

黄令东齐伋复刻体：这是一款在古籍文字的基础上进行处理而得到的字体，因此只有繁体字形。该字形构架稳固，庄重大方，适用于一些需要体现复古感的设计，如图9-21所示。

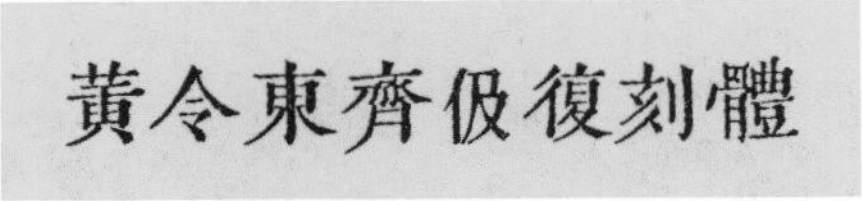

黃令東齊伋復刻體

图9-21

全字库字体：全字库字体包括“全字库说文解字”“全字库正宋体”“全字库正楷体”3种，如图9-22所示。

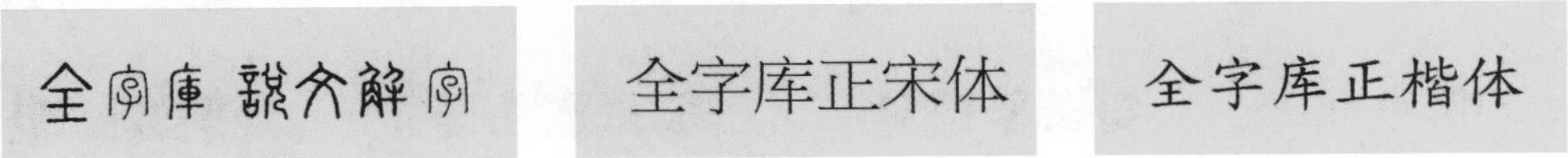

全字庫說文解字　全字库正宋体　全字库正楷体

图9-22

王汉宗字体： 王汉宗字体包括“王汉宗标楷体空心”“王汉宗波卡体空阴”“王汉宗波浪体”“王汉宗超黑俏皮动物”“王汉宗超明体”“王汉宗粗刚体标准”等，如图9-23所示。

王漢宗標楷體空心 王漢宗波卡體空陰 王漢宗波浪體
王漢宗超黑俏皮動物 王漢宗粗鋼體標準 王漢宗超明體
王漢宗粗黑體實陰 王漢宗粗圓體雙空 王漢宗顏楷體
王漢宗海報體半天水 王漢宗鋼筆行楷 王漢宗特黑體
王漢宗特明體標準 王汉宗细新宋简体 王漢宗細黑體
王漢宗仿宋標準 王汉宗中魏碑简体

图9-23

濑户字体： 这是由濑户制作的一款免费商用字体，字体包含了中文繁体常用字且支持多种语言，如图9-24所示。

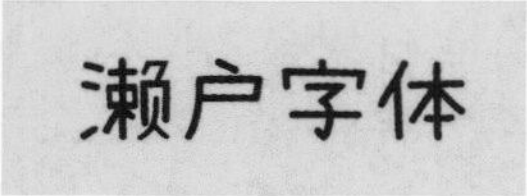

濑户字体

图9-24

汉鼎字体： 海德堡大学汉学系推出的中文字形包含了“汉鼎繁古印”“汉鼎繁海报”“汉鼎繁舒体”“汉鼎繁印篆”“汉鼎繁中变”“汉鼎繁颜体”“汉鼎简黑变”等共16种字形，如图9-25所示。

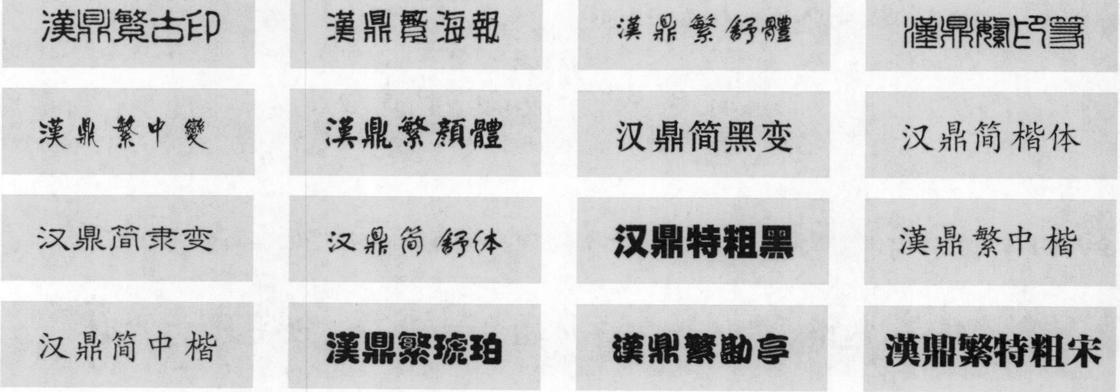

漢鼎繁古印 漢鼎繁海報 漢鼎繁舒體 漢鼎繁印篆
漢鼎繁中變 漢鼎繁顏體 汉鼎简黑变 汉鼎简楷体
汉鼎简隶变 汉鼎简舒体 汉鼎特粗黑 漢鼎繁中楷
汉鼎简中楷 漢鼎繁琥珀 漢鼎繁勘亭 漢鼎繁特粗宋

图9-25

日本Smartfont字体：这款免费商用字体包含了中日双语，虽然中文字体没有其他字体那么美观，但是可以搭配使用日文字体进行装饰，如图9-26所示。

SMARtfontの

图9-26

9.3.2 电商平台免费商用字体

关于电商平台免费商用字体的介绍如下。

仅可以在京东平台免费使用的字体：“汉仪书宋一（简/繁）”“汉仪中黑（简/繁）”“汉仪粗仿宋（简）”“汉仪楷体（简/繁）”“汉仪水滴体（简/繁）”“汉仪细简黑（简）”“汉仪中简黑（简）”“汉仪珍珠隶书（简/繁）”“Mildy”“Inky Chancery”“Blackie”“Elgatino”“Rayna”共18款汉仪字体仅可以在京东平台上免费使用，如图9-27所示。

汉仪书宋一简	漢儀書宋一繁	汉仪中黑简	漢儀中黑繁
汉仪粗仿宋简	汉仪楷体简	漢儀楷體繁	汉仪水滴体简
漢儀水滴體繁	汉仪细简黑简	汉仪中简黑简	汉仪珍珠隶书简
漢儀珍珠隸書繁	Mildy	Inky Chancery	Blackie
Elgatino	Rayna		

图9-27

仅可以在阿里平台免费使用的字体：“华康布丁体”“华康彩带体”“华康儿风体”“华康方圆体”“华康钢笔体”“华康海报体”“华康手札体”“华康翩翩体”“华康黑体”“华康金文体”“华康楷体”“华康勘亭流”“华康俪金黑”等45款华康字体仅可以在阿里平台免费使用，如图9-28所示。

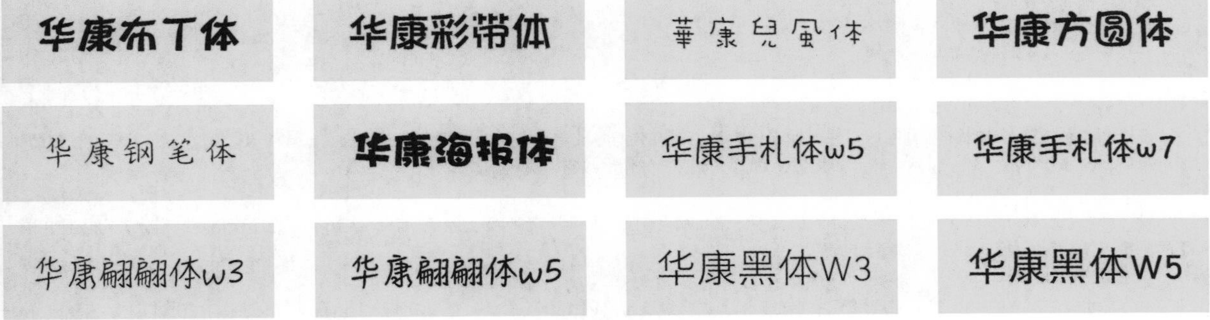

华康布丁体	华康彩带体	華康兒風体	华康方圆体
华康钢笔体	华康海报体	华康手札体w5	华康手札体w7
华康翩翩体w3	华康翩翩体w5	华康黑体W3	华康黑体W5

图9-28

华康黑体W7	华康黑体W9	华康黑体W12	華康金文体
华康楷体	华康勘亭流	华康俪金黑	華康隸書體
华康龙门石碑	華康墨字體	華康POP1体	華康POP2体
華康POP3体	华康少女文字	华康饰艺体	华康瘦金体
华康标题宋	华康宋体W3	华康宋体W5	华康宋体W7
华康宋体W12	華康唐風隸	华康娃娃体	华康魏碑
華康正顏楷体	华康雅宋体	華康雅藝体	华康圆体W3

华康圆体W5 华康圆体W7 华康圆体W9 华康新综艺体W7 华康新综艺体W9

图9-28（续）

除此之外，还有“阿里巴巴普惠”字体可以在阿里平台免费使用。阿里巴巴普惠字体共有5种粗细类型，包括Light、Regular、Medium、Bold、Heavy，如图9-29所示。

阿里巴巴普惠体 Light	阿里巴巴普惠体 Regular	阿里巴巴普惠体 Medium	阿里巴巴普惠体 Bold	阿里巴巴普惠体 Heavy

图9-29

你问我答

问：字体那么多，怎样才可以规避字体侵权问题呢？

答：对于这个问题，有以下3个解决方法。

一是查看版权说明或付费购买字体。

对于Windows用户，在安装和使用一款新字体前，可以通过右击字体文件并选择“属性”命令，查看其中是否有版权说明，特别是一些个人使用免费，但是商业使用需要授权的字体。

设计师还可以通过字体名称判断版权，比如字体名称中带有公司名或者人名的，版权大多属于公司或者个人，如方正兰亭、方正魏体、汉仪中简、徐静蕾体等。对于付费字体，如果要使用，一般到字体作者的官网进行购买即可。

二是使用免费字体。

设计师可以选择一些适合产品包装设计的免费字体来使用。例如，一些产品标签上的说明性文字就不需要过于花哨的字体，可以使用规整的免费字体，既方便阅读，又节省设计时间。

三是自己设计字体。

设计师也可以选择自创字体或者在现有字体的基础上进行修改与再创作（通常情况下再创作的字体需要与原字体有20%以上的区别）。

第10章 包装形式及印刷工艺

包装设计作品最终能呈现在消费者面前的载体就是印刷。通常情况下，设计与实际生产流程没有衔接好的原因是设计师对工艺的了解不够，缺乏经验，或者是选择的包装材料与印刷工艺不合适，还有可能是印刷过程中的执行不到位。包装印刷是提升产品附加值、增强产品竞争力、开拓市场的重要手段和途径。为了让设计想法更好地落地，设计师应该了解必要的包装印刷工艺知识，让设计出的包装兼具功能性和美观性。

10.1 常见的包装形式

产品的种类多种多样，有的产品容易挥发，有的产品容易变质，有的产品容易破碎，等等。因此，需要根据产品的不同特性选择不同的包装形式，以达到保护产品的目的。常见的包装形式有充气包装、真空包装、防震包装、防盗包装、泡罩包装和无菌包装。

10.1.1 充气包装

充气包装是一种将产品装入完全密闭的包装容器中，再用氮、二氧化碳等气体置换容器中原有空气的包装形式。

如图10-1所示，充气包装是薯片类膨化食品的常见包装形式。薯片具有酥脆和易碎的特点，采用充气包装能较大程度地保证薯片在到达消费者手里之前的完整性和酥脆感。

图10-1

10.1.2 真空包装

真空包装又称减压包装，是一种将包装容器内的空气全部抽出后再密封包装，并维持高度减压状态的包装形式。真空包装相当于制造了一个低氧环境，使得微生物无法生存，从而达到产品保鲜、减少腐坏的目的。常见的真空包装材料有铝箔及其复合材料、玻璃、塑料及其复合材料等。但并不是所有产品都可以使用真空包装，例如，水果属于鲜活食品，尚需进行呼吸作用，高度缺氧会造成腐坏，因此，生鲜水果类产品较少使用真空包装。

如图10-2所示，香肠类食品通常会使用真空包装的形式，且必须将包装袋中的空气全部抽取出来才能尽可能减少微生物的生存条件，从而达到保鲜的效果。

图10-2

10.1.3 防震包装

防震包装又叫缓冲包装，其主要目的是减缓产品在存储、运输、装卸、码放等环节受到的外力冲击，起到保护产品的作用。常见的防震包装有泡沫塑料、气泡塑料薄膜、结构特殊的纸质造型等。

如图10-3所示，该包装采用了瓦楞纸框架结构的纸盒和气泡袋，可以双重保护包装盒内部的产品，从而减少外力对产品的破坏。

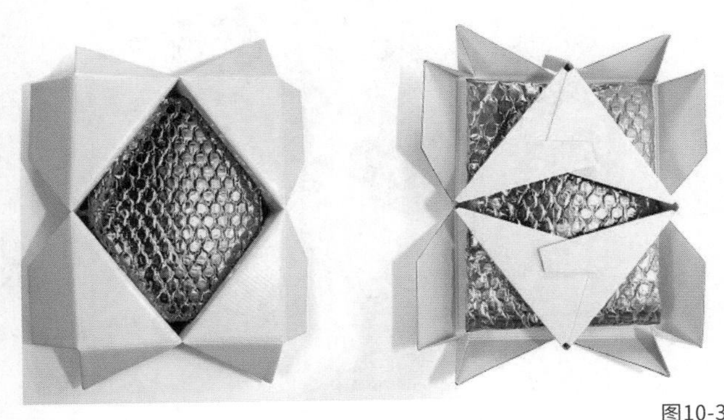

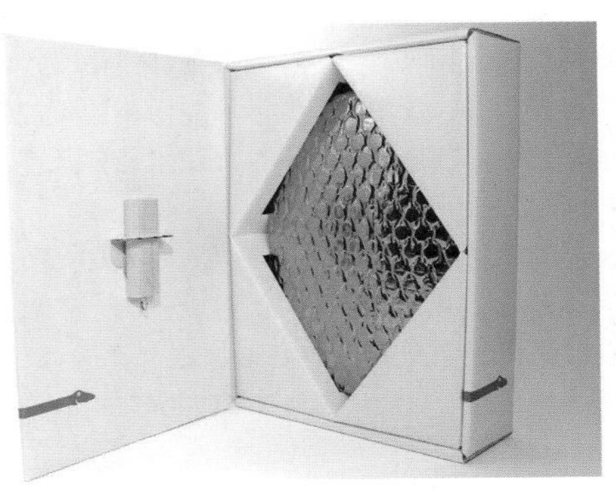

图10-3

10.1.4 防盗包装

防盗包装是一种为防止产品被盗窃而设计的包装形式。防盗包装在启封后会留下不可复原的痕迹。

如图10-4所示，该包装袋的左上角有一个撕拉式锁扣设计，向右拉开就可以看到包装袋的自封条。这种包装形式常见于食品包装，可以保证产品的安全性，而且这种贴心的设计也会赢得消费者对品牌的信赖。

图10-4

10.1.5 泡罩包装

泡罩包装是一种将产品封合在由透明的塑料薄片制成的泡罩与底板（常由纸板、塑料薄膜或薄片、铝箔或其复合材料制成）之间的包装形式。

如图10-5所示，该产品以泡罩包装的形式对外进行展示和销售。消费者在选购这类产品时，可以直接通过透明的泡罩看到产品的外观，既可保证产品的可展示性，又可确保产品不会因与外界接触而损坏。

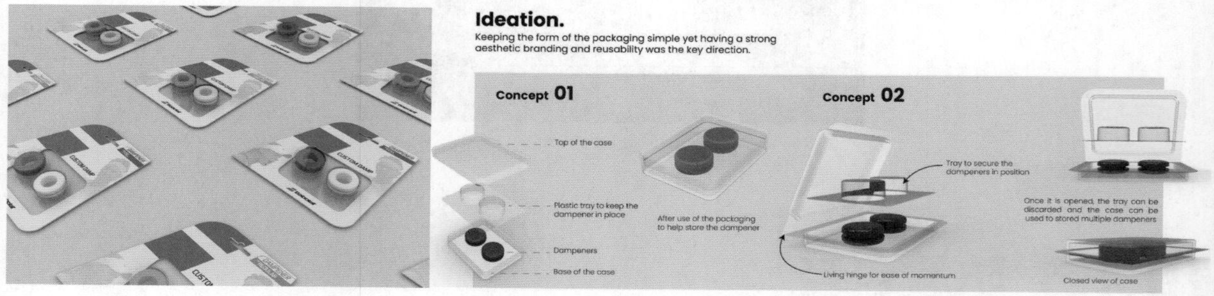

图10-5

10.1.6 无菌包装

无菌包装是一种将产品、包装容器、包装材料或包装辅助器材经过灭菌处理后，在无菌的环境中对产品进行灌装与密封的包装形式，可有效降低产品被污染的可能性。无菌包装是一种即使不添加防腐剂、不经冷藏也能延长产品储存周期的包装形式。

果汁通常会采用无菌包装，如图10-6所示。经无菌包装的果汁无须添加防腐剂，在常温下便可以拥有较长时间的保质期。食品采用无菌包装能较好地保持营养成分、颜色和味道，因此无菌包装也广泛应用于牛奶、酸奶等产品。

图10-6

10.2 常见的纸盒包装

纸盒包装是目前应用范围较广、结构变化较多的一种销售包装容器，其特点是成本低、易加工，盒型结构丰富多样，以及适合大批量生产。纸盒包装是一种适合精美印刷的包装类型。

纸质包装的优点之一是可以折叠。折叠式纸盒大多数是对纸进行切压、折叠而成的，因此呈现出来的造型多为带有棱角的各种棱柱体或圆柱体。随着纸质材料及其加工技术的不断发展，纸质包装设计开始突破传统造型的局限性，其形态日趋多样化且更具创意表现力。

纸箱主要属于储运包装，其应用范围较广，几乎涵盖了所有的日用消费品，如水果、蔬菜、饮料、玻璃、陶瓷，还有家用电器等。纸箱设计标准化的要求是很严格的，因为它影响着产品在货场的整齐码放、货架空间的有效利用及集装箱空间的合理布置。纸箱设计还要充分考虑运输过程中的保护功能。

常见的纸箱类型有开槽纸箱（对口盖箱）、半开槽纸箱、半开槽浅纸箱、模切纸箱、环绕式纸箱，如图10-7所示。

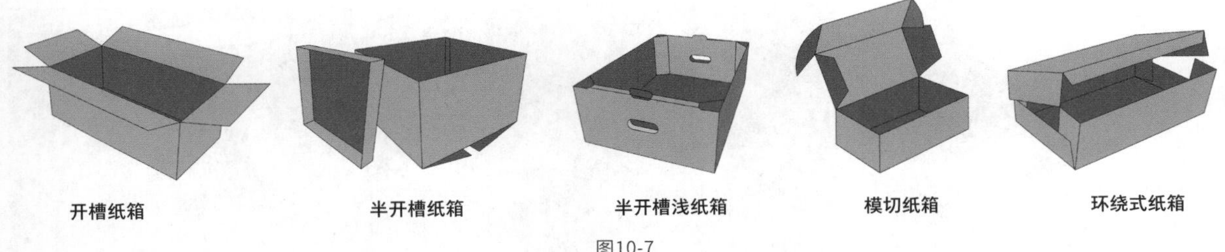

图10-7

10.2.1 对插盒

对插盒是一种常用的纸盒包装，其造型简洁，工艺简单，制作成本低，运输方便。在印刷工厂中，对插盒通常是企业和品牌方需求量较多的盒型。

如图10-8所示，该系列包装采用的是笔直插入式的对插盒型，简单、便捷的开合设计更适合年轻用户群体。

图10-8

如图10-9所示，该系列包装采用了反向插入式的对插盒型，包装上鲜艳的色彩和富有现代感与独特美感的版式设计容易吸引年轻的消费群体，大胆而新颖的设计为该茶类产品注入了新的活力。

图10-9

如图10-10所示，这是一款护肤品的包装设计。不同于护肤品常用的管状对插盒包装形式，该包装采用了多面体形式的盒型，其外观看上去就像是一颗钻石，体现出该品牌的优雅气质。

图10-10

10.2.2 插底盒

插底盒又称快速锁底盒，其底部结构简单、美观，有一定的强度和密封性，是目前纸盒包装中运用较为普遍的锁底盒结构。插底盒广泛应用于化妆品、酒类、食品等包装中，其造价比自动锁底盒低。

如图10-11所示，这是一款陶瓷器具的包装。由于陶瓷器自身较重，普通的对插盒很容易让陶瓷器具从盒底滑落，因此该品牌选用插底盒来进行包装，既能保护产品又经济实惠。

图10-11

如图10-12所示，这是一款酒的包装。考虑到玻璃酒瓶和酒的重量，外包装盒采用了插底盒型。

图10-12

10.2.3 勾底盒

勾底盒又称自动锁底盒，盒体与盒底能折成平板状，当撑开盒体时，盒底能够自动恢复成封合状态。自动锁底盒的优点是坚固、便捷、美观等，缺点是结构比较复杂，生产速度慢，制作成本相对较高。

如图10-13所示，这是专为儿童设计的一款糖果包装。考虑到糖果的颗粒状外形特征和儿童爱玩、好动且活泼的特点，该品牌选择了自动锁底的包装盒型，有助于减少糖果被儿童不小心从盒子底部滑落的情况。

图10-13

如图10-14所示，该橄榄油瓶的高度和重量决定了其包装外盒需要有足够的承重力，即需要选择一个盒底结构牢固的包装盒型才能保证橄榄油的安全，因此经济又安全的自动锁底盒型便成了不二选择。

图10-14

10.2.4 飞机盒

飞机盒也叫插盖盒，是一种常见的纸包装盒型，应用较广泛，因其展开后的外形酷似飞机而得名。飞机盒的开启方式给人一种打开礼物盒的感觉，容易营造出仪式感。

如图10-15所示，这是一款睡眠辅助产品的包装设计。品牌放弃了瓶装保健品常使用的对插盒，而是选择了成本较高、结构特殊的飞机盒，再搭配简洁、美观的版式设计，整个包装显得与众不同。

图10-15

如图10-16所示，这是一个二手手机品牌的包装设计。该品牌将旧手机回收并将其装入新的外包装，再销售给客户。对于这样一个以“二手环保”为理念的品牌，包装盒设计要兼具功能性与环保性。该品牌选用了结构特殊且不需要使用胶水就能组装的飞机盒，既方便消费者开启盒子，又传播了环保理念。

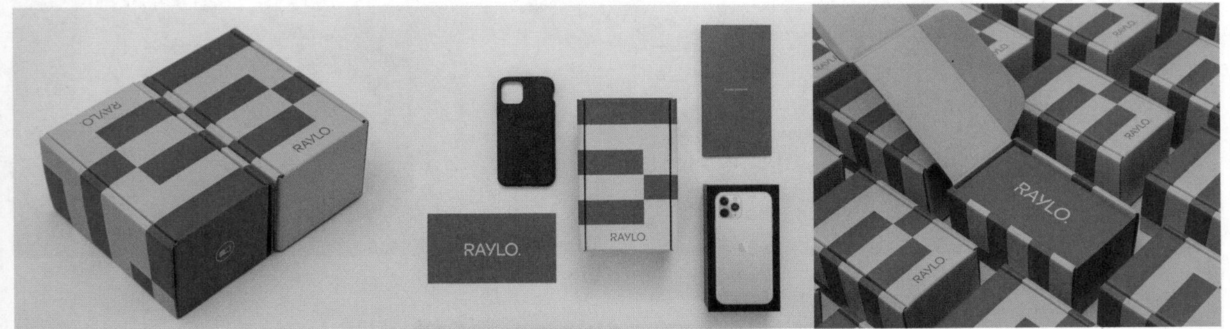

图10-16

如图10-17所示，这是一款红酒的礼盒包装。飞机盒的开合方式容易营造出一种仪式感，这一特点能够为产品锦上添花。

图10-17

10.2.5 手提盒

手提盒常用于礼盒产品包装，其特点是便于携带。在为产品设计手提盒时要注意产品的体积、重量、材料，以及提手的构造是否恰当，提手的材质和形式是否符合包装设计的主题。

电动工具普遍较重，为这类产品的包装外盒增添把手设计更方便消费者购买和携带，如图10-18所示。

图10-18

如图10-19所示，该大米包装盒设计了提手，既方便消费者携带，又符合礼盒包装设计的美观性要求。

图10-19

如图10-20所示，这是一个面包品牌的包装，其产品多为净含量较大的家庭分享装。包装盒由可回收的环保材料——瓦楞纸板制成，每个盒子上都设计了提手，消费者可轻松携带。

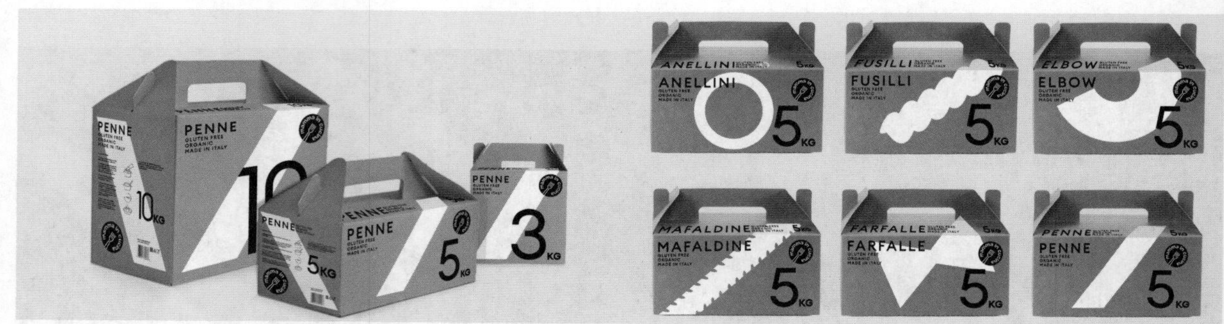

图10-20

10.2.6 天地盖

天地盖分盒盖与底盒，其特点是盖底分离，用纸较多，成本较高。天地盖质感好，而且可以设计不同厚度的双层内衬以增强其坚固性，适用于高档产品的礼盒包装，如服饰、首饰等。

如图10-21所示，该品牌有24种不同类型的咖啡和茶产品，品牌为其设计了一款天地盖礼盒包装，便于消费者随意搭配各种咖啡和茶，还可以直接用于赠送亲友。对于品牌来说，天地盖这种包装盒型设计有益于提升品牌形象。

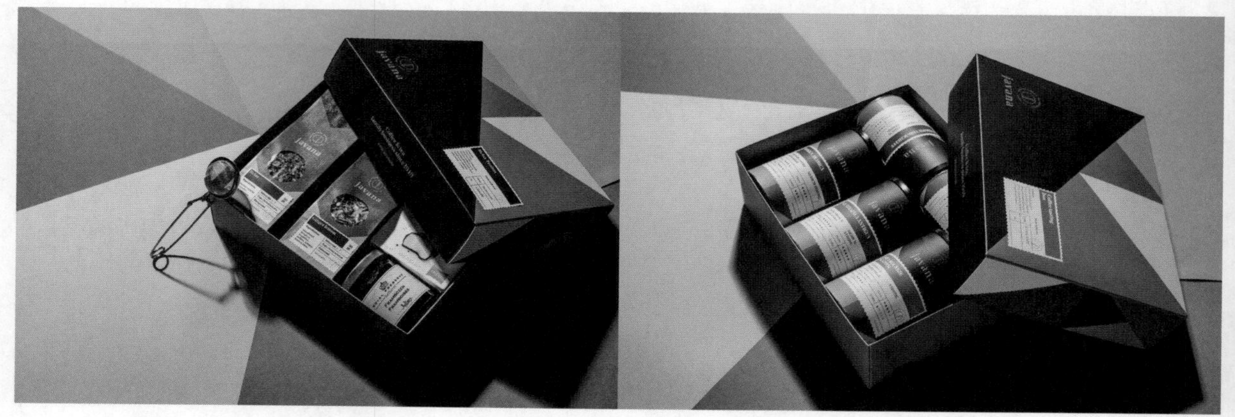

图10-21

如图10-22所示，该品牌针对不同的服装设计了不同尺寸的天地盖包装，其特殊的开合方式营造出了一种仪式感，而绿色和黄色的色彩搭配清新自然，为该服装品牌创造了一个视觉记忆点。

图10-22

如图10-23所示，不同颜色的内衬搭配统一的蓝色天地盖外盒，让整个包装显得更有活力，其坚固且厚实的双层内衬能牢牢地固定产品，起到有效的保护作用。

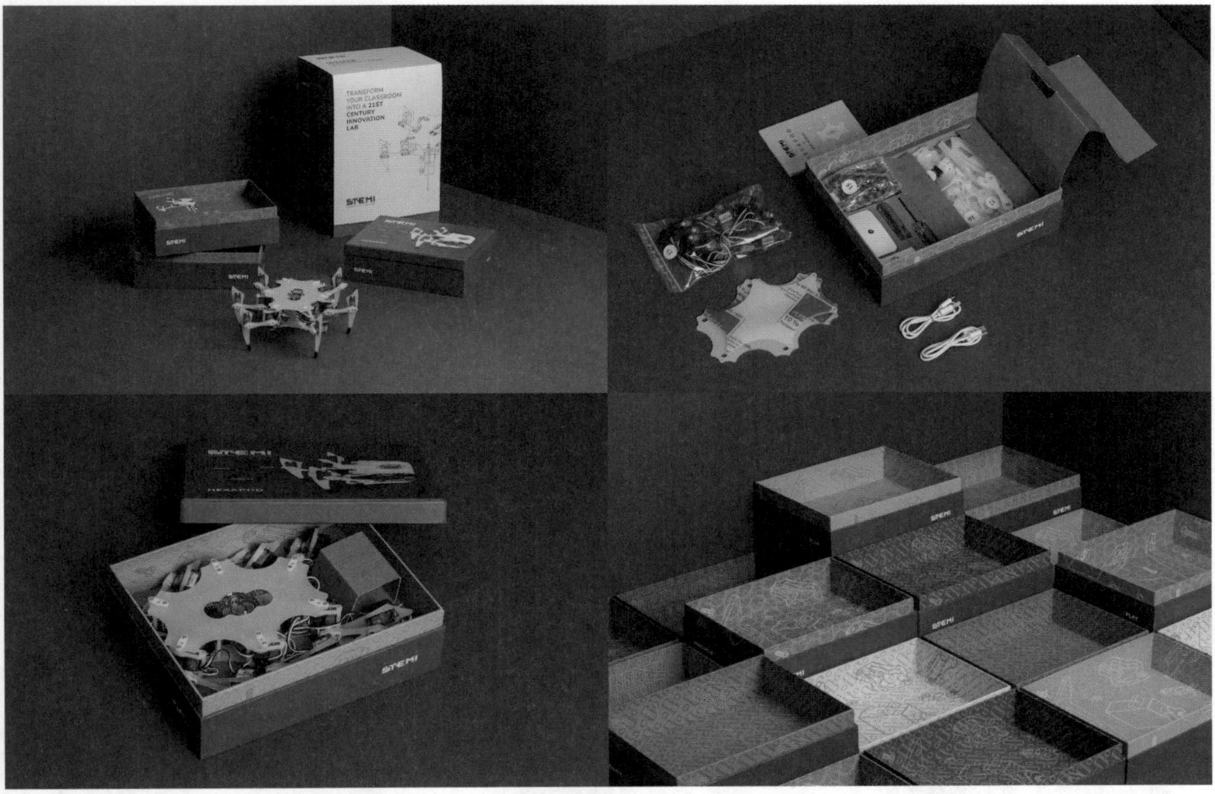

图10-23

10.2.7 抽屉盒

抽屉盒分内盒与袖套两部分，开合方式为抽出、推进。抽屉盒的特点是质感较好，用材较多，制作成本较高。

如图10-24所示，该品牌的鞋盒设计灵感来源于用于储存和运输产品的集装箱。鞋盒采用的是抽屉盒型，其外观设计看起来就像一个钢制集装箱，给人一种坚固的感觉。抽屉盒便捷的开合方式有助于销售员快速整理或寻找不同颜色和不同款式的鞋。

图10-24

如图10-25所示，该甜点包装采用了抽屉盒型。这样设计主要有两个功能：一是当消费者打开抽屉拿取甜点时，内盒可以防止甜点洒落；二是当抽屉完全打开后，内盒可直接作为盛装甜点的托盘，便于分享。

图10-25

如图10-26所示，这是一个圣诞礼盒包装设计。包装整体采用了三棱柱状的抽屉盒型，并设有4个三棱柱状的内盒，内盒中装有不同颜色和不同款式的袜子，消费者打开这个礼盒需要开启4次包装。这样的设计既可以增加开启包装的趣味性，又可以为产品增添一丝神秘感。

图10-26

10.2.8 陈列盒

顾名思义，陈列盒可用于在货架上陈列、展示产品。

单支独立小包装产品通常容量小、展示面少，将独立小包装产品放于货架销售时，消费者很难注意到，因此这类产品通常采用陈列式的外盒包装形式，既可以整盒售卖，又可以方便消费者选购单支或多支产品，如图10-27所示。

图10-27

如图10-28所示，该产品包装撕开的盒盖顶部可以直立起来作为产品陈列盒的POP展示部分，可以增加产品外包装的展示面积，增强产品的货架优势，从而快速吸引消费者的眼球。

图10-28

10.2.9 组合式盒

组合式盒既有外包装又有内包装，它的特点是可以在同一个包装中放置不同类型的产品，提升产品包装的仪式感，但制作成本较高，多用于礼盒包装。

如图10-29所示，考虑到零件类产品的特殊性和复杂性，该品牌选用了组合式的包装盒型，这种盒型便于将零件取出与替换，从而避免拆箱和重新包装的双重麻烦。打开顶部翻盖后，组合式盒的侧面就会自动展开，此时会看见一个带拉扣的托盘，使用拉扣可以轻松地将托盘推入和拉出。这类组合式盒型既可以保护零件产品的安全性，又可以将各种零件进行分类摆放，以方便消费者拿取。

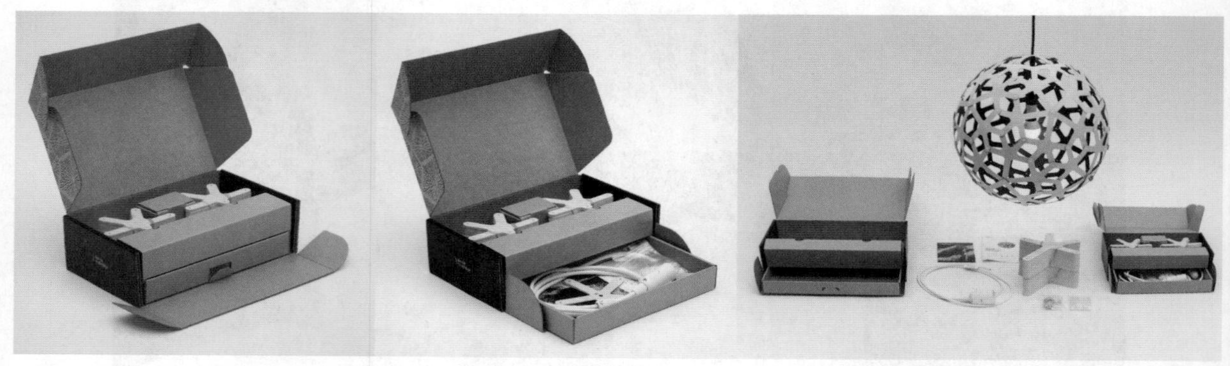

图10-29

如图10-30所示，该系列包装的每个礼盒都可容纳一双鞋子和一套精选服装。品牌将细绳线融入包装盒的开启设计中，消费者只需要拉动绳线，撕开纸条，就可以开始探索该组合式包装盒内的“秘密”。

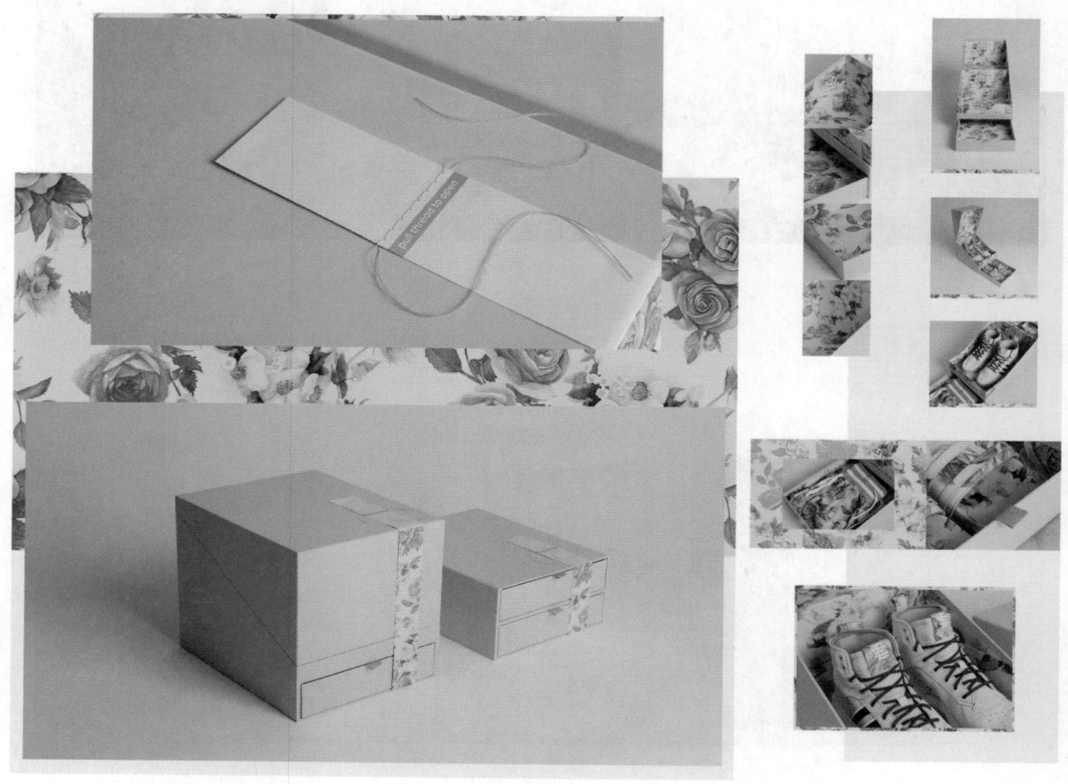

图10-30

如图10-31所示，该礼盒分为上下两层，是翻盖盒与抽屉盒的结合，可以容纳不同系列的巧克力棒和果仁糖，整个礼盒看上去精致又大气，体现出品牌对其产品的信心与用心。

图10-31

10.2.10 开窗式盒

开窗式盒常用在玩具、食品等产品的包装中，这种包装结构的特点是能直观地展示产品。开窗部分一般会采用透明材料，消费者可通过透明的开窗了解产品的大致情况，并在一定程度上对产品产生信任与好奇。

如图10-32所示，该品牌选用开窗式纸盒包装，一方面可以确保产品在运输过程中能得到保护，另一方面可利用透明开窗的形式从多个角度展示产品，消费者可以直观地看到产品的外观与细节。

图10-32

如图10-33所示，这是一款意大利面的包装设计。该品牌的卖点是不同口味和形态的意大利面。包装采用了简单的纸筒外盒与透明的开窗设计将卖点展现出来，消费者可以根据面条的形状和自己的口味喜好进行选购。

图10-33

如图10-34所示，该品牌的灯泡产品采用了四面开窗的包装盒设计，包装正面设有较大的主要开窗，其他三个面则设有辅助开窗，消费者可透过开窗观察灯泡的外观。该包装设计较为充分地考虑了消费者的购买心理，为消费者提供了良好的购物体验。

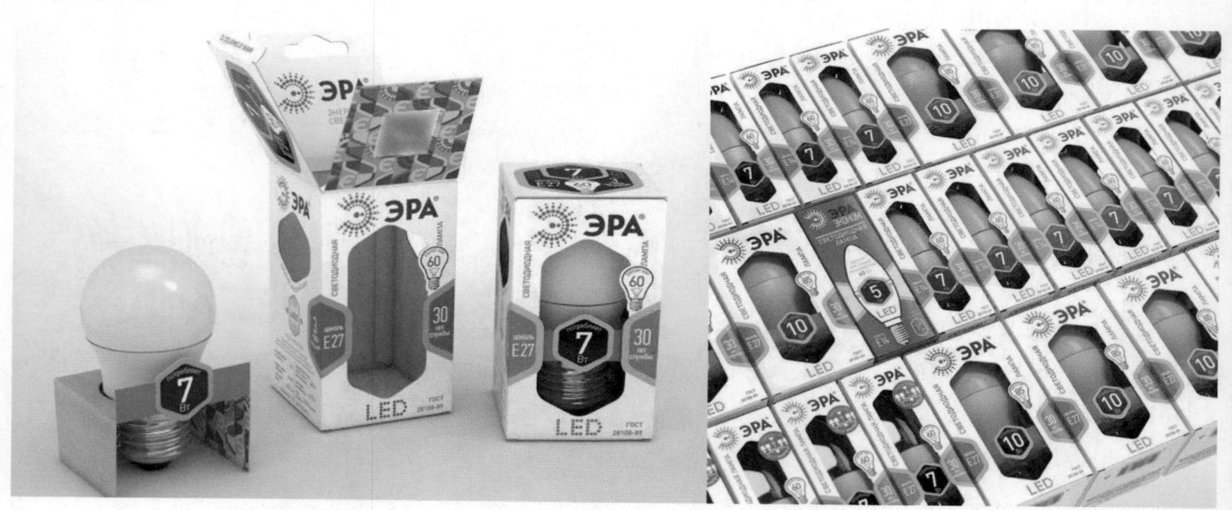

图10-34

10.3 常见的袋型包装

包装袋用于包装各种产品，广泛用于日常生活和工业生产中。随着产品种类的日益增多，品牌需要根据产品特性、品牌定位、目标消费人群等来确定更合适的包装袋类型。按制作工艺来说，包装袋常分为塑料包装袋和复合包装袋，本节将要介绍的都是复合包装袋。

10.3.1 背封袋

背封袋又称中封袋，是包装行业的专用词语，简单来讲就是一种在袋体背面进行封边设计的包装袋。背封袋的应用范围非常广，其生产成本相对较低。糖果、薯条、方便面等食品通常会采用背封袋。

背封袋的封口在背面，因此袋体两侧可承受更大的压力，能在一定程度上降低包装破损的概率。从材质上来讲，背封袋与一般的热封袋没有太大区别，铝塑、铝纸等复合包装材料通常也会制成背封袋。背封袋的制造和包装难点是热封T形口，T形部位的热封温度不好掌握，若温度过高，其他部位会出现褶皱；若温度过低，则无法将T形口封合严实。

在设计背封袋时，首先需要考虑各展示面的图案之间是否需要连贯性的表现形式；其次当袋体被撑开时，包装袋容易产生褶皱，因此需要确定主要展示面的信息是否能完整展示；最后由于传统的背封袋无法“站立”，在货架陈列上存在一定的弊端，因此还要考虑是否需要给背封袋做一些结构上的优化设计。

如图10-35所示，该产品包装袋上的基础图案是黄色的斜线形状和圆饼形状，像是被揉捏成条状的面团和薄薄的饺子皮。包装采用了两侧无封边的背封袋，因此包装的背景图案能够从袋子的正面延伸到背面。

图10-35

如图10-36所示，该品牌的形象是一个戴蓝色帽子的小男孩，为了与品牌形象相匹配，包装采用了背封袋并在袋体侧面进行了立体化结构设计，因此该包装袋可以站立起来，远远看上去就像那个小男孩一样，充满了活力和生命力。

图10-36

如图10-37所示，这是一款可悬挂在货架上并用于展示的背封包装袋，袋子的封口处设有用于悬挂的孔。采用这类包装袋的产品通常分量较小。

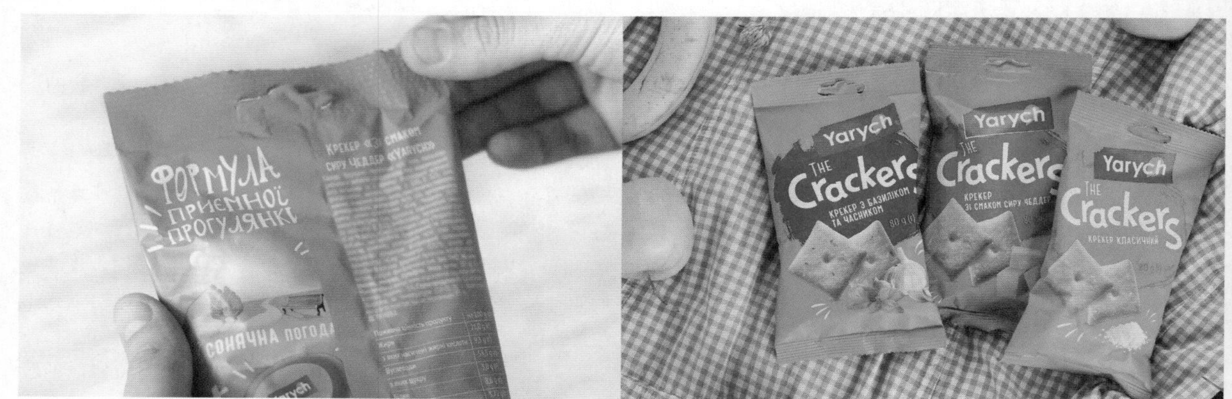

图10-37

10.3.2 四边封袋

四边封袋即四边封口的包装袋，是较为常见的食品包装袋类型，这类包装袋无法站立展示。

如图10-38所示，这是一款海鲜类产品的包装设计。消费者通常会关注海鲜的新鲜度，这也是海鲜类产品追求的关键点，单面的开窗设计是为了让消费者看到海鲜的具体情况。海鲜类产品通常需要放置于冷柜中，因此四边封袋包装是较好的选择。

如图10-39所示，这是一款咖啡的系列包装设计。该系列咖啡的种类繁多，因此品牌为不同种类的咖啡设计了不同的插画，方便消费者选购。单包咖啡的净含量较少，因此选用了小容量的四边封袋袋型，方便消费者冲泡。

图10-38

图10-39

10.3.3 自立袋

自立袋是指底部有水平支撑结构的软包装袋，这类包装袋不倚靠任何支撑架，无论开袋与否均可站立。自立袋在提升产品档次、增强货架陈列视觉效果、携带轻便性、使用便利性、保鲜、密封性等方面占有优势。自立袋又分为普通自立袋、带吸嘴的自立袋、带拉链的自立袋及异形自立袋等。

如图10-40所示，该包装设计采用了透明的自立袋，并在袋子正面设计了标签，大面积的透明开窗设计可以直观地展示谷物，体现出该品牌对于产品的自信。通常情况下，这种谷物类产品不会一次性食用完，因此包装袋的封口处带有拉链，方便消费者保存谷物。

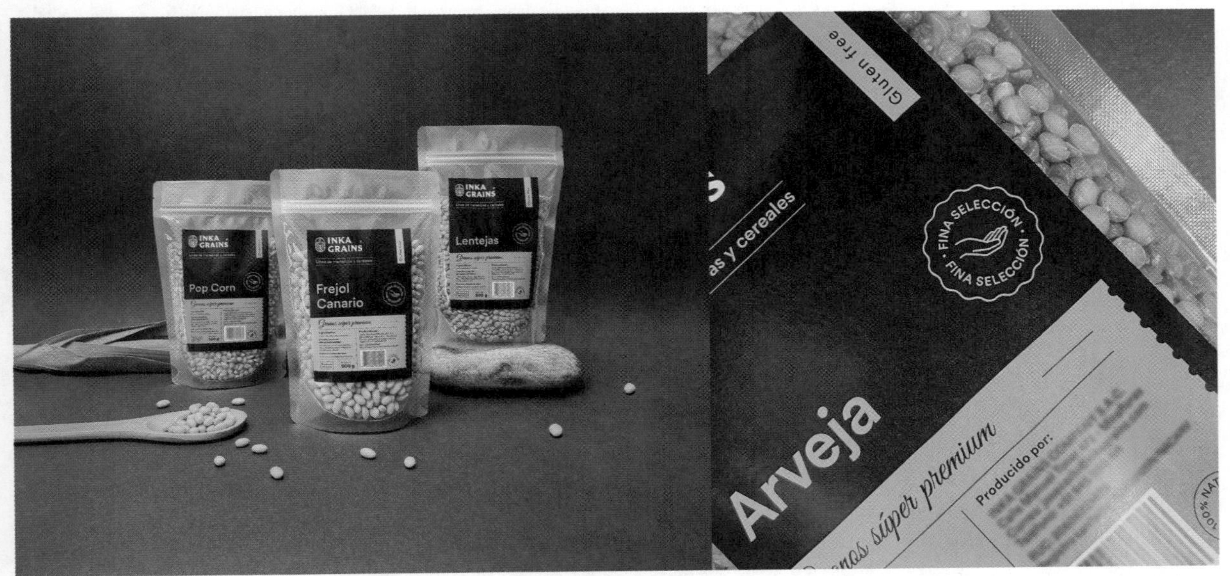

图10-40

如图10-41所示，这是一款酱汁类调味品的包装设计，富有趣味性的图形、可读性较高的版式设计及鲜艳的色彩搭配都让该包装显得与众不同。不同于酱汁类产品常用的玻璃包装，该包装采用了带吸嘴的自立袋，既方便挤出酱料又方便携带。

图10-41

10.3.4 八边封袋

八边封袋是一种复合袋，因其形状而得名。八边是指这类包装袋有八条密封边，袋子底部有四条密封边，袋子两侧各有两条密封边。如今，越来越多的品牌放弃简单、传统的袋型，开始改用八边封袋。

八边封袋主要有以下4个优点。

第1点： 八边封袋的外形美观、大方，货架展示效果好，封口处可增加拉链等其他功能性设计。

第2点： 八边封袋的展示面较多，不仅能从多个角度展示产品以吸引消费者的注意力，还能促进品牌建设。

第3点： 八边封袋相对其他包装袋型来说，容量更大，袋体结构更硬挺。

第4点： 根据不同的材料、厚度、阻水性、阻氧性、印刷工艺等，可以制作出不同性能的八边封袋，可以满足多种产品包装的需求。

如图10-42所示，该系列包装的货架展示效果非常好，鲜艳的色彩、大胆的文字设计及单色插画占据了包装袋的主体区域，八边封袋袋型使得包装的体积感更强，更容易吸引消费者的视线。

图10-42

如图10-43所示，这款大米包装设计在袋型上选择了体积感更强的八边封袋。为了迎合消费者的需求，该大米包装设计了开窗和自封口，既方便消费者观察大米的样貌，又方便储存。

如图10-44所示，这是一款咖啡包装设计。该咖啡包装设计选用了八边封袋，既契合咖啡的质感，又便于产品陈列。

图10-43

图10-44

10.4 包装刀版图

刀版图就是模切板，制作刀版之前需要设计刀版图。刀版图是根据印刷成品的外沿，用线条表现出来的设计图。在设计与制作包装盒时，设计师首先需要做的是理解包装盒的折法和范围，然后开始绘制刀版图、添加出血线，最后用单色线条将刀版图的外沿勾画出来。下面介绍常见的包装盒的刀版图。

10.4.1 矩形袖封套盒

矩形袖封套盒通常用作托盘和套筒组合中的套穿式盖子。其结构简单，是大多数管式纸箱的基础结构，且需要预涂胶进行封合。该盒型结构如图10-45所示。

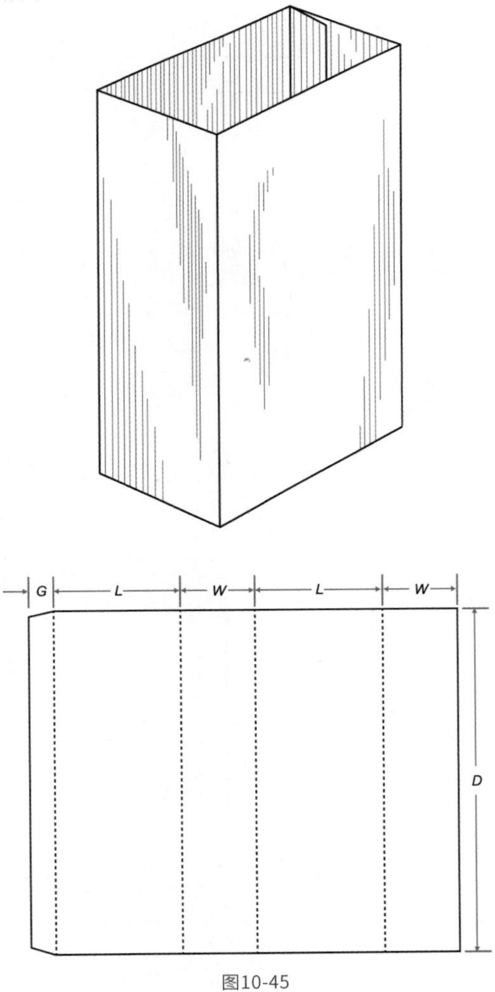

图10-45

10.4.2 笔直插入式盒

笔直插入式盒通常用于需要快捷地打开盒子以展示产品的包装中。该盒型顶部与底部闭合面的朝向是相反的，底部闭合面朝后，顶部闭合面朝前。纸盒底部有一个狭缝锁扣。该盒型结构如图10-46所示。

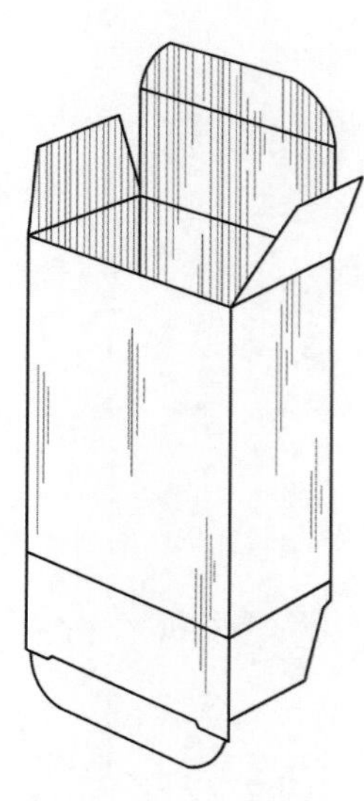

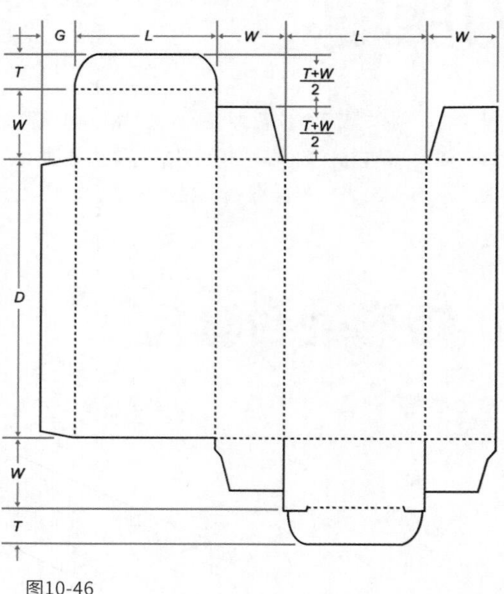

图10-46

10.4.3 法式反向插入式盒

法式反向插入式盒多用于化妆品包装。该盒型盒盖的排列方式与笔直插入式盒型刚好相反，它是由盒子的正面向盒子的背面折叠插入。这种结构的优点是可以保持盒子正面的完整性，包装图像可以从盒子的正面一直延伸至盒子的上盖处，不会因为插舌而中断。该盒型结构如图10-47所示。

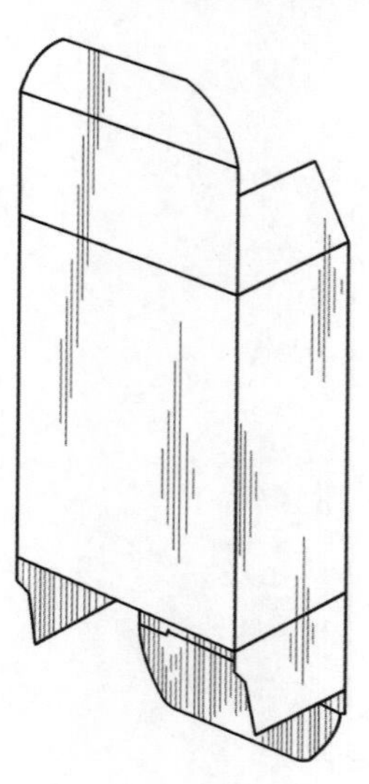

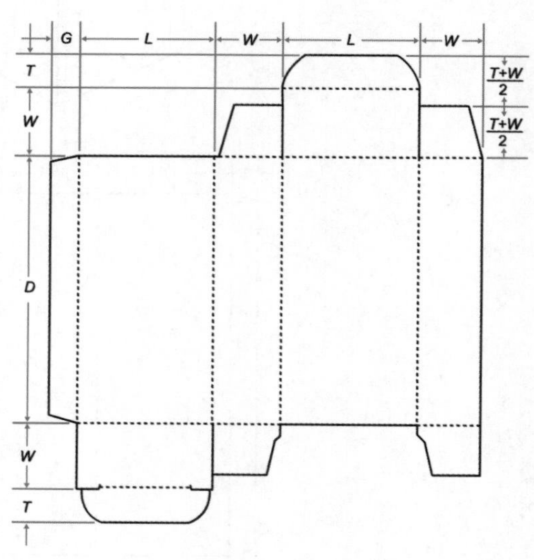

图10-47

10.4.4 开窗式标准直褶盒

开窗式标准直褶盒多用于需要在包装主展示面展示产品本身的包装。该盒的盒盖与盒底的闭合面都是朝向包装背面的，因此包装正面能够得到完整的展示。该盒型结构如图10-48所示。这种盒型结构能避免开窗窗膜和褶皱之间产生干扰，而反向褶皱式的盒型结构就很难避免这种情况。

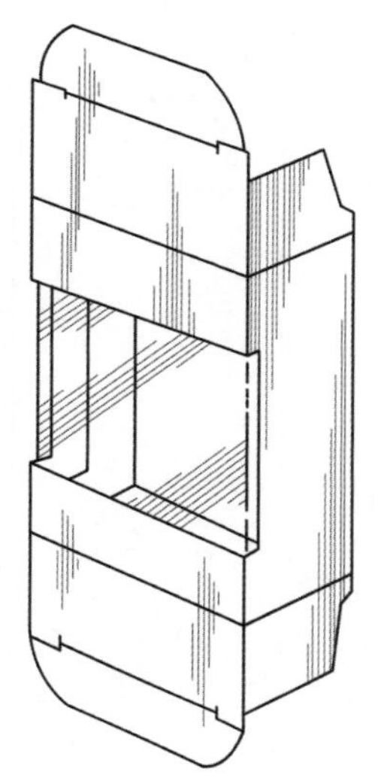

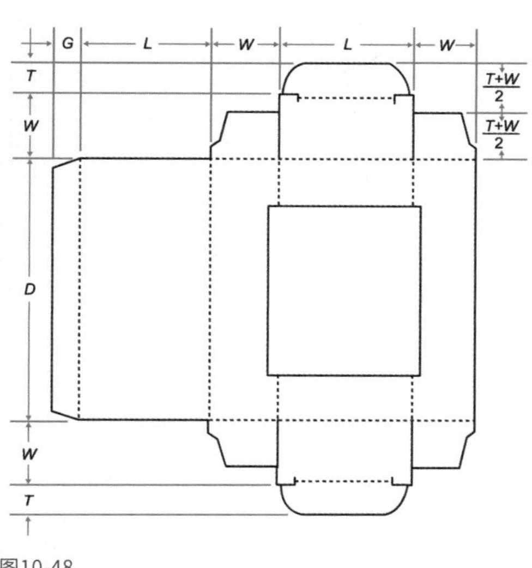

图10-48

10.4.5 反向插锁盒

在反向插锁盒中，舌头的设计是为了防止盒盖在运输和搬运过程中因挤压变形而被打开，从而保护包装盒内部的产品。该盒型结构如图10-49所示。

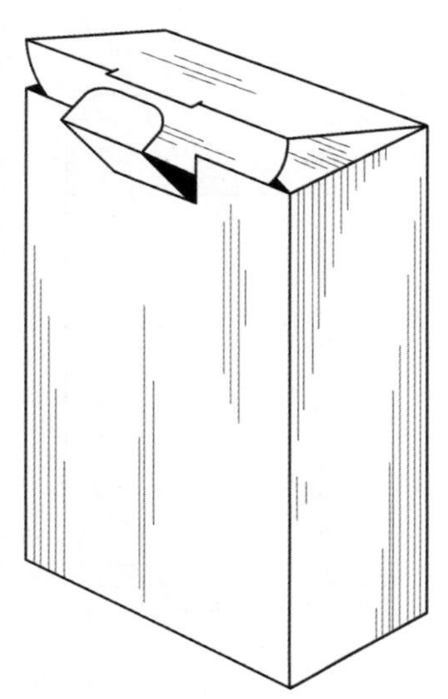

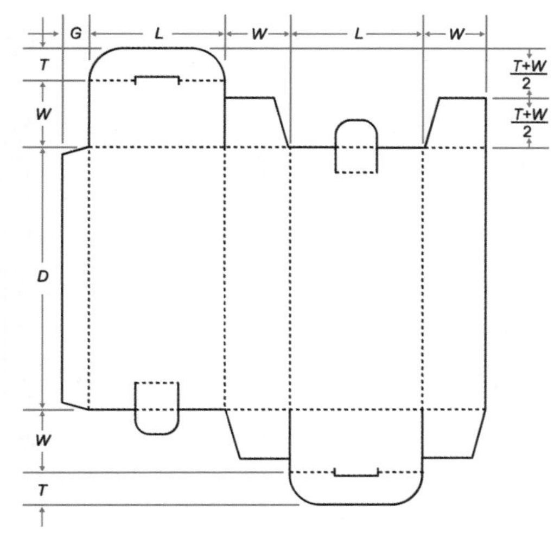

图10-49

10.4.6 波纹管盒

波纹管盒的设计结构与设计目的与反向插锁盒型基本相同。与传统防尘盖的边角结构相比，波纹管盒的边角结构会更为牢固。该盒型结构如图10-50所示。

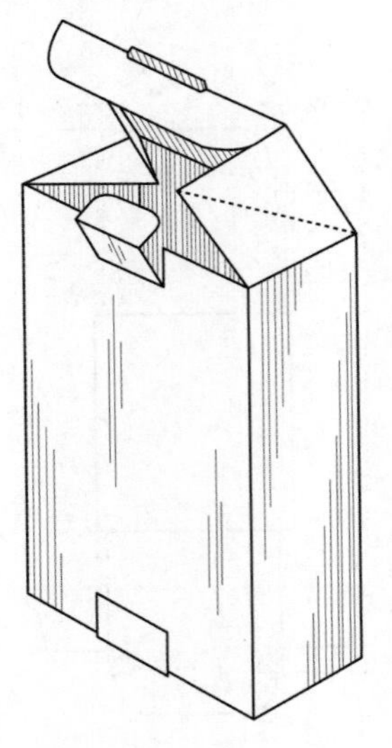

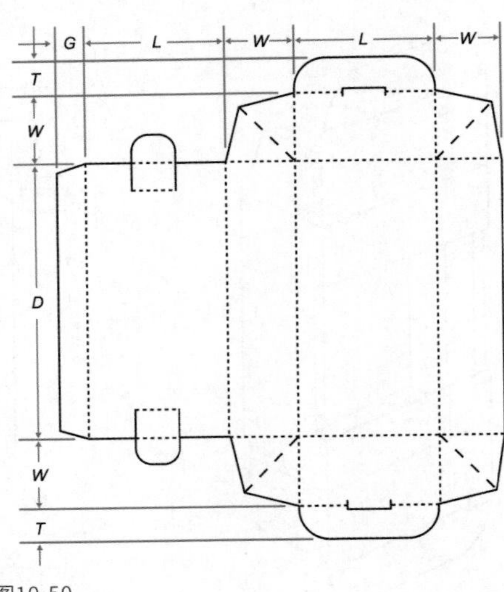

图10-50

10.4.7 带锁扣防尘盖的反向褶裥盒

反向褶裥盒通常可以轻松地开启与闭合，该盒的防尘盖为锁扣形式且比一般的防尘盖要长，即使盒子内部的产品很重，也能防止包装盒意外开封。该盒型结构如图10-51所示。

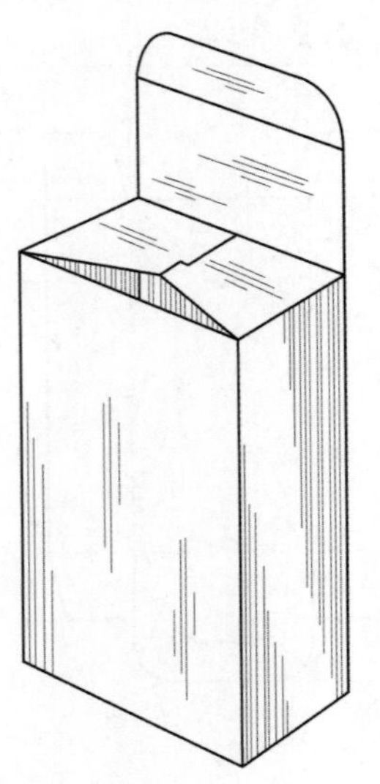

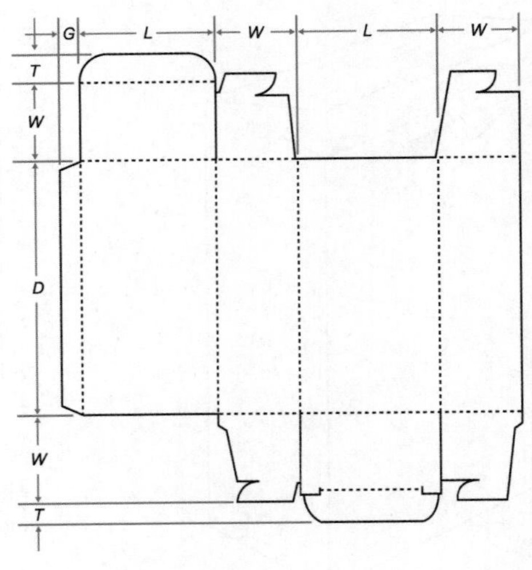

图10-51

10.4.8 标准自动锁底盒

标准自动底锁盒的盒体与盒底能折成平板状，当撑开盒体时，盒底能够自动形成封合状态，且不需要另行组底封合。这类盒型的应用范围较广，其优点是牢固、高效、美观等，缺点是结构比较复杂、生产速度慢且制作成本相对较高。该盒型结构如图10-52所示。

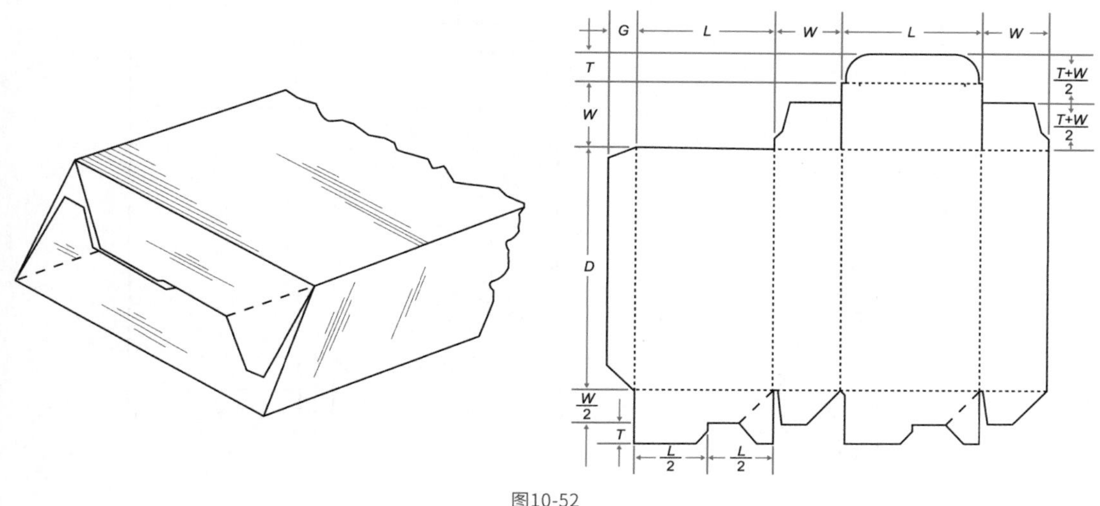

图10-52

10.4.9 满版自动锁底盒

标准自动锁底盒的底部均向内折叠，当在盒中放置物体时，受力的部分通常是盒底四周的边缘，因此标准自动锁底盒可承受的重量较大。但当放入的产品是不规则的或数量较多时，产品可能会从盒底中间凸出来，甚至挤裂盒底，而满版自动锁底盒则能较好地解决这个问题。满版自动锁底盒底部的长舌与盒底面积几乎一样大，因此产品重量的压力会扩散至整个盒底，盒子的承受力也会有所提升。该盒型结构如图10-53所示。

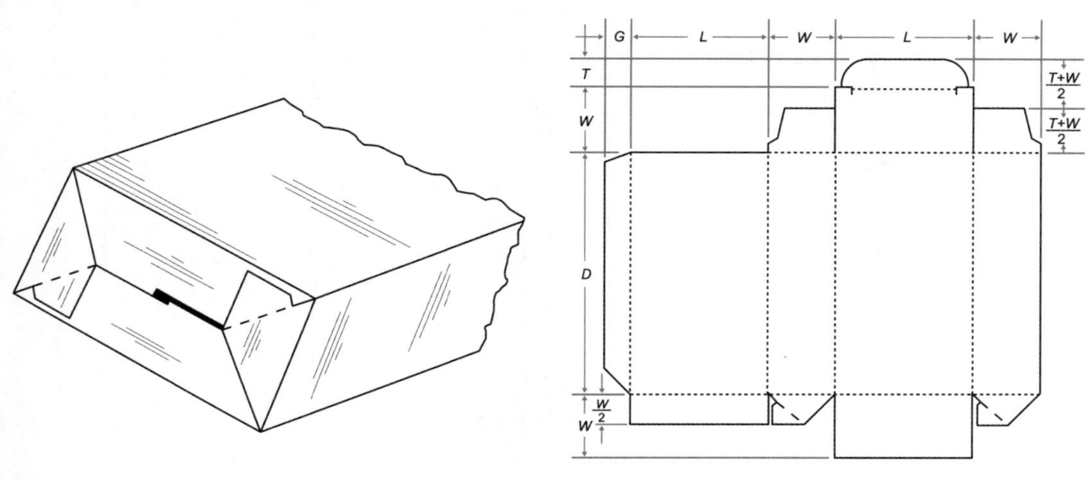

图10-53

10.4.10 快速锁底盒

快速锁底盒的盒底美观、封合方便且牢固，四边和自动锁底盒一样没有空隙。快速锁底盒的造价略低于自动锁底盒，化妆品、酒、食品等包装常常采用这类盒型。该盒型结构如图10-54所示。

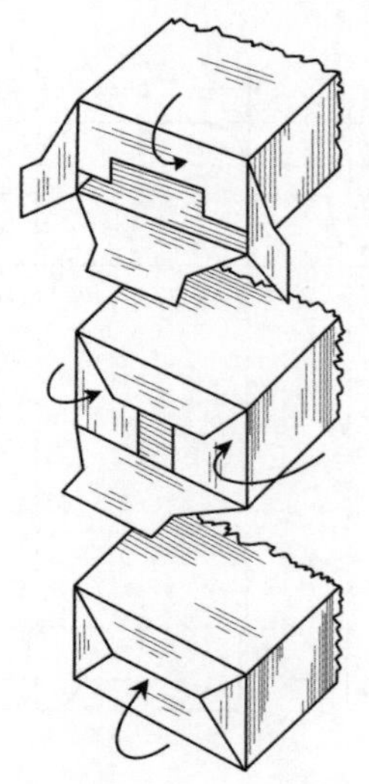

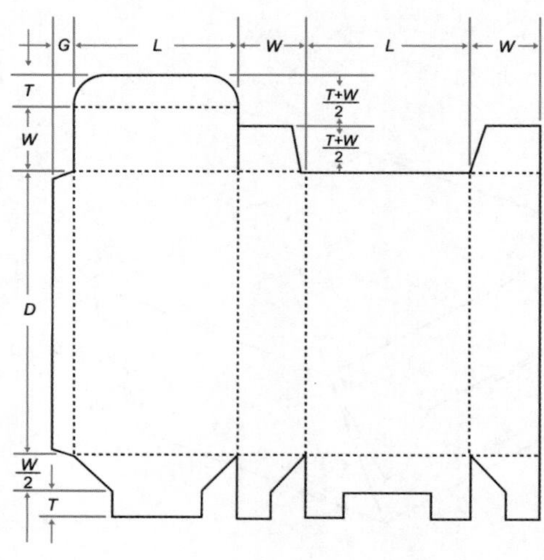

图10-54

10.4.11 拉链纸盒

当产品外盒需要安全的闭合形式时，带有拉链设计的纸盒盒型便是不二之选。拉链纸盒的外闭合盒盖上通常设有拉链式撕裂带。该盒型结构如图10-55所示。

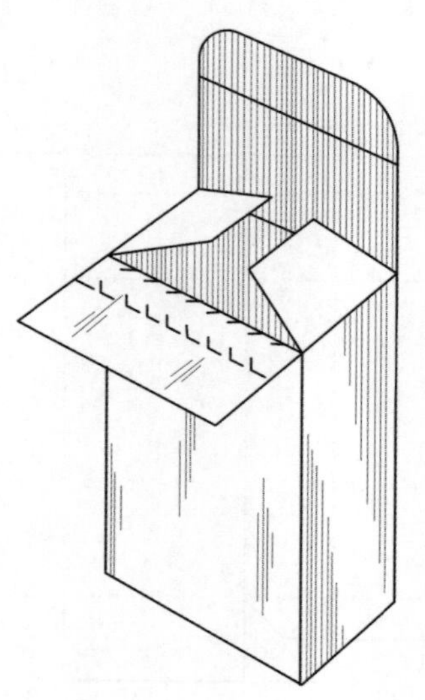

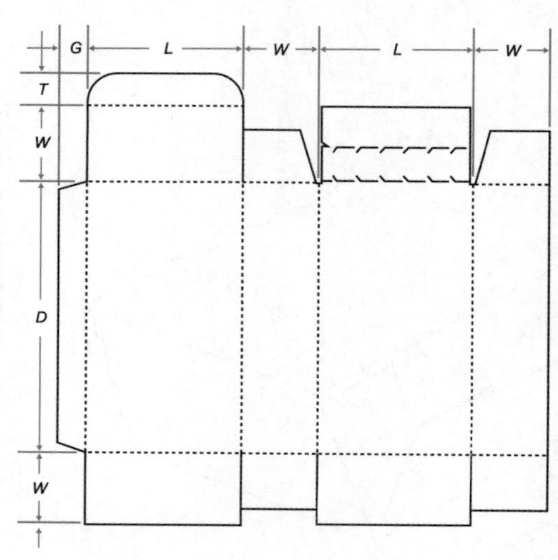

图10-55

10.4.12 四点胶合盘

四点胶合盘是一种既可以作为上盖，又可以作为底盒的盒型，它有多种组装形式。例如，以相同材料、相同尺寸作为上盖与底盒；以相同尺寸、不同材料作为上盖与底盒；以任何材料作为底盒，以更优质的材料或其他盒型作为上盖。四点胶合盘用作上盖时还可设计开窗来展示内部产品。这种包装盒型通常会采用平装（未胶粘）方式递交给客户，客户在使用过程中可以对其进行重新组装并黏合。该盒型结构如图10-56所示。

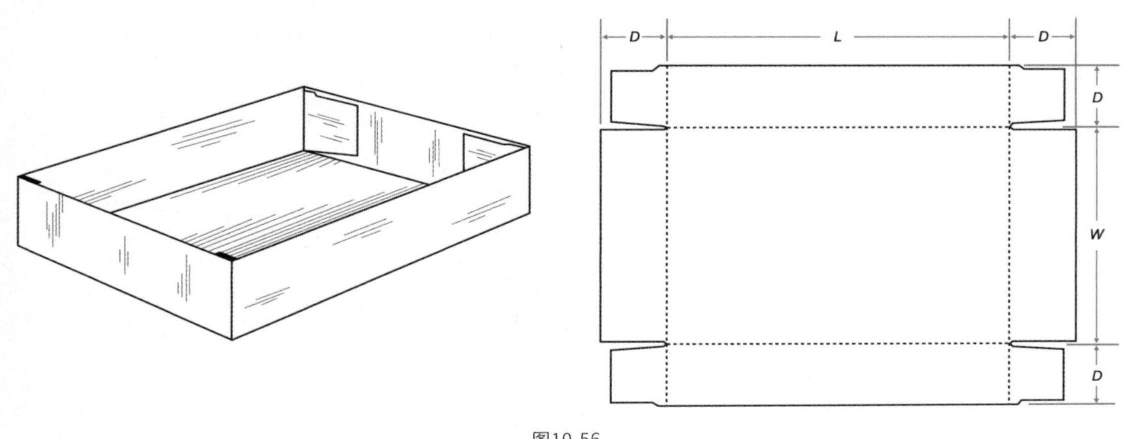

图10-56

10.4.13 可折叠式四点胶合盘

与四点胶合盘不同的是，可折叠式四点胶合盘的长侧边多了两条折叠线，在运输之前可以先黏合好盒子，使用时将其展开即可用于包装产品。该盒型结构如图10-57所示。

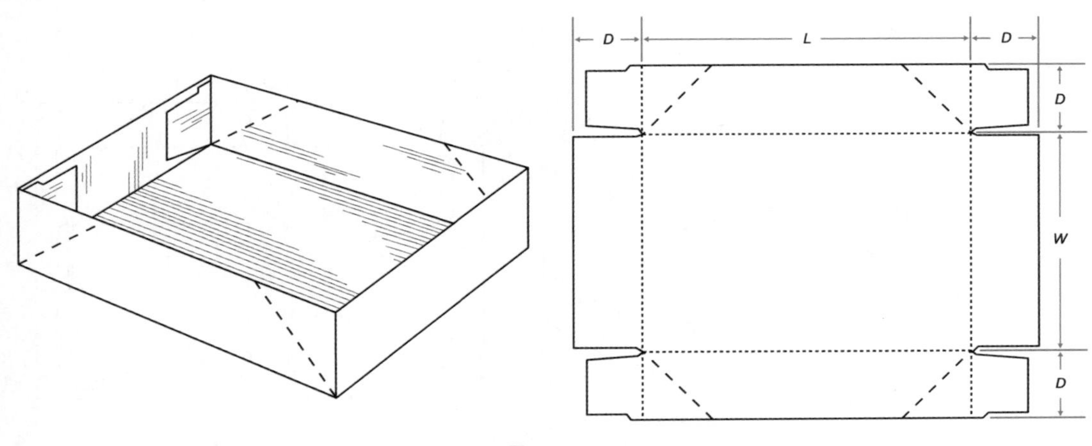

图10-57

10.4.14 六点胶合盒

六点胶合盒通常会采用平装（未胶粘）方式递交给客户，客户可重新组装与黏合盒子。这类盒型通常会用于水果等产品的简单包装，因此它不需要过于精美的外观设计。该盒型结构如图10-58所示。

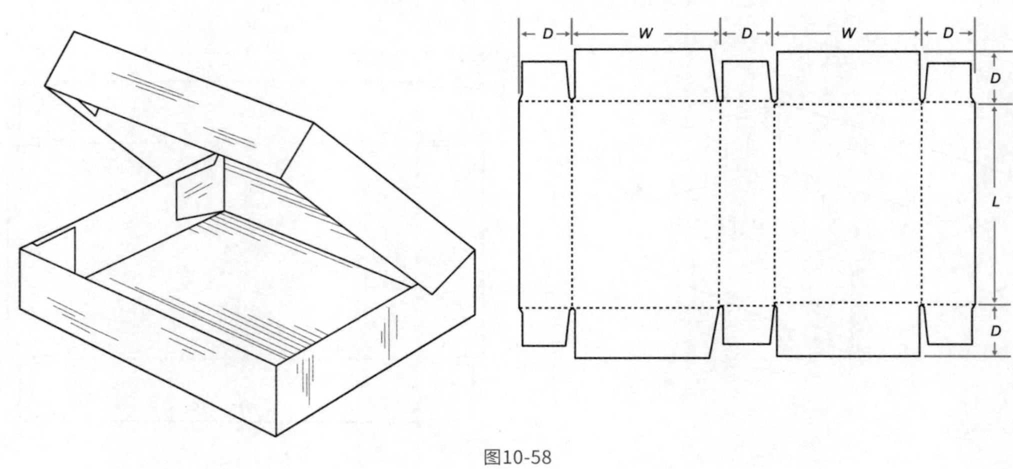

图10-58

10.4.15 可折叠式六点胶合盒

与六点胶合盒不同的是，可折叠式六点胶合盒顶部和底部的长侧边各多了两条折叠线，可以将盒子提前黏合好并用于产品包装。该盒型结构如图10-59所示。

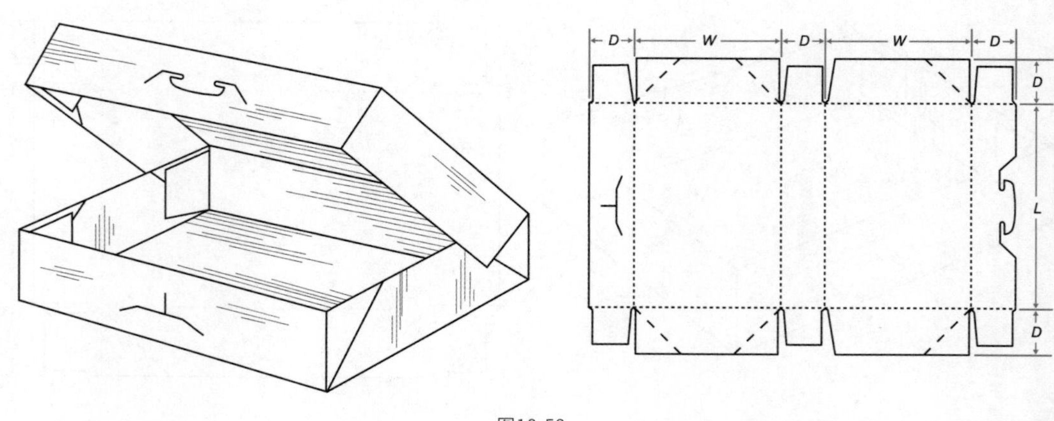

图10-59

10.4.16 夹锁托盘

夹锁托盘常用于对盒子相对两面的厚度有要求的产品包装。这种类型的托盘通常是需要手动组装与锁定的。该盒型结构如图10-60所示。

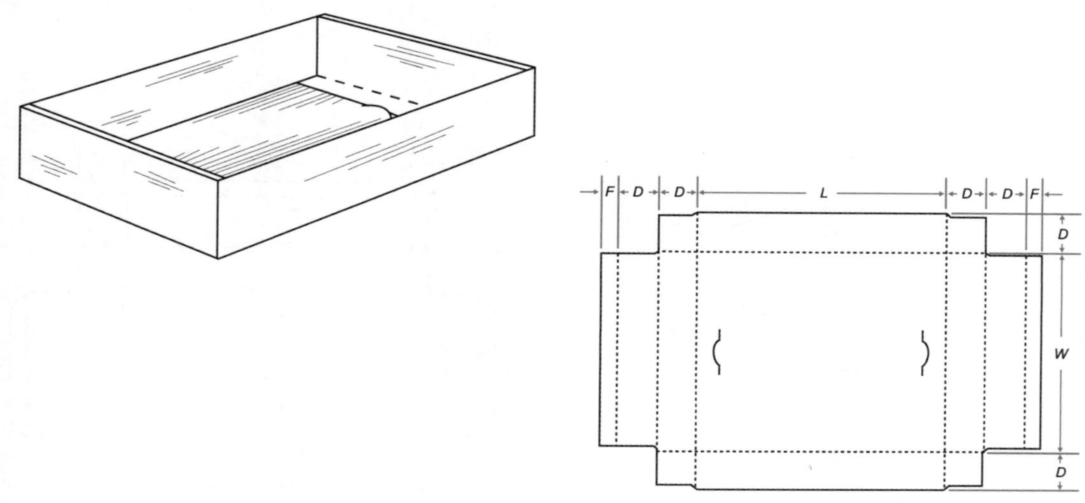

图10-60

10.4.17 脚扣盘

脚扣的意思是它既是盒子的脚，又是盒子的锁扣。脚扣盘可以比较充分地利用纸张且不需要胶合就足够牢固，生产与组装都比较简单。该盒型结构如图10-61所示。

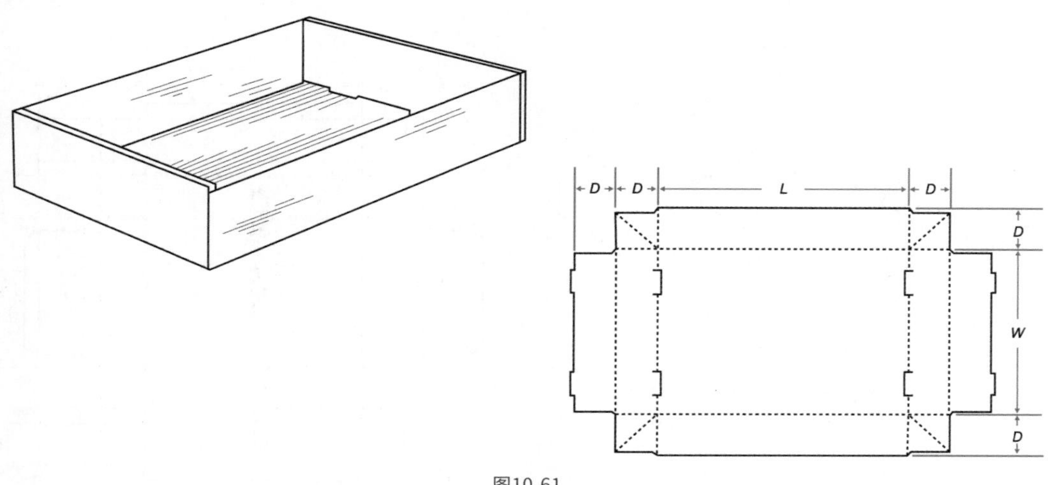

图10-61

10.4.18 脚锁双壁托盘

脚锁双壁托盘耗材较多，但因为这种盒型是需要手动组装的，不需要在直线上胶机上对它进行精加工，所以成本适中。该盒型结构如图10-62所示。

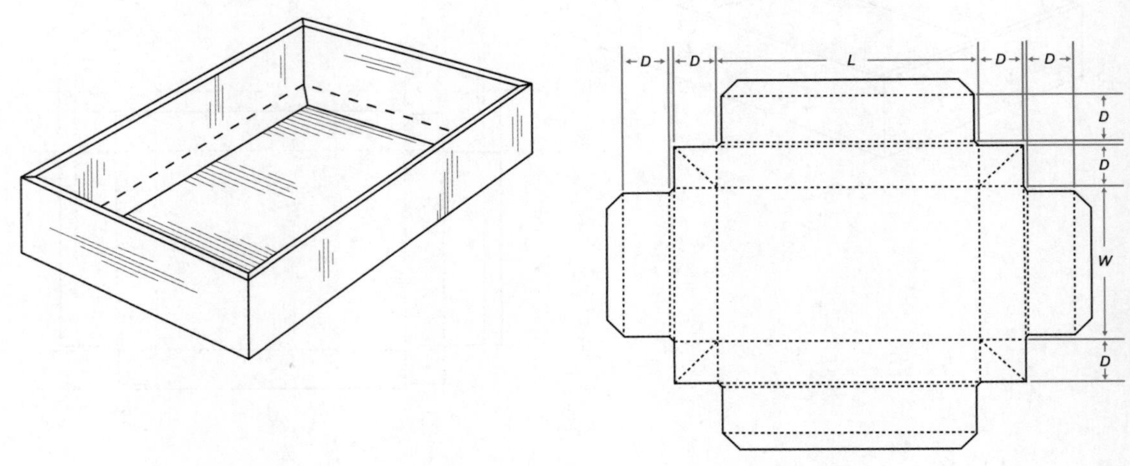

图10-62

10.4.19 框架托盘

框架托盘主要用于增强产品的展示效果。该盒型结构如图10-63所示。

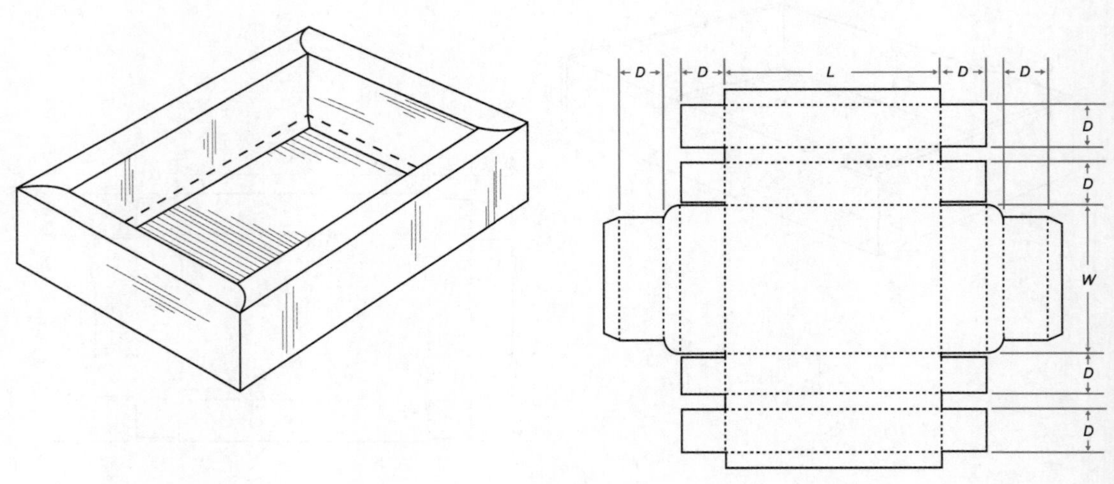

图10-63

10.4.20 顶部和底部带铃铛锁的胶水套

在实际操作中，铃铛锁通常有许多变体可供选择，这里展示的铃铛锁是一种较为通用的结构，如图10-64所示。这种顶部和底部带铃铛锁的胶水套结构适用于一些规则的组合产品的包装。

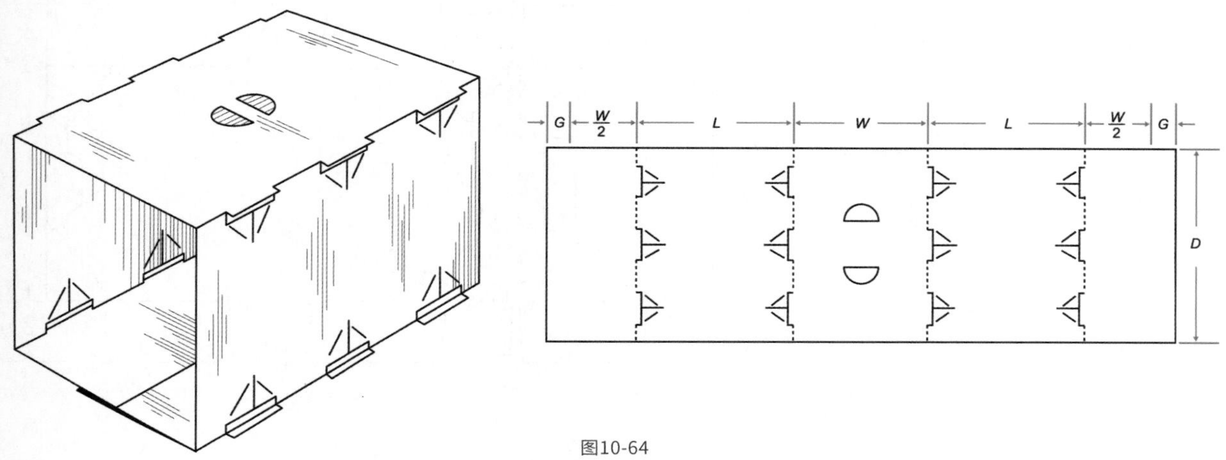

图10-64

10.4.21 五板纸盒

五板纸盒通常会采用侧挂片并将其重叠于密封端，侧挂片上可以进行画面展示的设计，并根据画面展示的大小来调整纸盒的尺寸。这类纸盒常用于勾挂和展示产品。该盒型结构如图10-65所示。

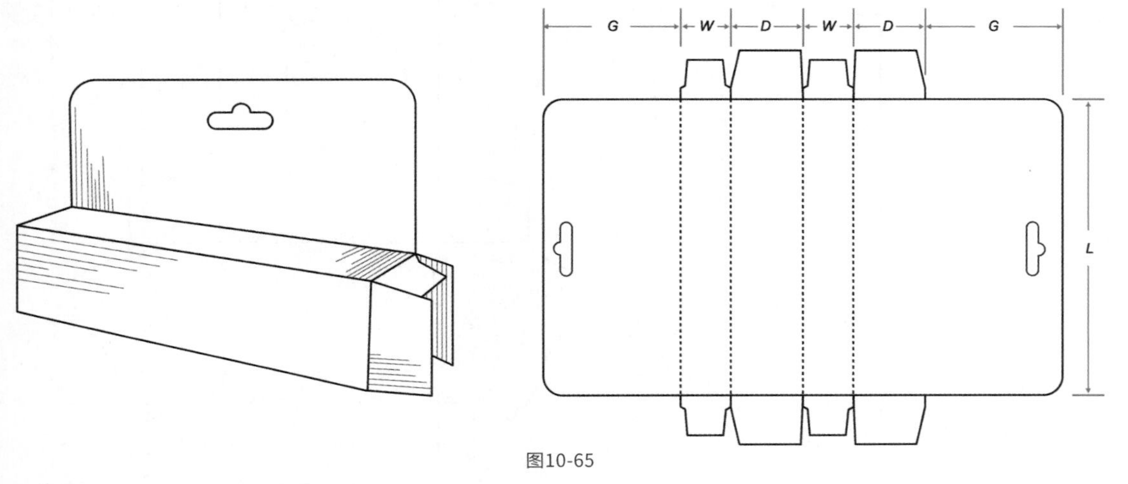

图10-65

10.4.22 防篡改纸盒

开启防篡改类的纸盒包装通常需要手动破坏密封处，即沿着波浪纹撕开密封处，重新闭合时需将闭合面插回断口中。该盒型结构如图10-66所示。

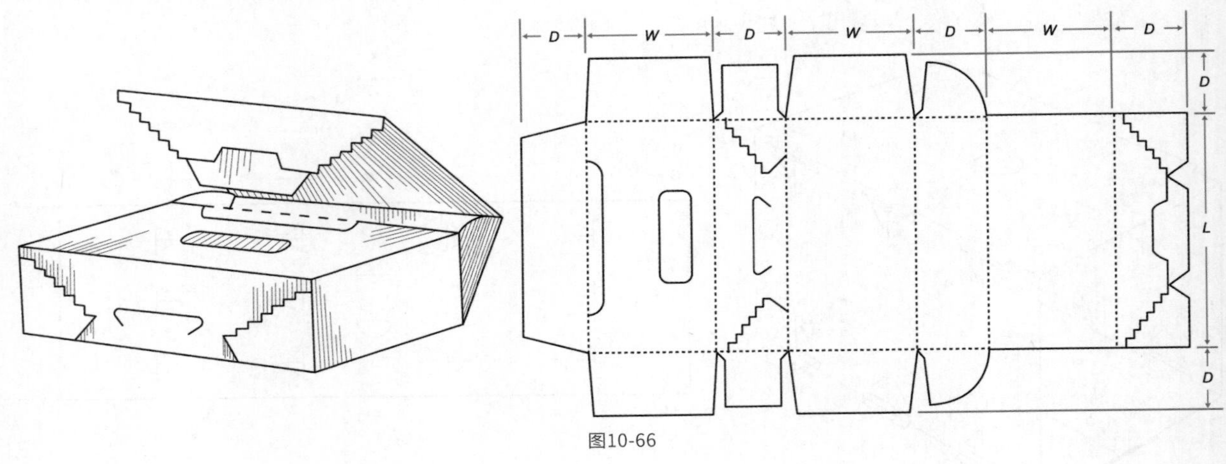

图10-66

10.4.23 展示盒

展示盒又叫陈列盒，是一种可以完全手动组装且不需要黏合的盒型。顶部盖子打开后可以直立起来作为展示面，并附上产品的广告宣传语。这类包装多见于零食类产品的零售陈列。该盒型结构如图10-67所示。

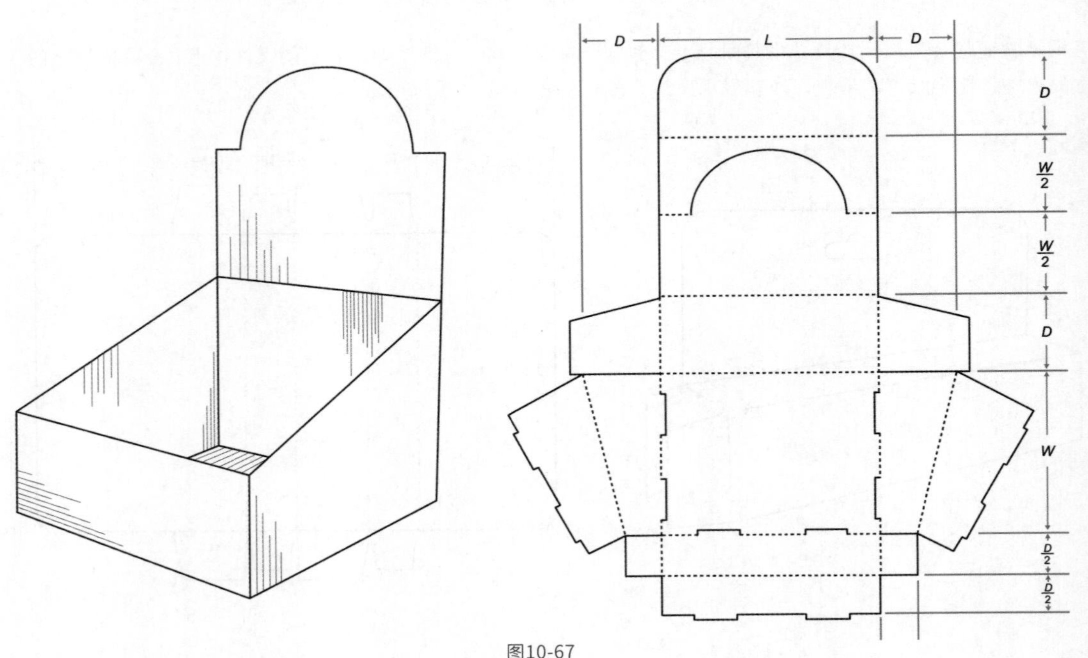

图10-67

实战解析："BÈZE"面霜包装

项目名称 "BÈZE"面霜包装设计

设计需求 体现"精致生活"的品牌理念

目标受众 热爱护肤的中高端消费群体

设计规格 设计形式：对插盒；分辨率：300dpi；颜色模式：CMYK；印刷工艺：四色印刷；销售方式：线下销售

"BÈZE"是一个以"精致生活"为品牌理念的护肤品品牌，其产品主打天然成分。如图10-68所示，这是该品牌的一款面霜的包装设计。它采用浅蓝绿色作为主色调，力求带给消费者一种干净、自然的感觉。包装上没有过多的图案展示，除了品牌标志和装饰性线条，只有与护肤品相关的文字介绍。这款面霜的包装盒采用了较为常见的传统对插盒，既方便折叠、组装和运输，又能降低包装的成本。

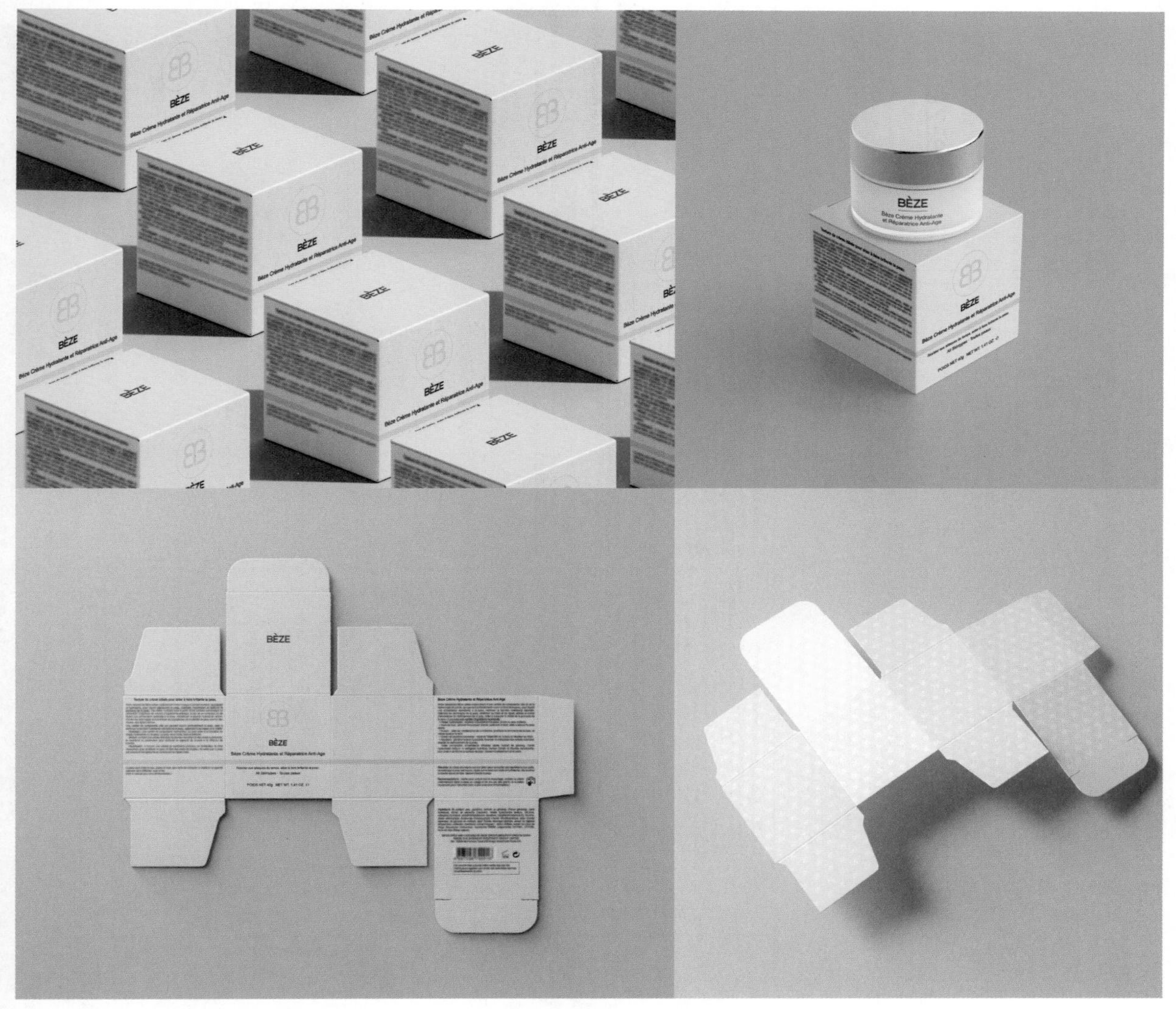

图10-68

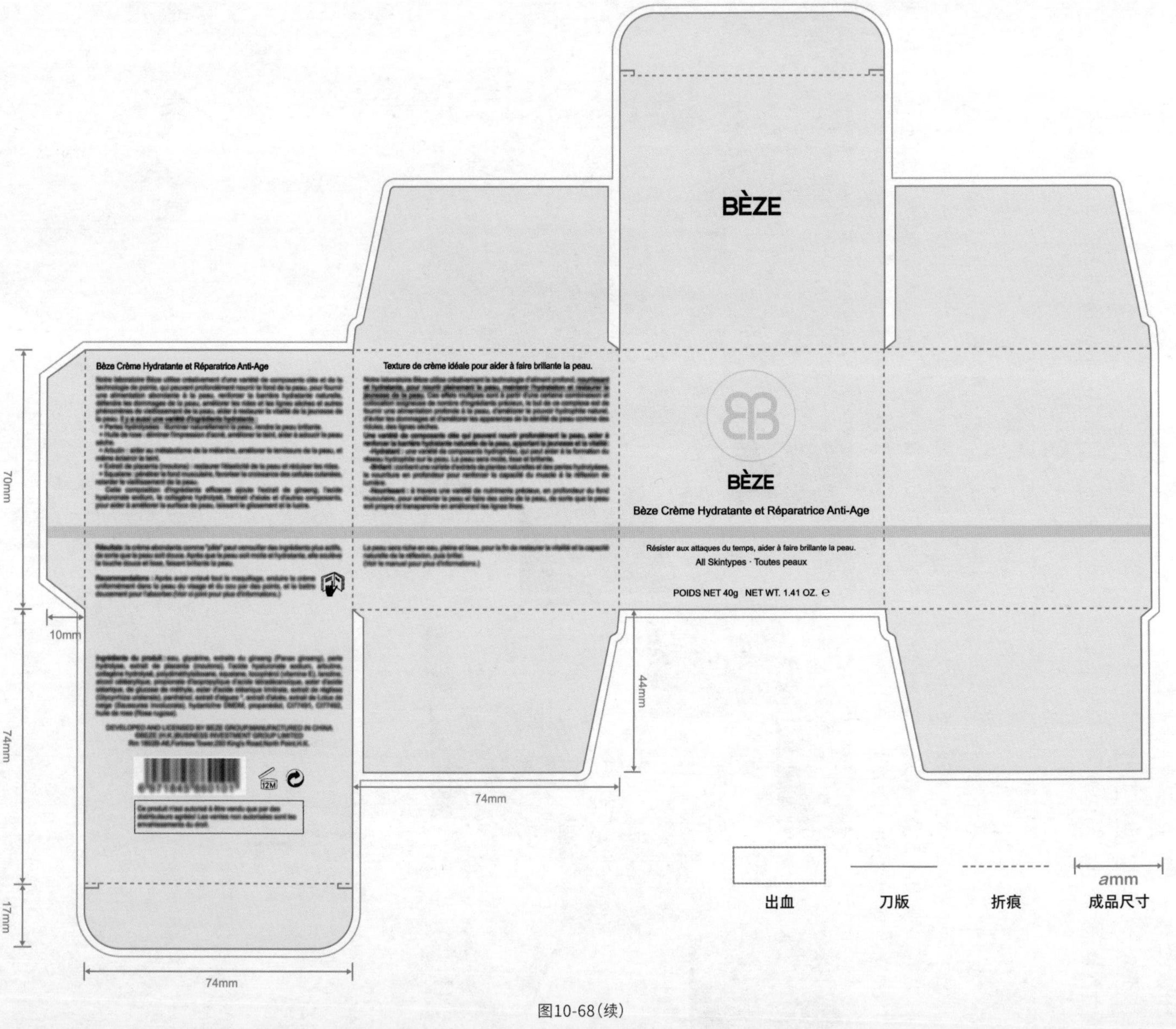
BÈZE
BÈZE
Bèze Crème Hydratante et Réparatrice Anti-Age
Résister aux attaques du temps, aider à faire brillante la peau.
All Skintypes · Toutes peaux
POIDS NET 40g NET WT. 1.41 OZ. ℮
Bèze Crème Hydratante et Réparatrice Anti-Age
Texture de crème idéale pour aider à faire brillante la peau.
12M
70mm
74mm
17mm
10mm
74mm
74mm
44mm
出血
刀版
折痕
amm
成品尺寸

图10-68(续)

10.5 常用的包装印刷材料

包装的印刷是提高产品附加值、增强产品竞争力的重要手段和途径。市面上有着多种多样的包装，它们各有各的特点和用途，将不同的包装材料与不同的印刷工艺相结合，会达到更好的甚至意想不到的包装效果。下面介绍常用的包装印刷材料。

10.5.1 铜版纸

铜版纸分为单面铜版纸和双面铜版纸，两者都是应用范围较广的包装印刷材料。铜版纸的定量从80g/m^{2}到400g/m^{2}不等，若需要更大的定量，则需要将两张纸对裱。单面铜版纸的一面是亮光面，另一面是亚光面，只有亮光面可以印刷且对印刷颜色无限制。双面铜版纸的两面均为亮光面，可双面印刷。

如图10-69所示，该海鲜产品包装上的腰封采用蓝色和与盒盖相同的颜色作为背景色，将产品实物图像衬托得异常清晰，再加上铜版纸的光面印刷有较强的显色效果，整个包装看上去非常显眼。

图10-69

如图10-70所示，该品牌以鼓励居住在城市中的人们参与到“绿化周围环境”的行动中为目的，为其入门级园艺套装产品设计包装。该套装产品的包装采用了可回收利用的铜版纸，空的包装盒还可用作育苗的装饰罐，顺应了环保性和可持续性的包装趋势。

图10-70

10.5.2 瓦楞纸板

瓦楞纸板是由箱板纸（俗称挂面纸）与经瓦楞棍加工而形成的波浪形芯纸黏合而成的板状物，有单瓦楞纸板和双瓦楞纸板之分，瓦楞按尺寸大小可分为A、B、C、E、F五类。瓦楞纸板具有成本低、重量轻、加工易、强度大、印刷适应性优良、储运方便等优点，80%以上的瓦楞纸板可回收再利用。与其他材料相比，瓦楞纸板更环保且应用范围更广。

如图10-71所示，该包装采用了可回收利用的2mm瓦楞纸板，并通过丝网印刷工艺将公司和产品信息印刷在包装盒表面。整个包装看起来新鲜、清晰且现代化，为其潜在客户树立了一个专业且环保的公司形象。

图10-71

水果类产品的包装盒多采用瓦楞纸板，这是因为瓦楞纸板成本低、重量轻，且因其结构特性，在运输过程中可以对水果起到缓冲和保护的作用。如图10-72所示，该瓦楞纸箱设计了开窗结构，既方便消费者观察纸箱内的水果，又方便搬运。

图10-72

10.5.3 纸板

纸板又称板纸，是由各种纸浆加工而成或由纤维相互交织而成的厚纸页。纸板与普通纸通常以定量和厚度来区分，一般将定量超过250g/m²、厚度大于0.5mm的纸称为纸板（也有说法是将厚度大于0.1mm的纸称为纸板）。

如图10-73所示，该游戏产品包装的所有角色形象和设计元素的灵感均来源于某部电影，包装盒的材料是纸板。将包装盒完全展开后，整个纸板便形成一个游戏面板，增加了产品包装的实用性。

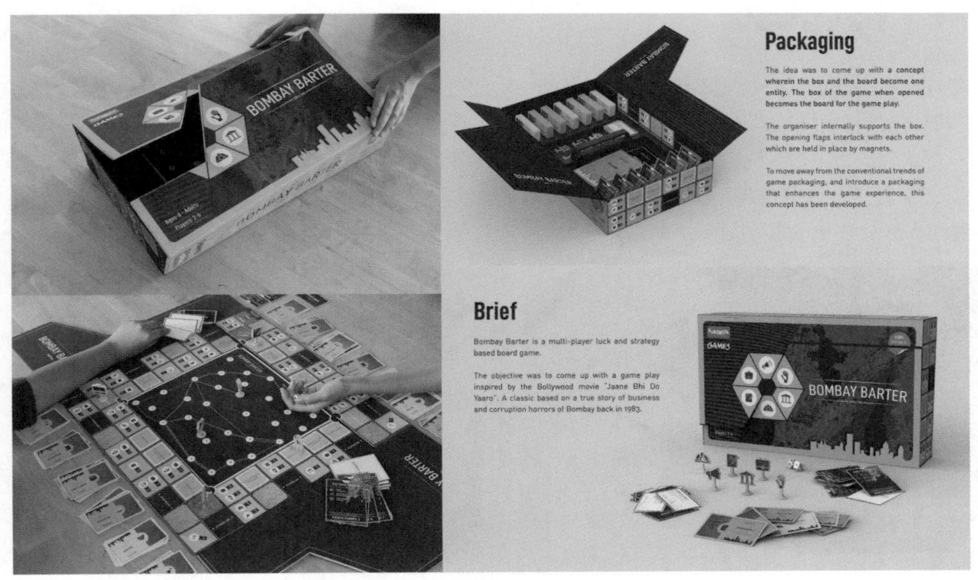

图10-73

如图10-74所示，这款彩色铅笔包装由厚且硬的纸板制成，当包装反向折叠时，可以改变包装的结构，以满足不同的需求。即该包装既可以作为笔架用于整理或陈列彩色铅笔，又可以作为易携带的扁平包装用于收纳彩色铅笔。

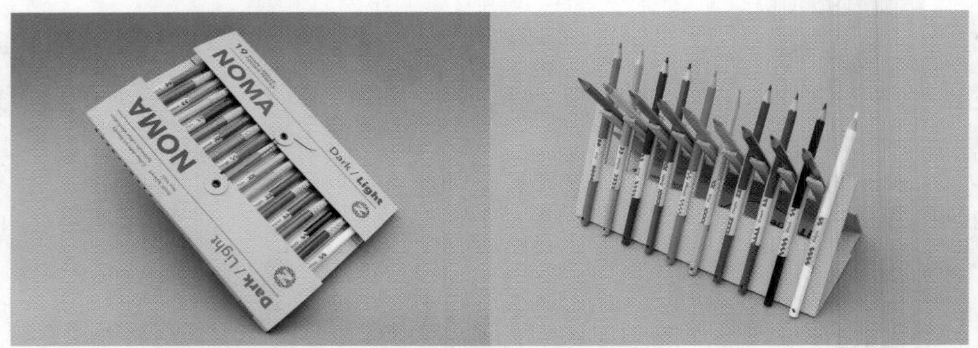

图10-74

如图10-75所示，这是一款宠物玩具的包装。通常情况下，用于展示这类产品的平面背板会采用硬纸板，因为只有纸板够硬才能起到支撑和稳固产品的作用。

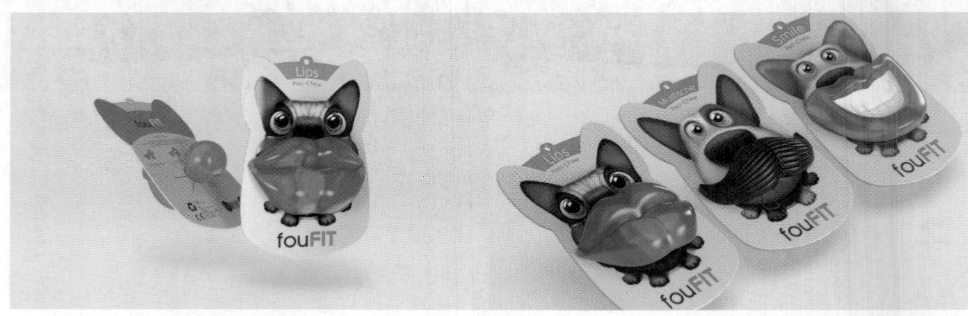

图10-75

10.5.4 特种纸

特种纸是具有特殊用途的、产量较小的纸张，种类繁多。特种纸是利用抄纸机将不同的纤维抄制成的具有特殊性能的纸张。例如，单独使用合成纤维、合成纸浆、混合木浆等原料，并配合不同材料进行修饰与加工，从而赋予纸张不同的性能和用途。

如图10-76所示，这是一款牛至香型的香皂。为了让消费者直观地看到香皂的质地，同时为产品营造出一种朦胧感，品牌选择了硫酸纸作为该香皂包装的材料。硫酸纸透气性较好，可以让香皂的香味透过纸张散发出来。

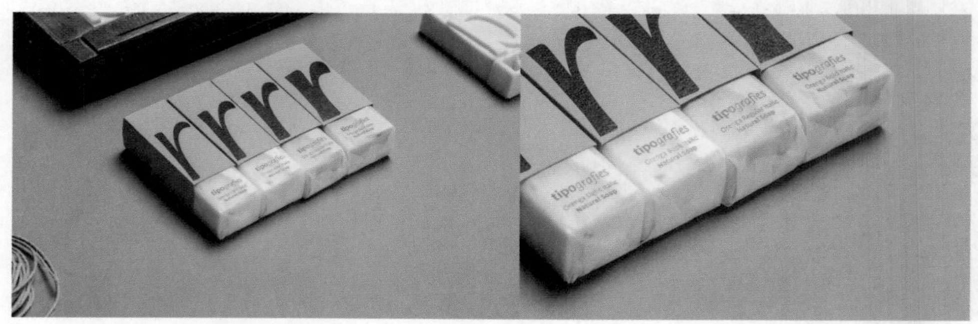

图10-76

如图10-77所示，该葡萄酒瓶的标签使用的是一种带有网格纹理的特种纸，标签上印刷了能展示原料产地地形的等高线图。该包装设计将产品的信息元素融入图像，寓意葡萄酒的良好品质。

图10-77

如图10-78所示，该包装盒的顶部有一个稻米形状的开窗设计，翻开切面并将其扣进夹缝中，即可看到内部产品的样貌。该包装采用了一种两面颜色不同的特种纸，且深绿色面采用了银印工艺。打开包装盒即可看到绿色的内表面，其在一定程度上为产品增添了一丝自然气息。

图10-78

10.5.5 牛皮纸

牛皮纸是以硫酸盐针叶木浆为原料，经打浆后在长网造纸机上抄制而成的纸张。半漂或全漂的牛皮纸浆呈淡褐色、奶油色或白色。牛皮纸的定量一般是80～120g/m²，裂断长一般在6000m以上，其抗撕裂强度、破裂功和动态强度都较高。牛皮纸多为卷筒纸（也有平板纸），可用作水泥袋纸、信封纸、沥青纸、电缆防护纸、绝缘纸等。

如图10-79所示，这是一款有机面条的包装。包装外盒采用的是牛皮纸，其特有的天然质感与产品的有机卖点契合，包装以竖琴的外轮廓作为开窗设计，竖琴的华丽感与牛皮纸的朴实感带来的冲突感让包装看上去别具一格。

图10-79

如图10-80所示，鲜亮的绿色和红色在牛皮纸盒上显得格外醒目，与牛皮纸的粗糙质感形成鲜明的对比。为了拉近与消费者之间的距离，品牌采用了兼具功能性和观赏性的包装形式，并为包装设计了一个提手。这种人性化的设计能给消费者留下较深刻的印象，有助于提升消费者对品牌的信任度。

图10-80

10.5.6 复合袋

复合袋适用于食品、电子产品、化工产品、医药、茶叶、精密仪器等的真空包装或一般包装。复合袋按工艺通常分为边封袋、底封袋、中封袋和三边封袋。

不同材质和层数的复合袋有不同的特性与用途，具体可分为以下6种。

（1）BOPP-LLDPE材质两层复合袋，具有防潮、耐寒等特性，常用于速食面、冷冻点心、粉状产品的包装。

（2）BOPP-CPP材质两层复合袋，具有防潮、透明度高等特性，常用于较为轻便的食品包装。

（3）BOPP-VMCPP材质复合袋，具有防潮、耐油、隔氧、遮光等特性，常用于干吃类食品的包装。

（4）BOPP-VMPET-LLDPE材质三层复合袋，具有防潮、隔氧、遮光等特性，常用于米制小吃、茶叶的包装。

（5）PET-CPP材质两层复合袋，具有防潮、隔氧、保香、耐高温等特性，常用于蒸煮类、含酒精类食品的包装。

（6）PET-PET-CPP材质三层复合袋，具有防潮、耐高温等特性，常用于酱油、洗发液等液体产品的包装。

注意，BOPP即双向拉伸聚丙烯（Biaxially Oriented Polypropylene），LLDPE即线性低密度聚乙烯（Linear Low Density Polyethylene），CPP即流延聚丙烯（Cast Polypropylene），VMCPP即真空镀铝流延聚丙烯。

如图10-81所示，滴剂袋顶部的提手设计方便悬挂，底部的滴嘴设计则方便输液管的插入和更换。不同颜色的滴剂配合上透明的BOPP袋不会给病人太严肃的感觉。这种材质的包装袋轻盈、透明且密封性强，既方便病人随时观察滴剂的情况并及时提醒护士更换滴剂，又能够减少滴剂的挥发。

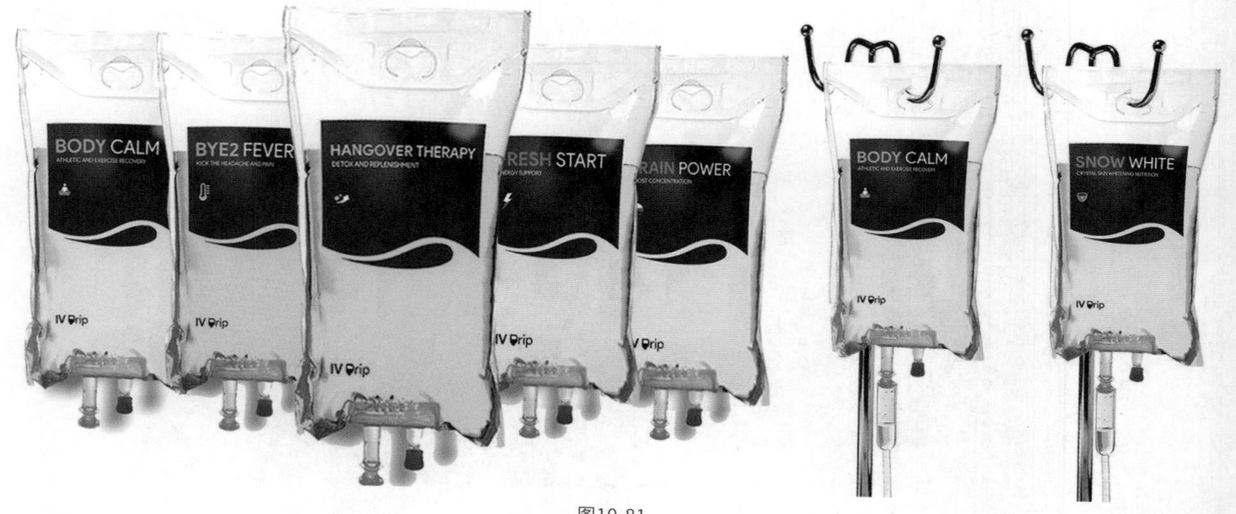

图10-81

如图10-82所示，这款橘子的包装采用了三角形状的纸质托盘和密封的透明塑料外袋，配合球形的橘子，整个包装看上去就像台球摆放在三脚架中一样。透明的外包装袋具有较好的密封性，既可以对橘子进行保鲜，又可以直观地展示橘子的品质，还可以方便消费者选购与携带。

图10-82

10.5.7 吸塑包装

吸塑是一种塑料加工工艺，其原理是先将平展的塑料硬片材料加热使之变软，然后利用真空将其吸附于模具表面，最后经过冷却即可成型。吸塑广泛应用于塑料包装、灯饰、广告、装饰等行业。吸塑包装制品包括泡罩、托盘、吸塑盒等。

吸塑包装的主要优点是节省原材料、轻盈、运输方便、密封性能好且符合绿色环保包装的要求。吸塑包装能包装多种异形产品，且在装箱时无须另加缓冲材料。吸塑工艺适用于机械化、自动化包装，利于现代化管理、节省人力和提高效率。

如图10-83所示，这种已经分切好的肉类产品没有统一的外形，为了能够将肉较为整齐地摆放在包装盒内并在视觉上保持一定的美观度，该包装采用了紫色的吸塑托盘和透明的盖子。紫色能在视觉上带来收缩效果，从而将消费者的目光集中于产品本身，透明的盖子则便于消费者观察肉的质地与新鲜度。

图10-83

如图10-84所示，该包装分为小杯和大杯两个部分，底部的大杯里统一盛装了即食燕麦片，顶部的小杯被设计成了可以作为盖子的形式，消费者可以根据小杯里盛装的坚果辅料来挑选喜欢的口味。这种上下分离的包装设计不仅能带给消费者新颖的食用体验，还能增添一丝乐趣。

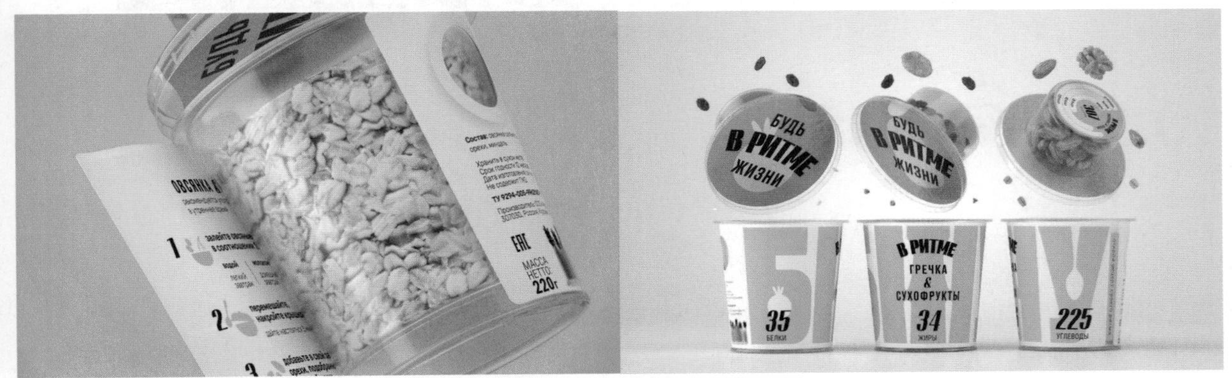

图10-84

仍以肉类产品为例。传统的托盘包装可以节省包装成本，但是无法将肉类产品固定在托盘内，只要有大幅度的移动，肉就会脱离原来的位置，甚至堆叠在一起并弄脏托盘，从而导致整个包装看上去不够美观。如图10-85所示，不同于传统的肉类包装，该肉类产品采用泡罩包装形式固定在全透明的托盘内，消费者可以全方位地看到肉的质地。包装腰封上印有产品信息和推荐的制作方法，既便于消费者选购，又能勾起消费者的食欲。

图10-85

10.5.8 热收缩膜

热收缩膜是一种环保包装材料，具有柔韧性好、不易破损、抗爆破、抗撞击、抗撕裂等特点。热收缩膜包装具有防潮、防水、防尘等优点，既能起到保护产品的作用，又能达到美化产品的包装效果。

热收缩膜广泛应用于食品、药品、餐具、文体用品、工艺礼品、印刷品、电子产品等的包装中，尤其是对于形状不规则的产品或组合式产品，采用热收缩膜进行包装能达到较好的包装效果。热收缩膜还可加工制成平口袋、圆弧形袋、梯形袋、立体袋等异形包装袋。

如图10-86所示，由于消费者通常会被外观诱人的水果所吸引，因此该品牌想将果皮的概念转移到罐子上，于是选择了热收缩膜来实现这个设计思路。该包装与市面上其他同类食品的包装相比较为不同，首先凭借多彩且醒目的外观，该产品便能在货架上脱颖而出，其次果皮设计与自然理念相契合，能更为直观地传达产品的核心理念。

图10-86

10.5.9 马口铁罐

马口铁是镀锡薄钢板的俗称，是在薄钢板的表面镀锡，以起到保护钢板不受腐蚀的作用。马口铁罐采用不同的印刷工艺能表现出不同的包装效果，有利于突出产品个性和塑造品牌。

与其他包装材料相比，马口铁罐具有以下6个优点。

（1）机械性能好。与其他材质的包装容器相比，马口铁罐的强度更大、刚性更好且不易破裂。

（2）阻隔性优异。马口铁罐具有比其他大部分包装材料更为优异的阻隔性能，如阻气、防潮、遮光、保香等方面，加上其密封盖的安全性较高，马口铁罐能更为有效地保护产品。

（3）工艺成熟，生产效率高。马口铁罐的生产历史悠久，工艺成熟，生产效率高，能满足多种包装需求。

（4）装潢精美。一般情况下，采用马口铁制成的包装美观、显档次，容易引人注目，因为在金属材料上印刷出的图案色彩较为鲜艳。马口铁罐常作为产品的销售包装出现在货架上。

（5）形状多样。马口铁可根据不同产品的不同需要制成各种包装形状，如方形罐、椭圆形罐、圆形罐、马蹄形罐等。

（6）可回收再利用。马口铁的可回收再利用这一特点迎合环保要求，顺应产品包装的环保化趋势。

如图10-87所示，这是一款糖果的包装设计。该包装采用较为传统的六边形马口铁罐，罐身俏皮的插画搭配鲜艳的颜色，容易吸引儿童的注意力。马口铁罐既可以储存未食用完的糖果，又可以二次利用与回收，阻隔好且环保。

图10-87

如图10-88所示，该品牌的巧克力系列产品选用了更利于保存巧克力的铁盒包装，在设计上尽量保留了材料原色，没有采用太多的印刷工艺，只在盒盖上印制了设计简洁的标签。

图10-88

如图10-89所示，该系列产品由4种不同口味和两个特殊版本组成。小型的铁盒设计便于消费者携带。

图10-89

10.5.10 塑料桶/罐

塑料桶（罐）是采用中空吹塑工艺制成的包装，有开口塑料桶（罐）和闭口塑料桶（罐）两种。开口塑料桶（罐）主要用于盛装固体化工品、食品、药品等，闭口塑料桶（罐）主要用于盛装液体物质。中空吹塑具有轻盈、韧性好、耐腐蚀和可回收再利用的特点。

普通的吹塑原料是高密度聚乙烯，大部分牛奶瓶是由这种聚合物制成的。根据不同的用途，苯乙烯聚合物、聚氯乙烯、聚酯、聚氨酯、聚碳酸酯及其他热塑性塑料也可以用来吹塑。

如图10-90所示，这是一个质地柔软的不对称瓶型。透明的外壳能显露出内部的胶囊产品，纤细的瓶颈向下逐渐延展至扁平的腹部，这样的设计既方便取出胶囊，又能保持分量充足感。

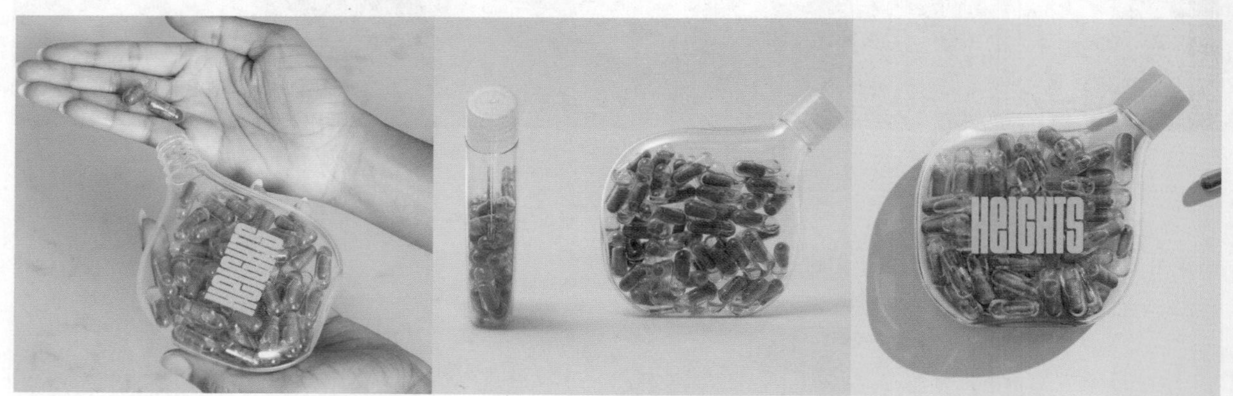

图10-90

如图10-91所示，这类产品的传统包装受限于结构上的特点，经常出现浪费的情况，而该包装设计采用了柔软的塑料，加上盖子的特殊结构设计，有利于挤出产品，且瓶口较大，拆下盖子后，可用勺子刮取瓶壁上剩余的产品，能够减少产品浪费，使用也很便利。

图10-91

10.6 常用印刷工艺

印刷工艺融合了摄影、美术、化学、电子、计算机技术等，有着环保方面的考量，复杂且具有挑战性，它是通过统筹、摄影、文字处理、美术设计、编辑、分色、制版、印刷、印后成型加工等流程并按需求批量复制文字和图像的技术。

10.6.1 胶版印刷

胶版印刷又称平版印刷，这种印刷方法是通过滚筒式胶质印模把沾在胶面上的油墨转印到纸面上。由于胶面是平的，没有凹下的花纹，因此转印在纸面上的花纹也是平的，没有立体感，防伪性较差。胶版印刷所需要的油墨较少，模具的制造成本也比凹版低。胶版印刷分为单色印刷、双色印刷、四色印刷及专色印刷。

» 单色印刷

单色印刷是指印刷过程中只在承印物上印刷一种墨色，可以是黑版印刷，也可以是色版印刷。单色印刷的使用范围较广，可以产生较为丰富的明度变化，印刷效果较好。在单色印刷中，还可以用彩色纸作为载体，印刷出类似双色印刷的效果。

如图10-92所示，这是一系列作用于身体不同系统的药品的包装设计。该品牌将常见的药品包装设计元素与植物联系起来，并采用简单而直接的单色印刷表明不同的颜色代表不同的系统，便于识别与区分。

如图10-93所示，这是某品牌香水的系列产品包装，其极简的版式设计在印刷过程中有利于减少油墨的使用。

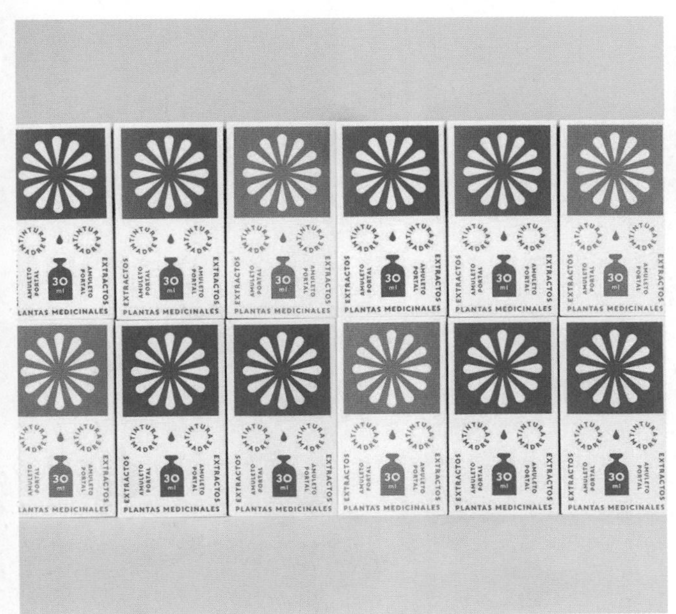

图10-92

图10-93

如图10-94所示，这是一家24小时营业的餐厅的餐盒包装设计。该包装通过简单的图形设计了12款代表不同时间段的餐盒，表示在任何时间都可以订购到该餐厅的比萨，单色印刷的色彩效果更能展现出“24小时服务”的理念。

图10-94

» 双色印刷

双色印刷是指用两种专色进行套印，具有彩色印刷效果。双色印刷的成本相对四色印刷较低，对纸张的要求不是很高，一般选用胶版纸、轻型纸即可。双色印刷适用于版式活泼、图文对比突出的一般性印刷品。

如图10-95所示，该白糖产品采用了简约的白色纸质包装袋，袋子上印刷了蓝色和红色的图文信息，向消费者传达有关产品质量和纯度的信息。简洁而直接的包装效果让这款精制白糖在竞争激烈的货架上显得与众不同。

图10-95

» 四色印刷

四色印刷是用青（C）、品红（M）、黄（Y）、黑（K）这4种颜色的油墨来进行印刷的一种彩色印刷方法。从理论上讲，四色印刷可以获得成千上万种颜色，但实际上，由于颜色网点的形变误差及视觉辨认阈值的限制，四色印刷所能实现的颜色比理论上要少得多。

在四色印刷中，颜色不是通过印刷机直接混合而成的，而是通过重叠不同浓度的青、品红、黄、黑墨水来实现的。最终印刷出来的颜色是以大量的、微小的单色网点形式存在的，网点的大小和间隔因颜色的深浅不同而有所变化。

如图10-96所示，这是一款保健品的系列化包装设计，色彩看上去比较柔和。通过包装盒的颜色和版式设计风格可以看出，年轻女性和儿童是该系列保健品的主要受众。

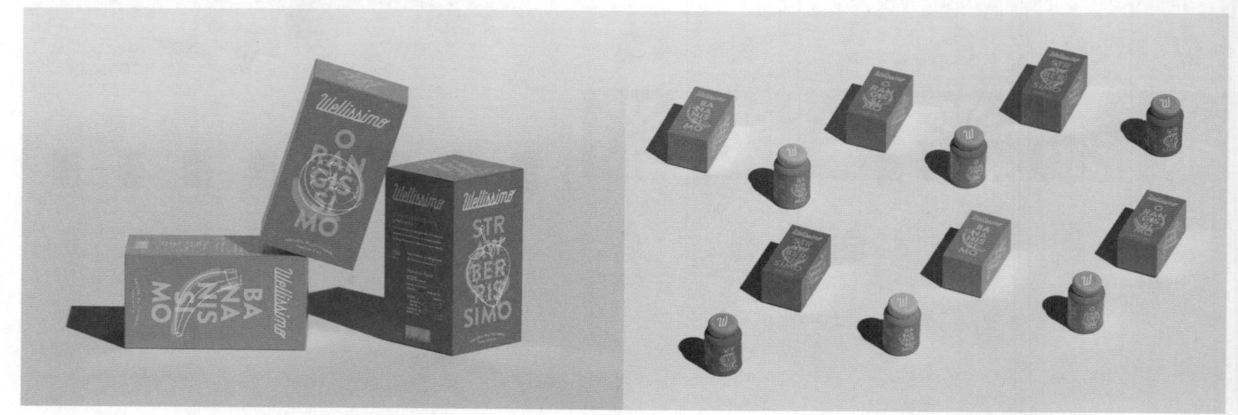

图10-96

如图10-97所示，该系列包装整体颜色鲜艳、明亮，产品图片中的水果看起来新鲜诱人，给人一种“所见即所得”的感觉。

图10-97

» 专色印刷

专色印刷是指采用青、品红、黄、黑这4种颜色以外的其他颜色的油墨来复制原稿颜色的印刷工艺。在包装印刷中，专色印刷工艺常用于印刷大面积底色。专色印刷所调配出的油墨颜色是按照减色原理混合来获得的，颜色明度较低、饱和度较高。

采用四色印刷工艺印刷大面积的深色色块可能需要由几种颜色的高线数网点叠加而成，而墨层太厚又容易导致背面蹭脏。组成色块的任意一种颜色发生改变都会导致该色块颜色发生改变，即采用四色印刷工艺套印出的色块容易出现墨色不均匀的情况。如果不能用多色印刷机一次性叠印出色块的颜色，还容易因半成品的颜色不易控制而出现色偏问题。采用专色印刷工艺印刷大面积的深色色块只需要一种颜色，不仅能避免墨层过厚的问题，还能降低套印误差。

如果某个产品的包装画面中既有彩色画面，又有大面积底色，那么彩色画面部分可以采用四色印刷，大面积底色部分则可以采用专色印刷。这样做的好处是四色印刷部分通过控制实地密度能较为准确地还原画面，专色印刷部分通过适当加大墨量可以获得墨色均匀、厚实的印刷效果。这种方法常用于比较高端的产品包装或邮票的印刷生产，但是由于印刷色数（同一印刷面中的单色数量）增加，印刷制版的成本也相应提高了。

如图10-98所示，酒瓶标签上的稻米图形灵感来源于酿酒用到的大米，均匀排列的线条象征着稻米所在的金色田野，圆形象征着太阳，整个画面给人淳朴、温暖的感觉。标签的金色部分采用了专色印刷工艺，视觉效果良好。

如图10-99所示，这是某品牌2020年秋冬系列服装的包装设计，主推服装的创意主题是“在草原上野餐”。该包装设计将专色印刷工艺与柔和的单色相结合，整个包装给人柔软、温和的感觉。

图10-98

图10-99

实战解析："丝薇特"花蜜包装

项目名称 "丝薇特"花蜜包装设计

设计需求 突出简单而精致的品牌理念

目标受众 热爱养生和健康生活的年轻女性

设计规格 设计形式：瓶贴；分辨率：300dpi；颜色模式：CMYK；印刷工艺：四色印刷；销售方式：全渠道销售

"丝薇特"是一个以热爱养生和健康生活的年轻女性为目标消费群体的花蜜品牌。如图10-100所示，该花蜜产品选用了与蜂巢形状相似的六棱柱形玻璃罐，并配有简约的瓶贴设计。与蜂蜜包装常选用黑色、黄色不同，该花蜜包装的主打色选用了浅粉色，赋予了产品浪漫的气息。瓶贴上的白色花朵插画既表明产品是花蜜，又为产品增添了一丝精致感。

瓶贴背面采用了不干胶，既利于控制印刷成本，又便于进行版式的横向设计，有利于增加表示不同口味的画面来丰富产品系列，从而满足消费者的不同需求。

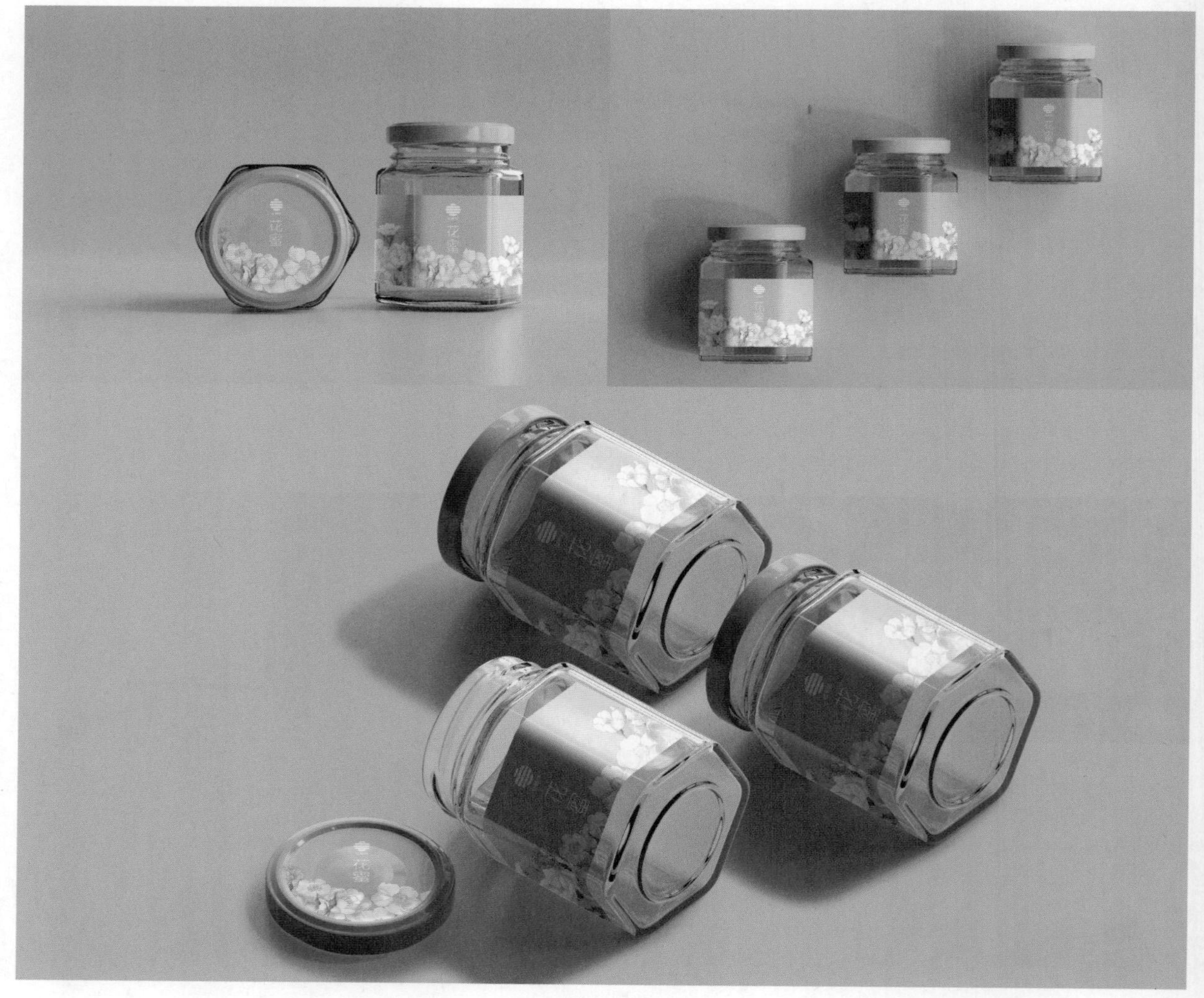

图10-100

营养成分表
项目 每100g NRV%
能量 xx(kJ) xx%
蛋白质 x(g) x%
脂肪 x(g) xx%
碳水化合物 x(g) x%
钠 x(mg) x%
丝薇特
花蜜
净含量:375克
配料:花蜜 产品标准号:GB 11111 产地:上海市 食品生产许可证编号:SC1111111111111 贮存条件:避免高温及日光直射
保质期:18个月 本品如有结晶,属于正常现象,并非变质。
生产商:上海xxxxxx有限公司 地址:上海市xx区xxxx路xxxx号
服务热线:400-xxx-xxxx 生产日期、批号:0000000
145mm
70.5mm
amm
成品尺寸
刀版
出血

图10-100(续)

10.6.2 丝网印刷

丝网印刷工艺有五大要素，即丝网印版、刮板、油墨、印刷台及承印物。通过感光制版方法可制成带有图文的丝网印版。丝网印刷是利用丝网印版图文部分的网孔可透过油墨，非图文部分的网孔不可透过油墨的基本原理来进行印刷的。具体来讲，印刷时先在丝网印版的一端倒入油墨，然后用刮板对丝网印版上的油墨施加一定压力，同时朝丝网印版另一端匀速移动，油墨在移动中会被刮板从图文部分的网孔中挤压到承印物上。

如图10-101所示，该杯装方便面的包装设计采用了一种将简约与创意相融合的日式设计风格。包装采用了曲线状的衬线字体和传统的红色、金色、黑色、白色配色方案，醒目的红色商标是受到印章的启发而设计的，杯身上手工绘制的黑白插图讲述了“Cup Noodle”作为该品牌的第一款方便面的故事。

图10-101

10.6.3 凸版、凹版印刷

凸版印刷是一种使用凸版（图文部分凸起的印版）进行印刷的印刷方式，简称凸印，是主要的印刷工艺之一。雕版印刷就是一种原始的凸版印刷，它是先把文字或图像雕刻在木板上（剔除非图文部分，使图文部分凸出），接着在雕版上涂上墨，最后施加压力将图文转印到纸张上。

凹版印刷是一种先在整个印版表面涂满油墨，然后用特制的刮墨机将空白部分的油墨去除干净，使油墨只存留在图文部分的网穴中，接着施加较大的压力将油墨转移到承印物表面，从而获得印刷品的印刷方式。凹版印刷属于直接印刷，印版的图文部分是向下凹陷的，凹陷程度随颜色的层次不同有深浅变化；印版的空白部分则是向上凸起的。

如图10-102所示，该包装看上去像是一个印有精致图案的火柴盒。在有一定厚度的包装纸板上进行凸版印刷，最终的印刷效果能让整个包装看上去独特且精致。

图10-102

如图10-103所示，该包装上铺满了大面积的红色，品牌Logo和关键信息采用凹版印刷的方式显露出来，这使得整个包装看上去更有质感。

图10-103

10.6.4 柔版印刷

柔版印刷又称柔性版印刷，属于凸版印刷，是一种通过网纹传墨辊传递油墨并施印的印刷方式。柔版印刷一般采用厚度为1~5mm的感光树脂版，用到的油墨主要有水性油墨、醇溶性油墨和UV油墨。柔版印刷所用油墨绿色环保，大量应用于食品包装的印刷。

如图10-104所示，常见的此类食品包装多为柔版印刷。

图10-104

10.6.5 激光雕刻

激光雕刻是以数控技术为基础，以激光为加工媒介，以加工材料在激光照射下瞬间熔化和气化的物理变性为原理，进行激光雕刻加工的工艺。激光雕刻的特点是材料表面不与机械直接接触，不受机械运动的影响，不会变形且一般无须固定。激光雕刻的应用领域较为广泛，可用于纸、塑料、布料、木质等包装盒表面的图案、商标、Logo等的雕刻，可替代传统的部分印刷工艺。当将激光雕刻用于特殊的纸张时，可呈现出烫金的效果；当将激光雕刻用于某些创意性的镂空图案模切时，无须刀模即可在短时间内雕刻出复杂的镂空图案，雕刻效果精美、细腻。

纸品激光雕刻是一种利用激光束能量密度高的特性，将纸品切穿并制成镂空或半镂空图案的加工方式。纸品激光雕刻具有普通刀模冲压无法比拟的优越性：首先，它是无接触加工，不会对纸制品产生直接冲击，因此纸张一般不会出现机械变形；其次，激光雕刻过程中通常不会出现刀模或刀具磨损，因此纸品材料损耗小，产品不良率低；最后，激光束能量密度高，加工速度快，能满足大批量加工的需求。

如图10-105所示，该品牌采用竹筒作为包装容器。包装在整体上保持了竹子原本的颜色，品牌名称、Logo等信息则是以激光雕刻的方式呈现在竹筒表面。雕刻的部分露出了竹子的本色，传达出“自然”“原始”的理念。

图10-105

如图10-106所示，该包装以花朵作为设计灵感，采用激光雕刻技术将复杂、精美的图形雕刻在器皿上。该包装设计将陶艺、木工与墨西哥设计风格进行了融合。

图10-106

10.7 常用的特殊印刷工艺

随着产品种类的日益丰富，消费者对于产品包装的需求也逐渐增加。一些特殊印刷工艺的诞生为许多产品包装设计锦上添花，使得包装效果更具层次感。下面介绍3种常用的特殊印刷工艺。

10.7.1 烫印

烫印是一种不使用油墨的特殊印刷工艺，其实质是转印，即将电化铝上面的图案经热与压力的作用转印到承印物表面。烫印技术的应用范围较广，如纸品烫印、纺织品烫印、装潢材料烫印、塑料制品烫印等。

烫印成品的表面通常光洁平整、线条挺直、不塌边，体现出现代化精加工技术的成熟。烫印箔的品种较多，有亮金、亮银、亚金、亚银、刷纹、铬箔、颜料箔等，将烫印箔用于包装能产生较好的装饰效果。

如图10-107所示，这是一款兼具观赏性与功能性的扑克牌包装设计。不同于常见的扑克牌包装，该包装上的图像和文字采用了烫金印刷工艺，提升了扑克牌的品质。

图10-107

如图10-108所示，该月饼盒以带有神秘感的月亮为主要视觉形象，设计的巧妙之处在于其特殊的印刷工艺。经烫印的月亮会随着光照角度不同产生颜色变化和闪烁效果，将该系列月饼的包装盒组合在一起时，还能拼接出奇妙、变幻的美丽图案，这使得该包装更具吸引力。

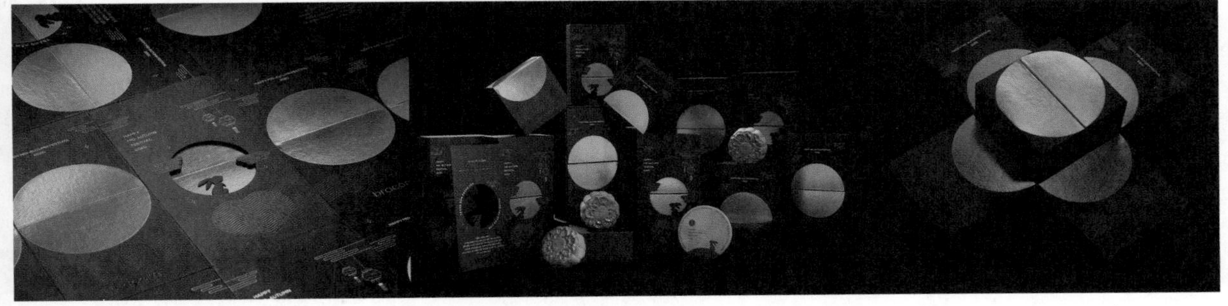

图10-108

10.7.2 全息印刷

全息印刷是包装印刷行业中的一个细分领域，它利用全息照相技术和光栅原理，在二维的载体上以三维形式记录被摄物体各点反射光的信息，并制成全息图像的母版，经对塑料薄膜进行模压、镀铝等工序，复制出批量有立体感的全息图片。与其他印刷工艺相比，全息印刷不仅具有新颖、亮丽的外观，还具有防伪功能。全息印刷的应用领域已经非常广泛，如食品、药品、日化用品、烟酒、服装、礼品包装、装饰材料等行业都有全息印刷的身影。

如图10-109所示，该包装的视觉风格概念来源于利用元素材料（如光、物理空间和气温）增强观者体验这一艺术启发。在黑色的包装袋与包装盒上印刷品牌的主要设计元素，并在设计元素上引入全息印刷工艺，从不同的角度观看，设计元素的颜色都会有所变化。这种变化能带给消费者强烈的未知感和探索欲，与该品牌的理念相贴合。

图10-109

如图10-110所示，该系列产品外包装的图案设计灵感来源于大自然，为了体现出大自然的千变万化，该设计把产品的“有机”概念融入图案设计，即在这些图案上运用全息印刷工艺，使得每款包装看上去都有独特的颜色。整个系列包装给人一种捉摸不定的感觉，就像是大自然带给我们的感受一样。

图10-110

10.7.3 UV印刷

UV印刷是一种通过紫外线干燥、固化油墨的印刷工艺，需要将含有光敏剂的UV油墨与UV固化灯相配合。UV油墨涵盖胶版印刷、丝网印刷、喷墨、移印等领域。传统印刷中的UV印刷泛指一种印刷效果工艺，即在图案表面裹上一层光油（有亮光、亚光、镶嵌晶体、金葱粉等），以提高产品图的亮度、提升包装的艺术效果及保护包装表面。UV印刷成品硬度大、耐腐蚀、耐摩擦且不易出现划痕，但UV油墨与产品不易粘接，所以有时会在包装的局部进行UV印刷或打磨。

如图10-111所示，该系列产品和包装都有两种颜色，为了区别并突出包装上的产品实物图像，图像位置处采用了UV印刷工艺，既增加了产品实物图像的亮度，又提升了整个包装的层次感和质感。

图10-111

如图10-112所示，这是一款酒的限量版包装设计。黑色的标签与橘黄色的酒形成鲜明对比，突显了酒的质地。标签上的图像和文字部分经UV印刷工艺产生的光泽与亚光的黑色背景相衬，给人一种低调而优雅的感觉。

图10-112

如图10-113所示，该包装设计的概念基于意大利面的颜色、形状与自行车辐条之间的相似性，强调了黑色意大利面归属于运动食品和健康营养食品的特性。外包装由亚光的黑色纸板制成，品牌名和其他部分文字信息采用了特殊的印刷工艺——金色压印和UV上光漆。

图10-113

虽然设计师最不缺的就是天马行空的想象力和创意非凡的艺术创造力，但是对于包装设计来说，还需要有足够的成品想象力。有些包装设计稿看起来很美，但是印刷出来的成品却不尽如人意。相反，有些设计稿看起来很平淡，但是配合特别的印刷工艺和印刷要求，往往能达到意想不到的印刷效果。因此，包装设计师需要掌握丰富的印刷知识，才能更大程度地实现创意的落地。

你问我答

问： 如何判断和选择适合的纸张印刷方式？

答： 一般来说，丝网印刷不适合瓦楞纸包装，除非该产品的生产数量较少（少于100个），并且只印刷带有一种或两种颜色的基本图形。柔版印刷非常适合需要印刷醒目图形的纸板包装。运输类包装盒一般会选择这类印刷方式。

如果包装需要高质量的印刷效果，胶版印刷是较好的选择。它能印刷非常复杂的图案，很多快消品包装都会选择胶版印刷。但是胶版印刷需要提前制版，所以印刷成本和时间与其他印刷方式相比会更高、更长，胶版印刷更适用于大批量的产品包装印刷。